U0168667

Global Ocean Science Report

全球海洋科学报告

刘大海　杨　红　于　莹　译

联合国教育、科学与文化组织
政府间海洋学委员会
可持续发展目标

海洋出版社
2020年・北京

图书在版编目（CIP）数据

全球海洋科学报告 / 联合国教科文组织政府间海洋学委员会编；刘大海，杨红，于莹译. —北京：海洋出版社，2020.8

书名原文：Global Ocean Science Report

ISBN 978-7-5210-0640-7

Ⅰ. ①全… Ⅱ. ①联… ②刘… ③杨… ④于… Ⅲ. ①海洋学－学科发展－研究报告－世界 Ⅳ. ①P7-11

中国版本图书馆CIP数据核字(2020)第157605号

著作权登记号 图字：01-2021-2098

联合国教育，科学及文化组织，丰特努瓦广场7号，75352巴黎 07 SP，法国，教科文组织国家办事处 / 教科文组织研究所和中心 / 海洋出版社有限公司，2020

ISBN 978-92-3-100226-7

Global Ocean Science Report

联合国教育，科学及文化组织2017年出版

全球海洋科学报告 QUANQIU HAIYANG KEXUE BAOGAO

责任编辑：苏　勤

责任印制：赵麟苏

海洋出版社 出版发行

http://www.oceanpress.com.cn

北京市海淀区大慧寺路 8 号　邮编：100081

北京朝阳印刷厂有限责任公司印刷

2020年8月第1版　2020年8月第1次印刷

开本：889mm × 1194mm　1 / 16　印张：17.25

字数：430千字　定价：298.00元

发行部：62132549　邮购部：68038093　总编室：62114335

海洋版图书印、装错误可随时退换

译者序

21世纪是海洋的世纪，在我们这个蓝色星球上，海洋拥有最大的生态系统，海洋经济对人类做出的贡献日益凸显。但是，海洋作为人类最后的家园，其污染、资源锐减、生态系统破坏等问题严重，如何认识海洋、经略海洋、保护海洋，成为人类需要共同面对的迫切问题。

由联合国教科文组织政府间海洋学委员会（IOC-UNESCO）组织编写的《全球海洋科学报告》，首次对全球海洋科学的现状、能力和趋势进行了系统性的评估，量化了关键要素，促进了海洋科学与技术领域的国际合作，满足了社会的需求，促进了海洋科研，为应对可持续发展的全球挑战做出了贡献。《全球海洋科学报告》译著的出版发行，对于衡量我国海洋科学发展实力与差距，推动中国海洋科学技术进步、促进海洋经济发展、建设海洋强国提供了可参照的重要文本，为管理者、决策者和政府部门等提供了一个切实可行的工具。

本书内容主要包括：确定并量化推动海洋科学生产力和效能的各种因素；促进国际海洋科学合作与协作；帮助确认科学组织和能力之间的差距，并通过共享专业知识和设施，推动能力建设及转让海洋技术；制定优化利用科学资源和促进海洋科学与技术发展的备选办法等。

译者团队由自然资源部第一海洋研究所海岸带科学与海洋发展战略研究中心、中国海洋大学等团队共同担任，译者研究领域覆盖了海洋环境、海洋生物、海洋经济、海洋地质、英语等相关专业。近年来，团队承担了大量海洋政策、战略、经济等领域的研究，连续出版了《国家海洋创新指数报告》《“21世纪海上丝绸之路”周边国家海洋经济合作指数评估报告》《蓝色战略：全球海洋政策研究》等中、英文版专著，积累了较为丰富的翻译经验，为《全球海洋科学报告》的翻译出版奠定了一定的学术理论基础。本书作为联合国教科文组织政府间海洋学委员会等机构组织编写的针对全球海洋科学的首次评估报告，其权威性和学术性毋庸置疑，它几乎涉及了海洋各个学科，内容全面广博，专业术语繁多复杂，不仅挑战译者对语言的驾驭能力，更多的则是对背景知识和专业能力的检验。翻译过程中，译者团队多次向相关专业背景的专家进行咨询求证，并查找相关文献资料，一一加以核对落实，反复进行校对研读，以期精益求精地还原报告语言。

本书得以面世，还需感谢中国海洋大学海洋环境学院刘子洲老师、水产学院齐鑫老师、海洋地球科学学院杨志峰博士以及青岛孔裔国际公学马相如老师等，感谢他们在专业方面给予的悉心指导。还要特别感谢中国海洋大学外国语学院刘艳老师，自然资源部第一海洋研究所王春娟老师为本书翻译审校所做的大量工作。书中难免有疏漏之处，敬请各位同行专家批评指正。

译　者

2019年12月31日

致谢

联合国教科文组织政府间海洋学委员会（IOC-UNESCO）感谢汤姆森路透为《全球海洋科学报告》提供的所用数据。政府间海洋学委员会（IOC）还要感谢挪威、韩国、摩纳哥和菲律宾政府提供的财政和实物支持。政府间海洋学委员会感谢西班牙海洋研究所给予路易斯·瓦尔德斯先生时间，继续本报告的编写。

还要感谢政府间海洋学委员会秘书处所有工作人员在整个报告的编写过程中不断提供的宝贵支持，特别是帕特里斯·波恩德、西蒙内塔·塞科、萨尔瓦托·阿里科、维尼丘斯·林多索和约苏布·金。此外，政府间海洋学委员会感谢联合国教科文组织的同事们，在编写《全球海洋科学报告》期间为政府间海洋学委员会提供咨询和指导以及工作在对外关系、公共信息部门、会议文件部和翻译事务部的同事们。

报告团队

出版主任

Vladimir Ryabinin，联合国教科文组织政府间海洋学委员会执行秘书

协调编辑

Luis Valdés，西班牙桑坦德海洋学中心西班牙海洋研究所

协调助理编辑

Kirsten Isensee，联合国教科文组织政府间海洋学委员会

作者

Martha Crago，加拿大达尔豪斯大学
Henrik Oksfeldt Enevoldsen，联合国教科文组织政府间海洋学委员会
Hernan E. Garcia，美国国家海洋与大气管理局（NOAA），国家环境卫星数据和信息服务中心（NESDIS），国家环境信息中心（NCEI）
Lars Horn，挪威研究理事会
Kazuo Inaba，日本筑波大学下田海洋研究中心
Lorna Inniss，联合国环境规划署
Kirsten Isensee，联合国教科文组织政府间海洋学委员会
Bob Keeley，加拿大渔业和海洋部
Youn-Ho Lee，韩国海洋科学与技术研究所
Jan Mees，比利时佛兰德斯海洋研究所
Greg Reed，国际海洋学数据和信息交换计划委员会
Seonghwan Pae，韩国海洋科学与技术推广研究所
Linda Pikula，美国国家海洋与大气管理局中央图书馆
Peter Pissierssens，国际海洋学数据和信息交流计划委员会
Lisa Raymond，美国伍兹霍尔海洋研究所图书馆海洋生物实验室
Martin Schaaper，联合国教科文组织统计研究所

Alan Simcock，联合国常规程序专家组（全球海洋评估）联合协调员
Ariel H. Troisi，阿根廷海军水文服务处
Luis Valdés，西班牙桑坦德海洋学中心西班牙海洋研究所

编委会

Allan Cembella，德国阿尔弗雷德·韦格纳学院
Alexandra Chadid Santamaria，哥伦比亚海洋委员会
Martha Crago，加拿大达尔豪斯大学
Lars Horn，挪威研究理事会
Kazuo Inaba，日本筑波大学下田海洋研究所
Claire Jolly，经济合作与发展组织，空间论坛/海洋经济集团
Youn-Ho lee，韩国海洋科学与技术研究所
Jan Mees，比利时佛兰德斯海洋研究所
Susan Roberts，美国国家科学院海洋研究委员会
Martin Schaaper，联合国教科文组织统计研究所

联合国教科文组织政府间海洋学委员会秘书处

Henrik Oksfeldt Enevoldsen，政府间海洋学委员会有害藻华科学与传播中心主任
Kirsten isensee，联合国教科文组织政府间海洋学委员会项目专家
Seonghwan Pae，联合国教科文组织政府间海洋学委员会助理项目专家（2014—2016年），韩国海洋科学与技术推广研究所
Peter Pissierssens，政府间海洋学委员会比利时奥斯特德国际海洋学数据和信息交流（IODE）计划办公室主任

统计支持

Science-Matrix公司，科学和技术评估
联合国教科文组织统计研究所

文字编辑

Harriet harden-Davies，澳大利亚国家海洋资源和安全中心

外部审核

John Field，南非海洋研究所
Adi kellerman，德国克勒曼-咨询公司
Ann-Katrien Lescrauwaet，比利时佛兰德斯海洋研究所
Niall McDonough，比利时欧洲海事局
Leonard A. Nurse，巴巴多斯西印度群岛大学资源管理与环境研究中心（CERMES）
Ian Perry，加拿大渔业和海洋部
Neville Smith，澳大利亚
Ed Urban，海洋研究科学委员会；美国特拉华大学
Wendy Watson-Wright，加拿大达尔豪斯大学海洋边境研究所

内部审核

Thorkild Aarup，联合国教科文组织政府间海洋学委员会全球海平面观测系统（GLOSS）技术秘书部门海啸组主管
Salvatore Arico，联合国教科文组织政府间海洋学委员会海洋科学组组长
Patrice Boned，联合国教科文组织政府间海洋学委员会出版官员
Robbert Casier，联合国教科文组织世界遗产中心海洋计划

前 言

Peter Thomson

第71届联合国大会会议主席

Irina Bokova

联合国教科文组织总干事

Peter M. Haugan

联合国教科文组织政府间海洋学委员会主席

海洋是脆弱的，对海洋的可持续性利用是我们的职责，为了当代与后代，我们责无旁贷。

全球海洋是一个整体，相互联系，浩瀚无垠。它覆盖了地球表面的70%，容纳了地球上95%以上的水，掌控如此广阔的海洋是一项挑战。然而，我们必须认识到，海洋的抵抗力和复原力并不是无限的，我们不能而且不应该再认为，全球海洋能够继续无休止地消除人类不可持续的活动所带来的影响，并继续发挥其重要作用。

海洋是脆弱的，对海洋的可持续性利用是我们的职责，为了当代与后代，我们责无旁贷。我们必须立刻采取行动，确保全球海洋的可持续利用。

2017年6月5—9日，世界各国政府和利益攸关方齐聚纽约联合国海洋大会，支持《2030年可持续发展议程》中的可持续发展目标14（SDG14）。

今天，我们有一种紧迫感和责任感，实际上是一种道义上的迫切需要，要求我们在与全球公共资源的互动中确保代际公平，而海洋就是全球公共资源之一。我们敦促海洋事务的一体化，包括人们如何利用并穿越海洋等社会与经济（诸多）方面。要把海洋看作一个系统，就需要在充分的基础设施和投资的支持下，通过研究和持续的观察来了解它的复杂性。简而言之，我们对海洋的了解及海洋对可持续性的贡献，在很大程度上取决于我们有效开展海洋科学研究的能力。

《2030年可持续发展议程》由17个相互关联的可持续发展目标推动。该议程具有普遍性，既面向发展中国家，也面向发达国家。该议程呼吁，在促进食品安全、健康、创造就业和繁荣的同时，保持气候系统和生物多样性的可持续性，防止任何人落伍掉队。

在这一背景下，全球海洋和相关的SDG14成为了《2030年可持续发展议程》的核心。只有通过对新生物分子的开发与应用，海洋才能继续为人类提供食物，支持工业发展，并为疾病提供解决方案。通过吸收二氧化碳，海洋将继续默默而稳定地储存“蓝碳”，并通过沿海生态系统和公海，帮助缓解气候变化所带来的影响。

然而，海洋的这种能力并不是无限的，现在，我们有义务维护它的生态完整性。

行动始于愿景：海洋在维系地球生命和提高人类幸福感方面发挥着核心作用，“保护并可持续利用海洋和海洋资源以促进可持续发展”是SDG14的愿景，也是指导我们所有行动的指南。

联合国教科文组织政府间海洋学委员会在坚决而有效地促进区域和国际在科学、技术和创新方面的合作和获得方面，发挥着重要作用。我们预计，《全球海洋科学报告》将成为各国和其他利益攸关方可以依靠的机制，以确保海洋科学的投资和相关合作方向，造福海洋和全人类。

Irina Bokova
联合国教科文组织总干事

Peter Thomson
第71届联合国大会会议主席

Peter M.Haugan
联合国教科文组织政府间
海洋学委员会主席

序

Vladimir Ryabinin
政府间海洋学委员会执行秘书

该委员会通过动员其在非洲、亚洲、太平洋、拉丁美洲和加勒比以及印度洋地区的附属机构，在发达国家与发展中国家的海洋科学能力和需要之间，架起一座桥梁。

联合国教科文组织政府间海洋学委员会成立于1960年，旨在促进海洋学方面的合作，以便更好地了解海洋。从侧重对海洋物理性质的研究开始，其中包括海洋与大气的相互作用，政府间海洋学委员会的工作，逐渐发展为涵盖对污染与海洋健康的研究和持续观察的开发，包括海洋灾害，如海啸等相关研究以及提供平台，让所有人都能自由地收集和读取数据和信息。

如今，政府间海洋学委员会的148个成员国开展丰富多彩的科学活动，旨在进一步阐明海洋在缓解气候变异和变化方面所起到的作用，海洋是如何通过健康的海洋食物网，以其可能的容量持续履行重要的粮食安全功能以及海洋经济对经济繁荣与社会公平所做的贡献。政府间海洋学委员会的工作成果为海洋相关政策进程和海洋法提供了信息，并帮助各国对其专属经济区进行可持续管理。

政府间海洋学委员会侧重国际科学合作与能力发展等工作，通过动员其在非洲、亚洲、太平洋、拉丁美洲和加勒比以及印度洋地区的附属机构，在发达国家与发展中国家的海洋科学能力和需要之间，架起一座桥梁。

可持续发展目标14及其各种具体目标，明确表明了政府间海洋学委员会成员国在联合国《2030年可持续发展议程》上的优先事项。政府间海洋学委员会已被指定为与可持续发展目标14.3有关的指标托管机构，可持续发展目标14.3主要涉及对海洋酸化的监测，海洋酸化是由于大气中二氧化碳的增加及其被海洋吸收而造成的；可持续发展目标14.a的重点包括通过转让海洋技术等方式，充分挖掘海洋科学的能力，这也正是本报告的重点。

2015年，政府间海洋学委员会大会决定发布《全球海洋科学报告》（GOSR），其主要目的是对海洋科学能力的现状和趋势进行系统性的评估。

海洋科学的关键要素是什么，包括全球的劳动力、科研支出、基础设施和出版物？各国目前在海洋和沿海科学、观测和服务方面的人力、技术、投资和需求水平如何？在各国对海洋科学领域计划投资的背景下，如何在海洋科学运作中进行合作？

本报告旨在确定并量化这些关键要素，为决策者提供一个工具，以确定差距和发现机会，促进海洋科学和技术方面的国际合作，满足社会需要，促进海洋研究，为应对与可持续发展有关的全球性挑战做出贡献。

因此，本报告的作用体现为一种机制，用于评估及报告可持续发展目标14.a在实现目标过程中的进展情况，对于这一点，到目前为止，还没有一个全球性的机制，因此，本报告的首版提供了关键的初始基准线。

正是基于这样一种背景，政府间海洋学委员会成员国正在讨论制定《国际海洋科学可持续发展十年规划（2021—2030年）》，其目的是在联合国的支持下，在海洋科学方面建立全球伙伴关系，寻求维持海洋利益的解决方案，共享知识并加强跨学科的海洋研究，从而为所有成员国，特别是小岛屿发展中国家（SIDS）和最不发达国家创造经济利益，对全球海洋进行全面的定量认识，这对海洋实行可持续管理和实现《2030年可持续发展议程》的目标至关重要。

Vladimir Ryabinin

政府间海洋学委员会执行秘书

目 录

执行摘要

范畴和目的

海洋是地球上最大的生态系统。调节气候系统的变化和可变因素，支持全球经济的发展，提供营养、健康和福祉、水和能源。沿海地区是世界大多数人口的家园，随着人口的增加，人类会更加依赖海洋所提供的生态系统服务。海洋曾经被认为是地球上广袤无垠、具有无限复原力的系统，能够吸收人类所带来的几乎所有压力，无论是资源开发、渔业和水产养殖，还是海洋交通运输。然而，第一次世界海洋评估[1]表明，我们的社会和生活方式需要及时避免海洋环境恶化而引起的有害循环，因为这将严重影响海洋继续为人类提供所需的养育能力，否则便为时已晚。联合国《2030年可持续发展议程》（*2030 Agenda*）呼吁，要实现全球海洋可持续发展并对海洋实施恰当管理，海洋科学对于了解和监测海洋，预测海洋的健康状况，支持实现可持续发展目标14（SDG14）的决策，即“保护和可持续利用海洋和海洋资源以促进可持续发展”，至关重要。

《全球海洋科学报告》[2]中对海洋科学的定义

本报告所述的海洋科学包括与海洋研究相关的所有研究学科：物理学、生物学、化学、地质学、水文学、卫生和社会科学，工程学、人文科学以及有关人类与海洋关系的多学科研究。海洋科学力图了解复杂的、多尺度的社会-生态系统和服务，因此需要观测数据，并进行多学科、协作性的研究。

联合国教科文组织政府间海洋学委员会（IOC-UNESCO）的《全球海洋科学报告》旨在提供一份关于海洋科学现状的报告。该报告旨在确定并量化推动海洋科学生产力和效能的各种因素，其中包括劳动力、基础设施、资源、网络和产出等，促进国际海洋科学合作与协作，帮助确认科学组织和能力之间的差距，并通过共享专业知识和设施，推动能力建设及转让海洋技术，制定优化利用科学资源和促进海洋科学与技术发展的备选办法。报告作为对全球海洋科学进行的首次综合评估，促进了科学和政策之间的联系，为管理者、决策者、政府和捐助方以及海洋科学界以外的科学家提供了支持。该报告为决策者提供了一个前所未有的工具，使之能够找出差距并发现机遇，从而促进海洋科学和技术领域的国际合作，并利用其潜能满足社会的各种需求，应对全球性挑战，推动全人类的可持续发展。

对于海洋科学，并没有一个普遍接受的定义，1982年《联合国海洋法公约》未对海洋科学研究做出定义。为了便于本报告论述，海洋科学可以理解为不同学科的结合体，具体分为八类学科，其中涵盖综合性和跨学科战略研究领域，这些领域通常被视为是国家和国际研究战略和政策中的高级别研究专题（图ES1）。这一分类为依据《2030年可持续发展议程》所进行的全球比较和跨学科分析提供了便利。

图ES1　《全球海洋科学报告》中研究的海洋科学类型

报告利用了广泛的信息来源，除了专门为报告所制定的问卷以外，还汇编了Science-Metrix公司的海洋科学产出数据（文献计量法）和补充资源（例如基于网站的评估和政府间组织编制的报告），以形成可供报告进行分析的数据集。

1　联合国大会主持下常规流程专家组，对全球海洋环境状况，包括社会经济方面进行的报告和评估。第一次全球海洋综合评估:世界海洋评估报告I，联合国。

2　这一定义是由加拿大海洋科学专家组在《加拿大海洋科学报告：迎接挑战，抓住机遇》一书中提出的。加拿大科学院理事会，2013年。

重要发现

1. 全球海洋科学是一项“重大科学”。开展海洋科学研究需要众多工作人员以及昂贵的大型设施，如船只、远洋装置以及设立在沿海的实验室。这些资源分布在世界各地，包括874个海洋研究站、325艘科学考察船和3 800多个阿尔戈（Argo）浮标。

2. 海洋科学是多学科科学。大部分海洋科学设施均支持对海洋科学的广泛研究（39%），少数海洋科学设施则专门侧重于海洋观测（35%）或者渔业（26%）。

3. 海洋科学领域的性别平等高于整个科学领域。女性科学家平均占海洋科学研究人员的38%，比整个科学领域高约10%。

4. 海洋科学研究支出在世界范围内差异较大。根据现有数据，海洋科学支出占自然科学支出的0.1%至21%，占研究和开发经费总支出的小于0.04%到4%不等。2009—2013年，各个地区和国家的海洋科学支出数额不一，部分国家增加了海洋科学年度支出，而其他国家则大幅减少。

5. 海洋科学受益于替代资金。包括慈善捐助在内的私人捐款在某些情况下，为海洋科学提供了额外的资助，并促进了新的海洋科学技术的开发。

6. 海洋科学产能不断增加。海洋科学的研究规模和范围不断扩大，带来了更大的科学产出。如果比较一下2010—2014年和2000—2004年这两个时段，可以看出，中国、伊朗、印度、巴西、韩国、土耳其和马来西亚在海洋科学产出方面增幅最大，中国已成为新出版物的主要来源，而美国、加拿大、澳大利亚和欧洲国家（如英国、德国、法国、西班牙和意大利）依然是海洋科学出版物的主要出版国。

7. 国际合作提高了引用率。一般而言，北美洲和欧洲国家的倍增因素和影响因素（引用与出版物之比）高于世界其他地区国家。一个国家参与国际合作的程度会影响其引用率，平均而言，由多个国家的科学家合著的出版物被引用的次数，高于同一个国家的科学家合著的出版物被引用的次数。

8. 海洋数据中心以其众多产品为各类用户群体提供服务。在全球层面，海洋数据中心存储的数据类型主要是物理数据，其次是生物数据，之后是化学数据，提供污染物或渔业相关数据的海洋数据中心不到半数。海洋数据中心提供最多的三大海洋数据/信息产品包括元数据、地理信息系统（GIS）产品和原始数据的获取。海洋数据中心提供三种主要服务：数据档案、数据可视化和数据质量监控。

9. 可以通过众多途径实现科学与政策之间的联系。当前海洋科学政策和科学外交侧重于优先考虑科学研究领域和引导知识的创造和使用，以解决社会需求，帮助各国在国家、区域和全球层面应对未来的挑战。

10. 只有少数几个国家拥有有关海洋科学能力的国家编目。海洋科学多学科的性质，使建立报告机制以了解海洋科学能力的工作变得复杂，国家、学术界和联邦政府组织海洋研究的能力差异较大。

没有测算就无法管理，这句话对于海洋及其资源和生态系统服务，乃至对于海洋科学能力而言，千真万确。

为了促进基于海洋的可持续发展，需要一条基线来确定现有海洋科学能力发展到了什么水平，它们如何用来增强社会能力、维护环境和生成知识，支持海洋管理，开发有用的产品，提供服务和创造就业机会。报告为帮助和弥补这方面的差距提供了工具，在国家、区域和全球范围内确定和量化海洋科学的关键要素，包括劳动力、基础设施和出版物。

行动呼吁

1. 促进国际海洋科学合作。增强国际合作将促使所有国家参与海洋研究，促进交流沟通并达成出版战略，最终提高全球科学产出和影响力。

2. 支持全球、区域和国家数据中心建设，有效和高效地进行海洋数据管理和交换，并促进数据的开放读取。采纳并执行国际认可的数据管理和交换标准及最佳做法，将使全球、区域和国家数据中心更有效和高效。采纳并执行支持开放读取的数据政策，将从现有和未来的海洋科学研究中获得更多裨益。

3. 探索并鼓励替代性资金模式。政府为学术研究提供的资金有限，预计未来申请获得资金的竞争会更加激烈。以联合海洋科学项目和科学考察项目、共享基础设施和新技术开发为形式的国际合作，可以降低实地科考的成本，加强和拓宽各国的科学专业知识范围。

4. 多渠道实现海洋科学与政策之间的互动。全球海洋的变化，为了解海洋的作用和转化科学知识以支持全球海洋管理，提出了众多挑战。鉴于参与海洋管理的机构过多，能够实现科学与政策之间互动的强有力的协调机制，将有助于社会应对全球海洋变化。

5. 协调统一海洋科学能力、产能和绩效的国家报告机制。评估和追踪世界各地有关海洋科学的技术能力与人员能力的报告机制，对于衡量投资、监测变化和为政策制定者和决策者提供信息，都是必不可少的。协调统一报告机制将有助于支持全球海洋科学计量数据核验与解读，能够追踪海洋科学的发展，确定全球海洋科学面临的机遇和挑战。

事实与数据

谁在进行海洋科学研究

海洋科学研究有赖于训练有素的人员和广泛的基础设施、技术进步和通过国际合作进行的海洋技术转让，此乃开展全球海洋调查和观测数据的关键。推动海洋科学发展的“人力资源”集中在某些国家，并且在世界各地存在年龄和性别上的差异（图ES2）。

世界各国的人均科研人员数量存在显著差别（每百万居民中从超过300人到不足1人）。

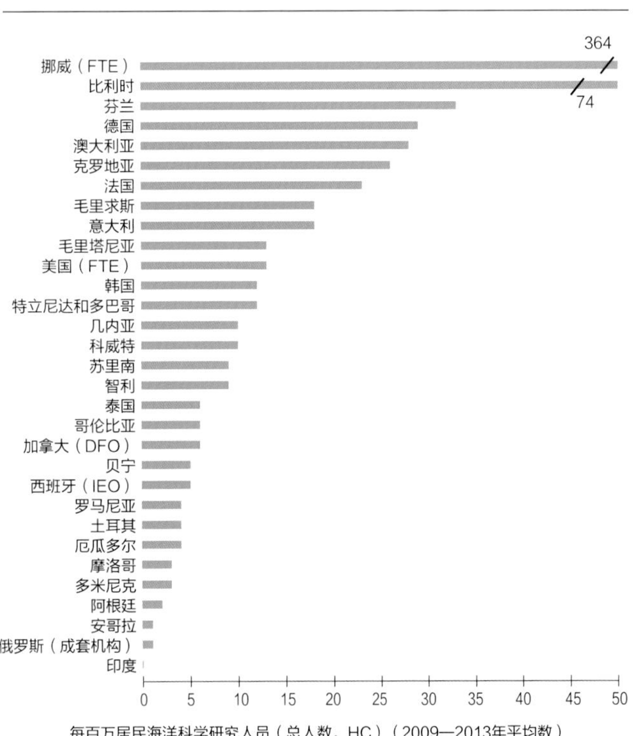

图ES2 各国每百万居民中（2009—2013年）从事海洋科学研究的平均人数（总人数，HC）

在某些情况下，报告的信息并非全国平均数量：挪威和美国的数据为相当于全职（FTE）海洋研究职位的数量；加拿大的总人数信息是加拿大渔业和海洋部（DFO）的人数；西班牙的总人数则仅为西班牙海洋学研究所（IEO）的研究人员数量

资料来源：《全球海洋科学报告》问卷（海洋科学），2015年；联合国教科文组织统计研究所（UIS），2015年

女性科学家平均占海洋科研人员的38%，比全球女性研究人员的比例高出约10%。然而，海洋科学的不同类型和各国之间，性别平衡存在显著差异（图ES3）。

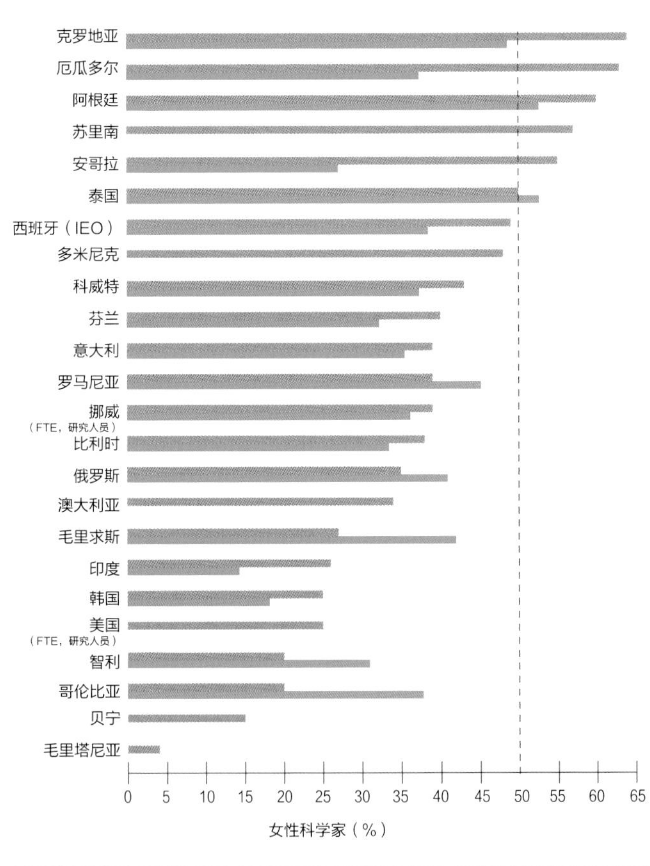

图ES3 海洋科学（总人数；灰柱）和研发（蓝柱）领域中女性研究人员的比例（占总数的%）

资料来源：《全球海洋科学报告》问卷（海洋科学），2015年；联合国教科文组织统计研究所（UIS），2015年

利用什么进行海洋科学研究

海洋科学机构和海洋实验室在支持海洋研究方面发挥着必不可少的作用，对解决若干科学问题至关重要，包括研究海洋和海岸带食物网的结构和功能、生态系统生物多样性和人类对沿海环境的影响等方面的问题。海洋科学研究机构、海洋实验室和实地观察站的全球格局取决于各国的重点研究领域和研究机构。

全球范围来说，许多（39%）海洋科学研究机构的研究课题范围非常广泛，而其他的机构则专攻某些研究主题，比如数据观测（35%）或渔业（26%）。美国拥有的各种规模的研究机构数量最多（315个），大约相当于整个欧洲的研究机构总数，远远超过了亚洲和非洲的研究机构数量。

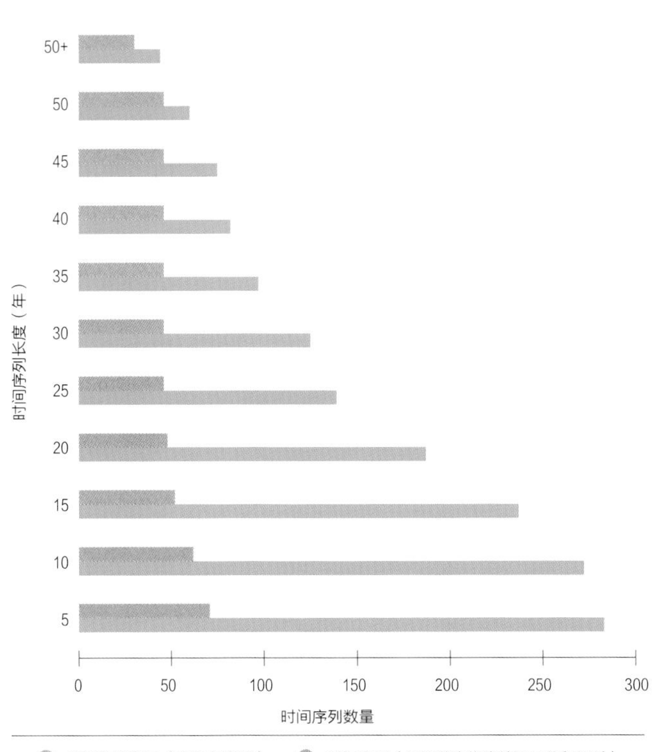

图ES4 根据年代跨度列出的船基时间序列柱状图（2012年状态）

浮游生物连续记录仪（CPR）时间序列分开排列，重点突出了对较长时间跨度所产生的主要作用

资料来源:国际海洋生态时间序列组（GMETS），2016年

海洋实地观察站和实验室可以使人们接触到大量的各种各样的环境，包括珊瑚礁、河口、海藻林、沼泽、红树林和城市海岸线等。全球的784个海洋观察站由98个国家维护，大多数分布在亚洲（23%），其余依次是欧洲（22%）、北美洲（21%）、南极洲（11%）、南美洲（10%）、非洲（8%）和大洋洲（5%）。

长期的船基时间序列有些长达50余年，促进了对包括大陆架沿岸和公海在内的遥远地点进行的研究（图ES4）。

对科学考察船的持续投资以及传感器、探测器和自动水下航行器等新技术的开发利用，有助于推进海洋科学的发展，系泊用具和浮标可收集有关全球海洋的重要信息，并从国际协调与合作中获益，例如，2000年设立的阿尔戈计划（Argo programme）便是由20个国家联合维护负担的。

目前，全球至少有325艘科学考察船在作业（俄罗斯、美国和日本拥有船只总数的60%），长度为10米到65米以上不等，而且有些船只建造于60多年以前，其他一些投入作业不到5年。各国船队的平均年龄不等，介于25年以下（挪威、巴哈马、日本和西班牙）和45年以上（加拿大、澳大利亚和墨西哥）之间。超过40%的科学考察船主要用于沿海研究，20%用于全球性研究（图ES5）。

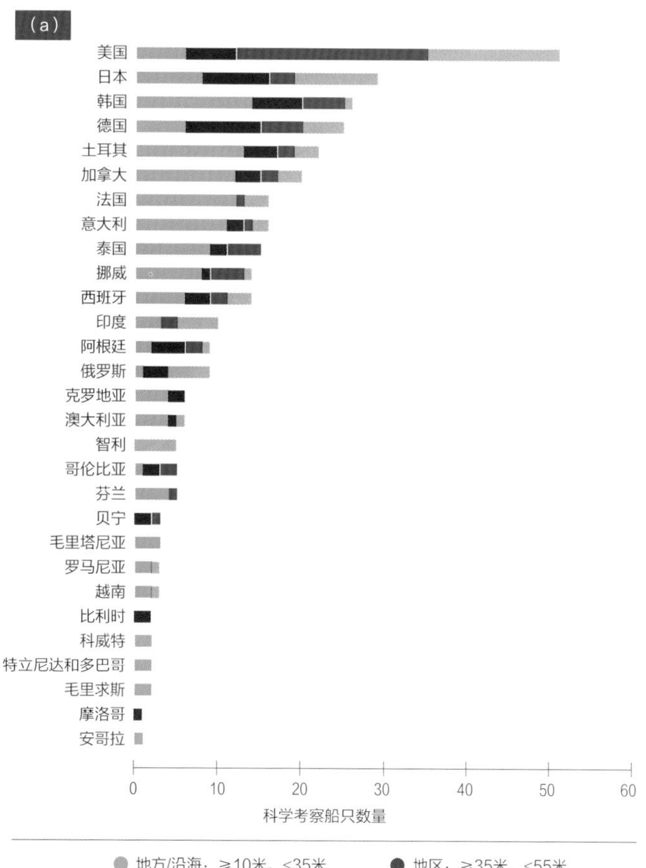

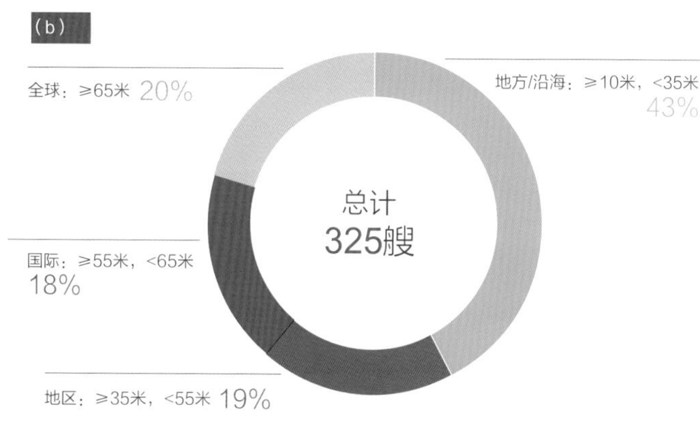

图ES5 （a）各国拥有的科学考察船（RV）的数量，按照船体大小，科学考察船分为4类：地方/沿海地区：≥10米，<35米；区域：≥35米，<55米；国际：≥55米，<65米；全球：≥65米。（b）按照（a）中的分类显示的各种规模船只在所有科学考察船中的比例

资料来源：《全球海洋科学报告》问卷（海洋科学），2015年

各国在海洋科学领域的支出是多少

《全球海洋科学报告》是国际上首次开展的搜集各国政府对海洋科学进行资金资助的工作。这项评估包括29个国家，他们通过答复报告问卷，提供了2009—2013年期间海洋科学信息。尽管在方法上和数据收集方面存在局限性，但还是明确了海洋科学资金方面的一些关键趋势。根据报告所做的评估，政府对海洋科学的资助总体上仍然不多，与其他科学领域一样，对海洋科学的资助在一些国家面临着可持续性的挑战。

为了支持可持续发展，海洋研究需要有公共和私营部门长期资助作为保障，才能不断进行。报告提供了有关海洋科学资金的基准信息，可将其作为一个起点，进行更有针对性且更加恰当的投资，开展新的能力发展战略，推动海洋技术转让和知识交流。

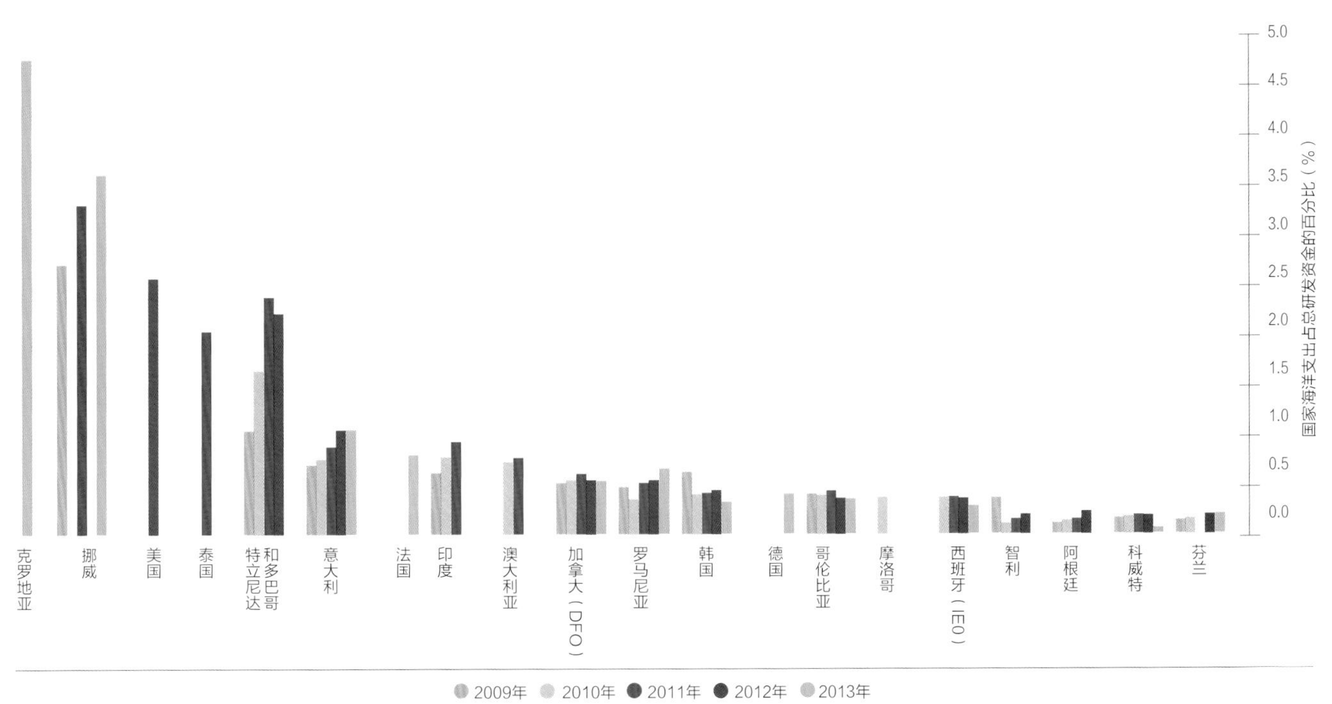

图ES6 回复《全球海洋科学报告》问卷并提供了国家政府对海洋科学提供资金的25个国家，海洋科学领域的支出占国家研究和开发（R&D）支出的百分比

资料来源：《全球海洋科学报告》问卷（海洋科学资金），2015年；联合国教科文组织统计研究所（UIS），2015年

海洋科学资金占各国研究和开发资金的比例从小于0.04%到4%不等。海洋科学专用预算较大的国家有美国、澳大利亚、德国、法国和韩国（图ES6）。

海洋科学在全球情况如何

《全球海洋科学报告》按单个国家和国际合作的情况，审查了海洋科学绩效不断变化的总体情况，以说明海洋科学知识发布和共享的途径。采用文献计量分析法，评估由出版物和引用的总数量所显示的海洋科学研究产出的数量和质量。按照海洋科学的4种分类对其绩效进行分析：产量（开展研究的数量），质量（出版物的影响力），主题相关性（研究的领域）和合作（通过国际伙伴关系和机构联系所产生的数量）。

全球海洋科学的产出在增长。2010—2014年期间，出版了370 000余部海洋科学手稿，2 000 000余篇文章被引用。尽管海洋科学的绩效在数量与质量上存在一定关系，但出版物数量最多的国家并不一定是引用次数最多的国家。（附录6）

从2000—2004年和2010—2014年期间的科学出版物数量和引用次数来看，海洋科学的产出在增加。海洋科学产出增长相对最为强劲的国家是中国、伊朗、印度、巴西、韩国、土耳其和马来西亚，中国已成为新出版物的主要来源国，而美国、加拿大、澳大利亚和欧洲各国（英国、德国 、法国、西班牙和意大利）仍然是海洋科学出版物的主要出版国家。

研发支出影响着海洋科学研究的绩效，国内生产总值高（且人均国内生产总值高）和研发经费支出高的国家，根据海洋科学出版物和引用次数衡量的海洋科学绩效也高。

世界各地海洋科学专门化程度各不相同，一些地区比其他地区更擅长某些类型的研究，例如：南北美洲擅长“海洋生态系统功能和变化过程”，非洲擅长“人类健康与福祉”，亚洲长于“海洋技术与工程”，欧洲精于“海洋与气候”，大洋洲则专攻“蓝色增长”（图ES7）。根据研究类型对海洋科学国别位置进行的分析表明，某些国家在某些类型的研究中处于领先地位，如日本和俄罗斯在“海洋地壳和地质灾害”领域。

非洲

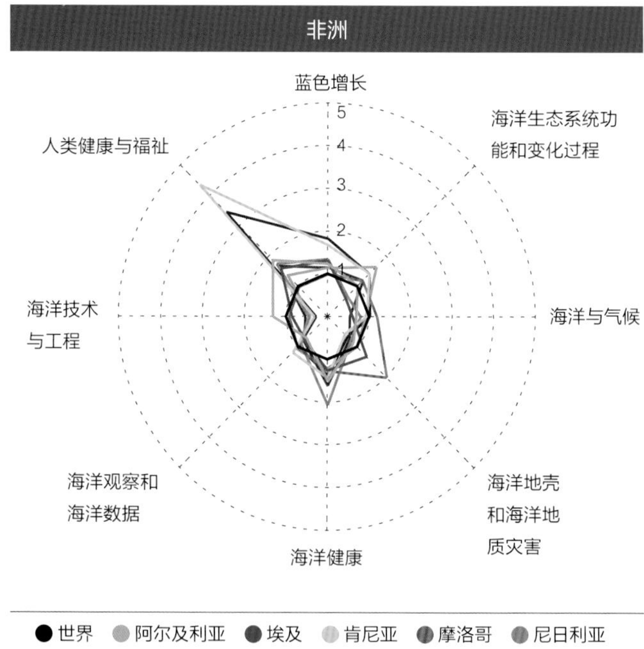

● 世界 ● 阿尔及利亚 ● 埃及 ● 肯尼亚 ● 摩洛哥 ● 尼日利亚 ● 南非 ● 突尼斯 ● 坦桑尼亚

图 ES7　与世界平均情况相比较，各国在海洋科学研究类型方面的强项（专业化指数）（2010—2014年期间，非洲各国至少有300种出版物）（附录6）

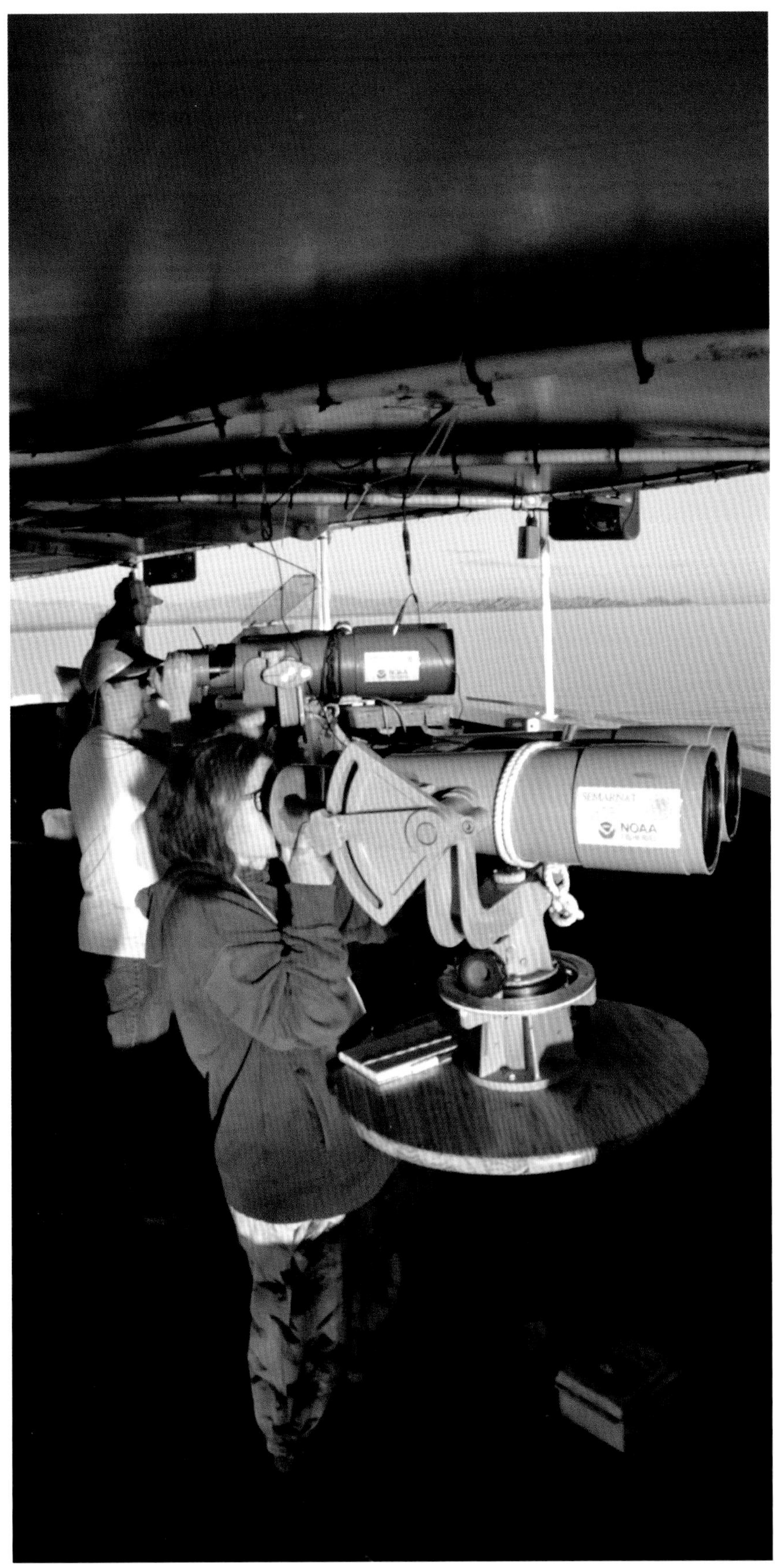
NOAA

海洋科学协作网络正在改变海洋科学的全球结构，并常常以区域为基础而形成。国际海洋科学合作，可以提高引用率，对科学的影响力产生积极的作用，因此非常重要（图 ES8）。

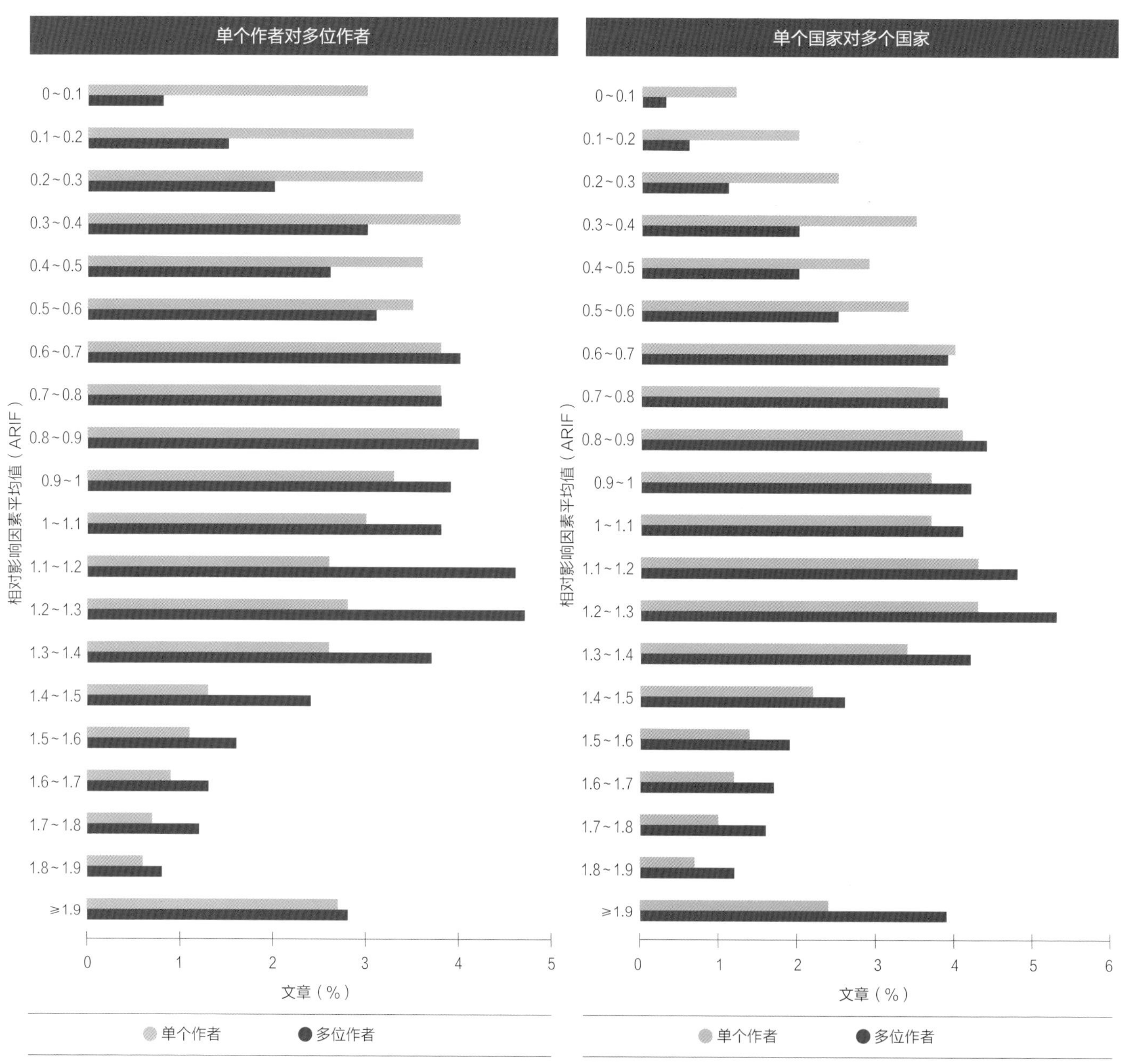

图ES8　文章的相对影响因素平均值（ARIF）比较

单个作者（灰柱）与多位作者（深蓝柱）；同一国家作者合著（国内，灰柱）与多个国家作者合著（国际，深蓝柱；附录6）

我们如何存储和管理海洋科学信息

现代海洋科学及新技术和观察工具的应用，产生出各种新型数据，速度之快、数量之大，前所未有，这样的新进展也要求数据管理和存储要运用新的途径，才能满足不同受众的需要。从区域和全球来看，各种各样的机构、伙伴关系和计划都在进行数据和信息编纂、共享和管理等工作。除了亚洲/太平洋各国其中的研究人员是主要客户，《全球海洋科学报告》中的分析并未揭示在用户受众方面，因地区不同而存在显著区别。

各数据中心提供的海洋数据产品大多为元数据、原始数据和地理信息系统产品（图ES9）。

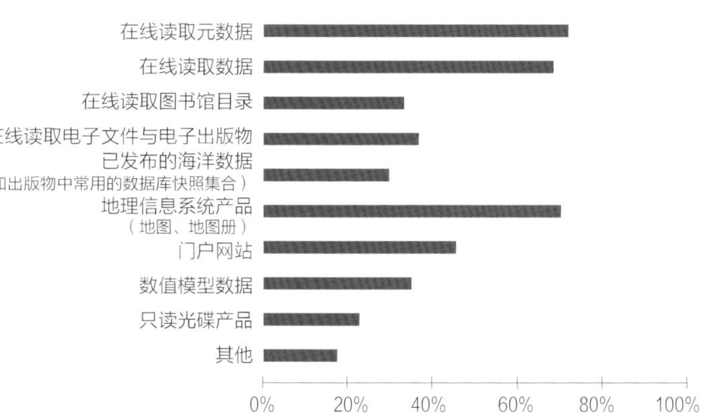

图ES9　各数据中心向客户提供的数据和信息产品（占答复者%）

资料来源：国际海洋数据和信息交换委员会（IODE）调查，2016年

各数据中心提供的数据、产品或服务的核心用户为国家和国际研究人员以及普通大众、政策制定者和私营部门（图ES10）。

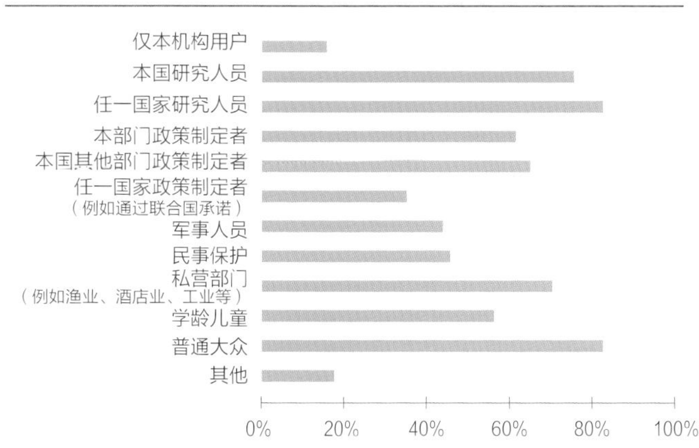

图ES10　数据中心提供的数据、产品或服务的客户和终端用户（占答复者%）

资料来源：IODE调查，2016年

全世界的数据中心对“某些”类型数据的读取实行限制的占63%，在某一时段实行限制的占40%（图ES11）。

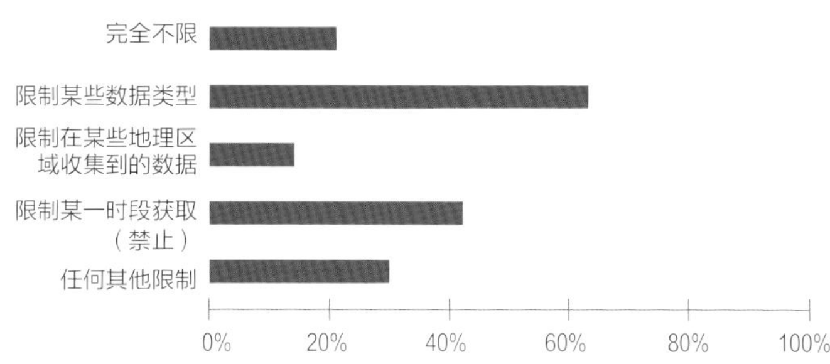

图ES11　对某些数据类型、在某些地理区域和某一时段收集到的数据，数据中心采取限制或者不限制或者采取任何其他限制措施的比例（占答复者%）

资料来源：IODE调查，2016年

海洋科学的影响：科学在政策中的反映

《全球海洋科学报告》提供的实例表明，政策制定者的需求如何影响科学研究计划的制订，科学又如何影响海洋政策的制定和实施。这些实例表明，海洋科学对解决环境挑战具有价值，可以对今后的工作有所启示。报告关注以下实例：

- 减少海水的富营养化，例如：《欧洲共同体硝酸盐与城市废水指令》；
- 国家、区域和全球有害藻华管理体系；
- 海洋施肥的监管，例如：以《1972年防止倾倒废物及其他物质污染海洋的公约》（《伦敦公约》）及其《1996年议定书》（《伦敦议定书》）为依据；
- 渔业监管，例如：按照各国商定的在北海进行捕捞的总可捕数量；
- 跨界保护和养护战略，例如：《本格拉洋流公约》。

海洋科学与政策之间的相互作用，可以在保护和保存海洋环境及保护和可持续利用海洋资源方面发挥作用。

国际海洋科学合作的重要性在于增长科学知识，培养科研能力，转让海洋技术（即可持续发展目标14a）。海洋科学的重要性还在于能够为一系列国际法律和政策发展提供信息，例如：气候变化和国家管辖范围以外区域海洋多样性保护与可持续利用。报告总览了全球海洋科学能力，因而为实现可持续发展和为全人类改善海洋健康提供了方式方法。

海洋科学将继续发挥关键作用，促进落实《2030年可持续发展议程》，推动实现可持续发展目标14（SDG14）所提出的保护和可持续利用海洋和海洋资源的目标。

第1章 简介

第1章 简介

Luis Valdés[1] , Martha Crago[2]

1 西班牙桑坦德海洋学中心西班牙海洋学研究所
2 加拿大达尔豪斯大学

Valdés, L. and Crago, M. 2017. Introduction. In: IOC-UNESCO, *Global Ocean Science Report—The current status of ocean science around the world.* L. Valdés et al., eds, . Paris, UNESCO, pp. 34–41.

1.1 《全球海洋科学报告》的动机

近年来，随着国际社会对海洋功能、气候变化[1]、环境保护和海洋资源保护兴趣的日益浓厚，海洋科学迅速发展，海洋科学研究的动力与海洋可持续利用的联系，比以往任何时候都更加紧密。鉴于此，在我们这个时代，海洋科学面临的主要挑战是跨学科的研究，涉及自然科学和社会科学，对海洋酸化、微塑料、缺氧、蓝碳、蓝色增长和治理等问题进行调查研究。为了指导新的发展，需要确定目前的海洋科学能力，并以此为基线，增强社会能力，维护环境和生成知识，开发有用的产品，提供服务和创造就业机会。

为了影响并为行动提供信息，必须加强科学与政策之间的相互作用，以增强科学、社会和决策者之间的联系，让决定未来的决策者们了解科学至关重要。联合国（UN）已正式促成建立了多个关于国际文书和科学与政策相互联系的机构，如联合国世界海洋评估、政府间生物多样性和生态系统服务平台以及政府间气候变化专门委员会，以确保在高级别政策研讨中，恰当地反映最新且准确的科学研究（例如：联合国条约缔约方会议中的《生物多样性公约》和《联合国气候变化框架公约》）。其他科学政策评估，如《联合国教科文组织科学报告》和《世界社会科学报告》［联合国教科文组织（UNESCO），2015；国际社会科学理事会（ISSC），发展研究所（IDS）和联合国教科文组织（UNESCO），2016］以及经济合作与发展组织（OECD，2014）和欧盟委员会（欧盟，2009）发表的报告，都强调了科学产能的模式，并展示了科学合作的价值。这些评估为认识和促进知识共享和传播、确定国际合作的机会和益处以及利用国际科学合作、应对全球挑战奠定了基础。

海洋科学是一门“重大科学”，涉及复杂而昂贵的设备，如卫星、科学考察船、遥控操作装置和机器人。推进科学研究，以增进对不断变化的全球海洋的认识和了解，需要协调一致的国际合作，而人才是维持这个制衡局面的关键部分。规划、采样、分析和执行任何科学任务都需要成千上万训练有素的科学家，在海洋实验室，在偏远地区，从北极到南极，从海岸到公海，一年365天每一天都全力以赴地投入工作。这些研究人员精诚合作，渴求利用最好的设施与最优秀的人才合作，以探索新知识来推进他们研究领域的发展或应对特定的挑战。

联合国教科文组织倡导科学是一项全球性事业，其下属的政府间海洋学委员会（IOC）突出了这一海洋科学愿景。根据英国皇家学会（2011年）的数据报告：“全世界有700多万研究人员，其国际研发支出超过1 000亿美元，且每年在25 000种独立的科学期刊上阅读和发表文章。”尽管UNESCO（2010，2015）、OECD（2014）和英国皇家学会（Royal Society，2011）已经发布过关于全球科学现状的报告（总体上），但有关全球海洋科学现状的报告从未涉足[2]。

IOC认为，有必要对有关全球海洋科学状况的资料进行全球汇编。科学是可持续发展的主要支柱，也是促进和平的手段（UNESCO，2015）。当科学在塑造人类未来起到巨大作用，不再适合仅在国家层面上制定科学政策的时候，特别是在处理影响整个地球的问题如气候变化和“全球海洋公共领域”的可持续管理问题时，外交的科学维度就具有了根本意义[3]。

《全球海洋科学报告》（GOSR）旨在确定和量化海洋科学的关键要素，包括劳动力、基础设施和出版物，其作用在于促进国际海洋科学合作与协作、促进专业知识和设施共享。在减少海洋灾害风险、发展

1　气候变化是基于科学共识的国际优先事项，各国签署了减少温室气体排放的具有约束力的协议，并采取行动减轻气候变化的影响（例如：《联合国气候变化框架公约》缔约方大会，巴黎，2015）。

2　加拿大（加拿大海洋研究大学联盟，2013）和比利时（Herman et al.，2013）发表了国家海洋科学报告。

3　术语“全球公共领域”通常用于描述在其中发现公共资源池的国际、超国家和全球资源域（Ostrom，1990）。全球公共领域包括地球共有的自然资源，如海洋、大气和南极。

科学能力以及增强海洋资源保护和可持续利用的效益等方面，报告有助于海洋治理以及促进共同的科学利益。报告将海洋科学问题纳入一个评估中，旨在增强科学与政策之间的联系，为管理人员、政策制定者、政府和捐助方以及海洋科学界以外更广泛的政治和科学受众提供支持。

1.2 《全球海洋科学报告》是一项促进科学可持续发展的合作行动

可持续发展需要协调经济增长、社会包容和环境保护这三大核心要素，为人类和地球建设一个具有包容性的、可持续的、有复原力的未来而共同努力。科学是第四大核心要素，对了解和实现可持续性至关重要。

作为一门新兴的学科，可持续发展科学在21世纪应运而生[1]。根据《美国国家科学院学报》[2]，可持续发展科学“涉及自然和社会系统之间的相互作用以及这些相互作用如何影响可持续发展的挑战：即满足当代和后代的需求，同时又大幅减少贫困并保护地球的生命支持系统”。

海洋曾被认为是一个广袤无垠、有复原力的区域，能够吸收几乎无穷无尽的废物，承受日益增长的人口、渔业和运输所带来的压力。但众所周知，现在海洋已经越来越容易受到人类活动的伤害。海洋和沿海地区对全球经济做出了巨大贡献，并且通过直接经济活动，提供生态系统服务，作为世界大多数人口的家园，海洋对全球福祉至关重要（方框1.1）。此外，海洋对气候系统的变化和变异起推动作用，甚至影响远离海岸的降雨和沙漠化，因此深入地了解并监测全球海洋是全球可持续发展和管理的基础。

通过国际法加强对海洋资源的保护，并在管理和利用基于海洋的资源方面实施良好的做法，将有助于减轻海洋所面临的一些挑战。SDG14体现了对海洋的保护和可持续利用，它是构成《2030年可持续发展议程》中的17项可持续发展目标之一［联合国（UN），2015］。SDG14确立了可持续管理及保护海洋和沿海生态系统的框架，并为更好地将国际科学和环境治理一体化奠定了基础。

方框1.1　《2030年可持续发展议程》，SDG14“保护和可持续利用海洋和海洋资源以促进可持续发展”中的事实和数据（UN，2015）。

SDG14 洋与海：事实和数据

- 海洋覆盖地球表面近3/4的面积，包含地球全部水资源的97%，若以体积衡量，海洋代表了地球上99%的生存空间；
- 超过30亿人的生计依赖于海洋和沿海的多种生物；
- 在全球范围内，海洋和沿海资源及产业的市场价值估计每年达30 000亿美元，占全球国内生产总值（GDP）的5%左右；
- 目前已知的海洋生物有近20万种，但实际的数量则可能有数百万种；
- 海洋吸收约30%的人类活动产生的二氧化碳，缓解着全球变暖的影响；
- 海洋蕴藏着世界上最大的蛋白质资源，超过30亿人口主要依靠海洋为他们提供蛋白质；
- 海洋渔业直接或间接雇用2亿多人；

1　在阿姆斯特丹举办的名为“变化中的地球所面临的挑战2001”世界大会上，这个新的科学领域通过一份“出生声明”被正式引入。该会议由国际科学理事会（ICSU），国际地圈–生物圈计划（IGBP），全球环境变化国际人文因素计划（IHDP）和世界气候研究计划（WCRP）联合组织。IOC是WCRP的总部，也为现已结束的IGBP中的核心项目提供支持，作为未来地球计划的一部分仍然在继续。

2　http://sustainability.pnas.org/page/about（2016年11月17日访问）。

- 捕捞补贴导致许多鱼类物种迅速枯竭，并阻碍拯救和恢复全球渔业及相关工作，导致海洋渔业收益每年减少500亿美元；
- 全球多达40%的海洋受到了人类活动的“严重影响”，包括污染、渔业耗竭、沿海栖息地的丧失。

虽然可持续发展目标没有法律约束力，但预期各国政府将依据其要求建立国家框架以实现该目标，通过国家、区域和全球层面的分析，各国承担跟进和审查目标实施进展的主要责任。为此，需要高质量、可读取的和及时的数据收集以及联合国机构与成员国之间的强力合作。

报告旨在提供一份全球海洋科学的现状报告，将其作为实现SDG14的一项工具，力图使各国能够优化利用科学资源，促进能力建设，转让技术，促进海洋研究和管理方面的国际合作，同时适当考虑发展中国家的需要。为此，报告的框架围绕着海洋科学对可持续发展概念的贡献，将海洋科学划分为7个类型，外加一个与海洋科学所有类型均相关的总主题[1]，内容如下：

- 海洋生态系统功能和变化过程；
- 海洋与气候；
- 海洋健康；
- 人类健康与福祉；
- 蓝色增长；
- 海洋地壳和海洋地质灾害；
- 海洋技术与工程；
- 总主题：海洋观察和海洋数据。

1.3 使命、目标和大纲

作为其对联合国可持续发展大会“里约+20”峰会以及可持续发展目标14（SDG14）自愿承诺的一部分，联合国教科文组织政府间海洋学委员会在促进制定和实施建立国家和地区海洋事务能力的全球战略方面发挥着主导作用，以促进各级对海洋实施可持续管理。IOC成员国认识到，科学与政策之间的相互联系需要基线，并定期性地评估各国对海洋科学的需求和投资。但是，迄今为止，缺乏一个全球机制来评估和报告各国在海洋科学、观测和服务方面的能力、投资、业绩和需求水平。就此，报告希望成为一个工具，根据SDG14中的目标14a[2]，对海洋科学取得的成就进行监测。正在进行的国家和国际举措表明了类似的全球机制的可行性和对其的需求。该报告是在IOC的主持下编写的，旨在实现海洋科学研究的愿景和使命。

报告的宏伟目标是总览全球范围内的海洋科学能力，包括现有的物理基础设施、人力资源、财政投资、科学产能以及国家和国际层面的科学合作。报告旨在：

（1）概述海洋科学在何处由谁开展以及海洋科学的质量及其对国家和国际治理的影响；

（2）提高人们对IOC成员国在海洋研究、观测和数据/信息管理方面的人力和制度能力的认识；

（3）概述与可持续发展和蓝色增长研究相关的关键领域的绩效。

通过强调海洋科学生产和科学合作组织的模式，报告为了解以及促进知识共享和传播奠定了基础，阐明了国际合作的益处，并确认国际合作机会，以便更

1　这些类型由专家组确定，并于2014年由IOC执行理事会确认（欧共体决议-XLVII/决议.6.2）。

2　SDG14，目标14a增强科学知识，发展研究能力和转让海洋技术，同时考虑政府间海洋学委员会标准和海洋技术转让指导原则，以改善海洋健康并加强海洋生物多样性对发展中国家发展的贡献，特别是小岛屿发展中国家和最不发达国家。

有效地应对海洋挑战。

报告编制的指导原则是利用科学方法对结果进行评估和呈现，报告的调查结果和评估基于相关数据和客观信息。为避免数据分析中的偏差，我们对科学投入和利益攸关方的参与，采用了全面而平衡的方法。

本报告经简化，依次分为8章：

- 第1章 介绍报告的动机和目标；
- 第2章 对数据收集和方法加以讨论；
- 第3章 呈现全球海洋科学设备和人力资源的数据；
- 第4章 考察对海洋科学的投资；
- 第5章 分析科研产能、科学影响以及绩效和国际合作的其他量化指标；
- 第6章 对海洋学数据、信息管理与交换加以讨论；
- 第7章 对国际支持机构在海洋科学中的作用加以讨论；
- 第8章 提供海洋科学对政策发展做出贡献的实例。

报告的最终目标是，概览全球海洋科学资源、投资和产能状况，帮助实现政策目标。全球海洋的巨大规模和实现可持续发展所面临的科学与政策挑战的复杂性，需要国际合作。长期以来，各国的海洋科学家一直保持着良好的合作传统，以促进对全球海洋共同资源的认识和管理。该报告为决策者提供了一个前所未有的工具，使之能够找出差距并发现机遇，从而推动海洋科学和技术领域的国际合作，利用其潜能满足社会的各种需求，应对全球性挑战，推动全人类的可持续发展。

参考文献

Canadian Consortium of Ocean Research Universities (CCORU). 2013. Ocean Science in Canada: Meeting the Challenge, Seizing the Opportunity. Ottawa, Council of Canadian Academies. European Commission. 2009. Global Governance of Science. Brussels, Directorate-General for Research, Science, Economy and Society.

Herman, R., Mees, J., Pirlet, H., Verleye, T. and Lescrauwaet, A. K. 2013. Compendium for Coast and Sea 2013: integrating knowledge on the socio-economic, environmental and institutional aspects of the Coast and Sea in Flanders and Belgium. A. K. Lescrauwaet, H. Pirlet, T. Verleye, J. Mees and R. Herman (eds), Marine research. Ostend, Belgium, pp. 12-71.

ISSC, IDS and UNESCO. 2016. World Social Science Report 2016, Challenging Inequalities: Pathways to a Just World. Paris, UNESCO.

OECD. 2014. Main Science and Technology Indicators. Vol. 2013 (1). Paris, OECD.

Ostrom, E. 1990. Governing the commons: The evolution of institutions for collective action. Cambridge, UK, Cambridge University Press.

Royal Society. 2011. Knowledge, networks and nations: Global scientific collaboration in the 21st century. London, Royal Society.

UN. 2015. Transforming our world: the 2030 Agenda for Sustainable Development. Resolution adopted by the General Assembly. 25 September 2015. A/RES/70/1.

UNESCO. 2010. UNESCO Science Report 2010: The current status of science around the world. Paris, UNESCO Publishing.

UNESCO. 2013. UNESCO Medium-Term Strategy 2014-2021. Paris, UNESCO.

UNESCO. 2015. UNESCO Science Report 2015: Towards 2030. Paris, UNESCO.

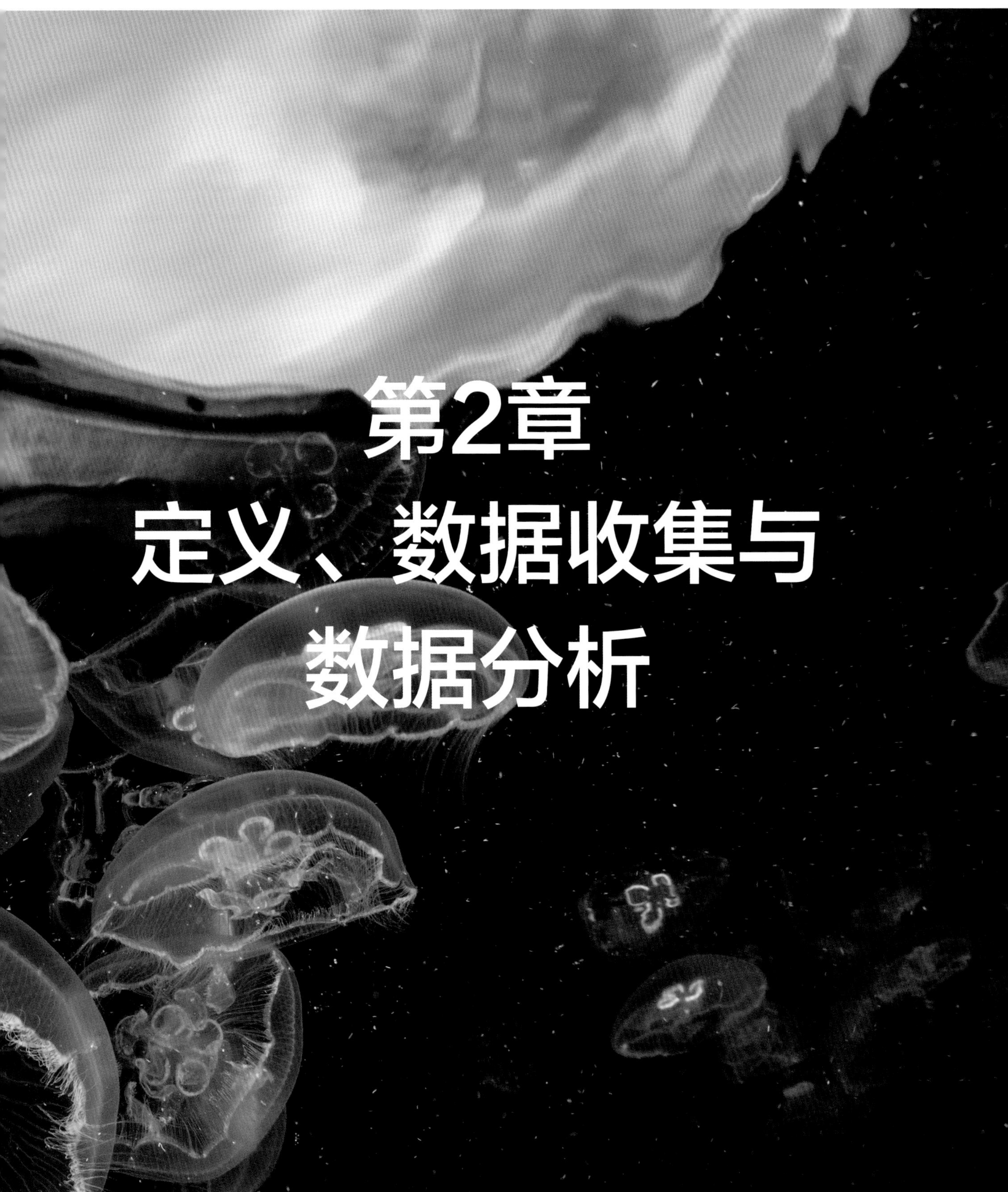

第2章 定义、数据收集与数据分析

第2章 定义、数据收集与数据分析

Kirsten Isensee[1]，Seonghwan Pae[2]，Peter Pissierssens[1]，Kazuo Inaba[3]，Martin Schaaper[4]

1 联合国教科文组织政府间海洋学委员会
2 韩国海洋科学技术推广研究院
3 日本筑波大学下田海洋研究中心
4 联合国教科文组织统计研究所

Isensee, K., Pae, S., Pissierssens, P., Inaba, K. and Schaaper, M. 2017. Definitions, data collection and data analysis. In: IOC-UNESCO, *Global Ocean Science Report—The current status of ocean science around the world.* L. Valdés et al. (eds). Paris, UNESCO, pp. 42–53.

2.1 准备过程

《全球海洋科学报告》使用一系列互补的方式方法支持报告中所呈现和讨论的信息，所选方法可以收集海洋科学不同方面的相关信息，包括研究基金、人力和技术能力、产出（如出版物）以及配套机构和设施。

数据和信息的收集基于各种开放来源、质量控制资源以及有针对性的调查，这些数据和信息为本报告奠定了基础。报告将定量数据与定性数据相结合，定量数据指的是同行评议的出版物、科学考察船的数量以及国家的资助力度；而定性数据则指各国现有的海洋科学国家战略等。在整个报告中，对海洋科学数据与自然科学和/或研发（R&D）信息进行总体对比分析，可以使人们以更广阔的视角来看待海洋科学。基于本章所述方法，第3章、第4章、第5章、第6章中所提供的独立量化指标与第7章、第8章的调查结果，具有交叉参考效应，有助于读者浏览整个报告。

数据汇编工具包括：①专门的问卷调查；②同行评审文献、国家报告和基于网络的资源；③基于国际文献数据库的文献计量学（第2.3.2节）。对某些定量测量类型的数据读取是有限的，甚至无法读取。目前，用来读取报告问卷（附录4）中所需要的信息类型的国家报告机制经常不到位，因此，通过采用本报告制定的标准化方法，对全球海洋科学进行系统性报告，意味着迈出了跨越性的一步。

编委会是一个外部的独立的国际小组，由具有科学外交、统计、评估和评价等方面经验的海洋科学专家组成。编委会就结构和内容给出了建议，起草了各章节并审阅了报告的部分内容，编委会的主要任务是：

（1）为成功出版《全球海洋科学报告》第一版持续提供指导；

（2）督促成员国提供相关数据和信息；

（3）确定获取相关信息的适当方法；

（4）作为共同作者参与不同章节的起草；

（5）积极向潜在用户和利益攸关方宣传本报告；

（6）与对报告感兴趣并将受益于出版成果的国际机构、大会和小组建立联系。

2.2 海洋科学的定义和分类

对海洋科学进行定义并进一步分类，并对海洋科学生产和效能进行全球比较以及跨学科分析，从而与《2030年可持续发展议程》，特别是与SDG14的“保护和可持续利用海洋和海洋资源以促进可持续发展”目标保持一致。2014年，IOC管理机制背景下，IOC特设专家组和本报告编委会达成一致意见，将分析内容集中在8个主要类型，这些领域常常被公认为是各国和国际海洋研究战略和政策中的高级别研究专题（图2.1），涵盖综合性、跨学科和战略性的海洋研究领域。

图2.1 《全球海洋科学报告》中研究的海洋科学类型

加拿大海洋科学报告专家组（加拿大科学院委员会，2013）将海洋科学定义如下："海洋科学……包括与海洋研究有关的所有学科：物理学、生物学、化学、地质学、水文学、卫生和社会科学，以及工程、人文学科[1]和人类与海洋关系的多学科研究……海洋科学力图了解复杂、规模不一的社会-生态系统和服务，需要观测数据和多学科的协作性研究。"编委会认为，该定义对海洋科学的描述有助于支持本报告中运用的分析方法。

2.2.1 海洋科学类型的划分

海洋生态系统功能和变化过程：指的是海洋生态系统的结构、多样性和完整性，包括非生物和生物特征。海洋生态系统功能包括生物地球化学、化学、物理和生物过程，它们具有营养循环、能量流动、物料交换以及营养动力学和结构的特征。所有这些过程都以自然动力学的可变性和多样性为标志，包括季节、时空差异及扰动。本报告中，海洋生态系统功能和变化过程这一类型包含以下主题：生物多样性；物理环境；初级生产；消耗；沉降；呼吸；不同营养级别的好氧和厌氧过程；生物泵等。

海洋与气候：指的是海洋与大气之间相互作用的研究，以便更好地预测海洋和气候系统中的交互变化。海洋与气候这一类型包括以下主题：古海洋学；海洋变暖；海洋酸化；脱氧；海平面上升；海洋环流和海气相互作用的变化等，不包括对极端天气事件的研究。

海洋健康：该类型的研究涵盖人为活动对海洋环境状况造成的不良和累积的影响，特别是生物多样性、遗传多样性、表型可塑性、栖息地丧失的变化以及生态系统结构和过程的变更。海洋健康包括海洋污染、外来物种和入侵物种、生态系统破坏、海洋保护区和海洋空间规划等方面的研究。

人类健康与福祉：指的是对海洋与人类健康和福祉之间关系的研究，包括有关海洋生态系统服务的物理和社会研究，特别是食品安全、娱乐、有害藻华以及与人类有关的社会、教育和美学价值等研究。

蓝色增长：指的是对海洋资源可持续利用进行的研究和支持，包括对食品安全（渔业和水产养殖）方面有经济意义的物种的研究。蓝色增长还包括海洋新能源和海洋生物资源的利用以及清洁技术、药品、化妆品和海水淡化等方面的研究。

海洋地壳和海洋地质灾害：指的是海洋地质/地球物理研究，包括海底热泉、地震学、海洋钻探、海水运动和相关的海洋灾害（海啸、海底大规模气体/流体释放、海平面迅速上升、洪水泛滥、飓风以及极端的沿海天气事件）等。

海洋技术：指的是与海洋创新以及海洋科学和工业设备系统的设计开发有关的研究。除了海洋地质工程（如太阳辐射管理和二氧化碳清除技术），此类型包括海洋工程研究，如海洋能源解决方案、卫星和遥感技术、无人遥控潜水器（ROV）、滑翔机、浮标、传感器、新型测量装置和技术开发等。

海洋观察和海洋数据：此类型与海洋科学的所有类型均相关，包括海洋数据和信息的收集、管理、传播和使用，以建立海洋和大洋知识。该交叉类型是所有海洋和海事活动的基础，特别是海洋科学研究。然而，它亦涉及海洋数据平台、海洋数据库、数据报告和管理活动的研究和开发。

就上述8个海洋科学类型，获取文献计量数据，分析海洋科学绩效（第5章）。根据上述类型的定义，选取一组关键词。

1 编委会不包括在人文或社会科学方面具有专门知识的成员。

2.2.2 海洋科学研究领域的分类

为了便于对研究设施、设备和人力资源的数据采集，报告问卷确定了三类海洋研究领域，供后续分析使用（第2.2.1节）。

渔业：与海洋渔业、海水养殖（公海）和水产养殖（沿海和室内）有关的研究。

观察：与沿海和公海海域监测、数据存储库、对有害藻华和污染的追踪测量、卫星测量、浮标和系泊用具有关的海洋科学。

海洋研究/其他海洋科学：与上述两个类型没有交叉的海洋科学领域，如实验调查和过程分析。

2.3 数据资源和分析

2.3.1 《全球海洋科学报告》问卷与国际海洋学数据和信息交换计划（IODE）调查

本报告数据收集过程的主要工具是一份问卷调查，在IOC成员国中开展，要求各国提供各自的海洋科学信息。该调查是和工作组成员国代表协商后制定并审核的。该调查收集了核心数据和信息，以评估指标和证据，对各国海洋科学能力、进展和挑战做出评估。与IOC联络的各国协调机构，确保与各自国家的海洋科学家和机构团体合作，并于2015年1—11月提交数据。

问卷共汇总了41项条目的信息，这些条目分为8个专题，包括从（1）到（7）的定量部分和非定量部分（8）（附录4）。一些跨领域交叉问题出现在该报告的若干章节：

（1）海洋科学格局；

（2）研究投资；

（3）研究能力和基础设施；

（4）海洋学数据和信息交换；

（5）能力建设和技术转让；

（6）区域和全球海洋科学支持机构；

（7）可持续发展；

（8）非定量信息。

定量部分涉及与每个国家现有的人力和技术能力有关的信息，非定量部分涉及各国海洋科学战略和开展海洋科学研究遇到的挑战以及各国提出的建议和对海洋科学的需求。

IOC秘书处收到了34个国家的问卷答复（占IOC成员国的23%）。以下成员国提交了各自国家的信息：安哥拉、阿根廷、澳大利亚、比利时、贝宁、加拿大、智利、中国、哥伦比亚、克罗地亚、多米尼克、厄瓜多尔、芬兰、法国、德国、几内亚、印度、意大利、日本、科威特、毛里塔尼亚、毛里求斯、摩洛哥、挪威、韩国、罗马尼亚、俄罗斯、西班牙、苏里南、泰国、特立尼达和多巴哥、土耳其、美国和越南。2010—2014年间，以上国家出版了约75% 的海洋科学出版物。平均而言，这些国家回答了77.4%的问题。图2.2展示了每个专题收到的答复比例的详细信息。

问卷中要求的大部分数据涉及的时间为2009—2013年间，所提供的信息部分得到了国家协调中心的核实，以解决个别不一致之处，并随后进行了分析。

对其他信息来源的分析，如国际会议的参与者名单、国家计划和国家报告，把这些不确定性降到最低。

2016年6月24日至9月19日，IOC的国际海洋学数据和信息交换委员会（IODE），在各国国家数据管理协调中心、国家海洋信息管理协调中心和关联数据单元联络点展开了在线附加调查，第6章（海洋学数据、信息管理与交换）呈现的一些数据基于这些调查。在114个联络方中，共有78个（69%）数据中心做了回复。

对问卷反馈的分析受到某些因素限制，定性问题尤其易受主观感知影响。

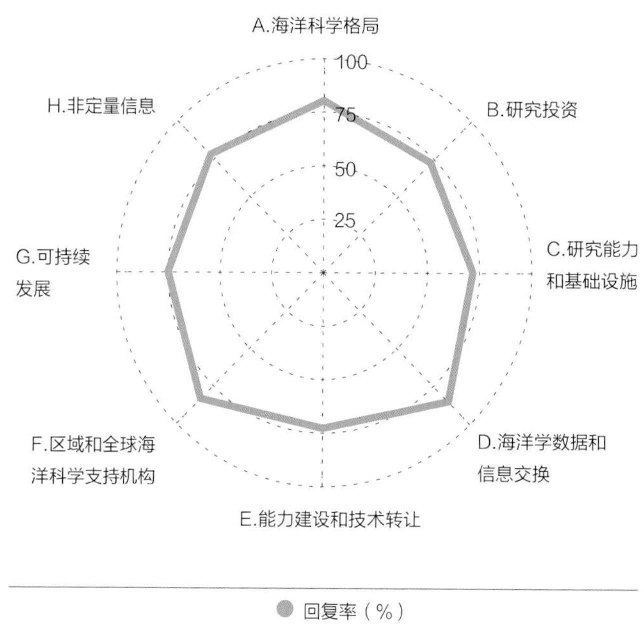

图2.2　问卷分析－回复率/ 按专题，根据收到的问卷回复总数计算得出（n=34）

2.3.2　文献计量数据

文献计量学，指的是对文献数据库中的科学出版物集——即学术期刊中的同行评审文章——模式的研究（Pritchard，1969）。文献计量分析使用标准化方法，对各国和研究机构等实体的出版产出进行对比。作为产出的衡量标准，文献计量指标是对整体研究产能的代表性测量。第5章中，该项研究不打算对各国之间的海洋科学进行定性评估，而是从全球层面，展示了对跨学科的海洋科学产能进行概述所需要的信息。这些研究允许各个国家就海洋科学产能进行相互比较，该分析也用于描述机构协作和产出模式。

文献计量数据集由Science-Metrix公司提供[1]。本报告涵盖了2010—2014年期间的全球海洋科学文献产出。数据主要来自汤姆森路透（Thomson Reuters）的科学网（WoS）[2]，该网站收录了横跨150个学科的8 500多本科学期刊的同行评审（由一名或多名与作者能力相近的学者进行评估）出版物。然而，为了尽可能具有包容性，该分析也涉及其他科学期刊的文章加以补充。该分析一共包括可通过1 900多个检索词获取的16 314本期刊，其中有370 000余篇文章。

来自多个机构和/或国家的作者共同创作的论文，可用来确定协作关系网络，并生成反映机构间合著模式的数据。编委会认为，除了合著文章，协作还可以有多种形式，包括大会和会议筹办、联合实验、共享数据以及文献计量数据无法获取的其他活动。

数据集的质量可通过精度和回忆测试进行验证。必要时，需重新搜索、修改并补充关键词，对精度和

1　http://www.science-metrix.com/。

2　https://www.thomsonreuters.com/。

召回测试进行新的迭代。

2.3.2.1 文献计量指标

论文数量：用来分析通过全计数获得的出版物数量。根据全计数方法，对每篇论文地址字段中列出的每个实体（如国家、机构和研究人员），均需计数一次。例如，如果某篇论文的署名作者为美国国家海洋与大气管理局的两位研究人员，这两位研究人员中，一位来自中国科学院，另一位来自厦门大学，那么在机构层面，这篇论文分别为美国国家海洋与大气管理局、中国科学院和厦门大学各计数一次，在国家层面，分别为美国和中国各计数一次。

相对引用平均值（ARC）：是指相对于世界平均值（即预期的引用次数），一个特定实体（如国家或机构）所著论文的科学影响指标。每个出版物的被引用次数，都将按照其发表的年份以及后续年份计入，直到数据库中能够索引到的最新出版物为止，例如，对于2010年发表的论文，其2010年、2011年、2012年、2013年和2014年的被引次数均计入分析。考虑到不同科学类型的不同引用模式（例如，生物医学研究中引用的数量多于数学）以及出版物年份的差异（如引用模式几年来发生的变化），每一种出版物的每次被引数除以同年度在同一子领域中发表的相应文献类型（即一份评审与其他评审进行比较，一篇文章与其他文章进行比较）的所有出版物的平均被引用次数，以获得相对引用次数（RC）。当ARC大于1时，意味着一个实体的得分高于世界平均水平；当ARC小于1时，表示一个实体发表的文章的被引次数低于世界平均水平。Science-Metrix公司认为，一个实体必须拥有至少30篇具有有效RC分值的文章才能计算其ARC，否则结果不可靠。

相对影响因素平均值（ARIF）：是指基于文章所发表的期刊的影响因素（IF），对一个特定实体（如国家或机构）发表的出版物的预期科学影响的度量。在本研究中，根据整个报告中用于生成文献计量数据的文档类型，Science-Metrix公司计算并应用对称的影响因素。出版物的影响因素，是通过将其出版的期刊的影响因素与出版年份联系起来计算的，之后，考虑到科学领域和子领域间的不同引用模式（例如，生物医学研究中引用的数量多于数学），一个出版物的每一个影响因素除以同年度同一子领域中发表的相应文档类型（即一份评审与其他评审进行比较，一篇文章与其他文章进行比较）的所有文章的平均影响因素，以获得相对影响因素（RIF）。在本研究中，期刊的影响因素计算周期为5年。例如，某期刊2007年的影响因素等于在2006年（8）、2005年（15）、2004年（9）、2003年（5）和2002年（13）发表文章的被引次数除以在2006年（15）、2005年（23）、2004年（12）、2003年（10）和2002年（16）发表文章的数量［即影响因素=分子（50）/分母（76）≈0.658］。一个特定实体的ARIF是其RIF的平均值（也就是说，如果某机构有20个出版物，其ARIF为20个RIF的平均值，每个出版物一个RIF）。当ARIF大于1时，表示实体的得分高于世界平均水平；当ARIF小于1时，意味着一个实体发表的期刊的被引次数低于世界平均水平。Science-Metrix公司认为，实体必须拥有至少30个具有有效RIF的出版物才能计算其ARIF，否则结果不可靠。

专业化指数（SI）：是指一个特定实体（如某机构）在特定研究区域（如某领域或某类型），相对于同一研究领域的一个参照实体（如全球或数据库测量的全部产出）的科研力度指标。换句话说，当一个机构专攻某一领域时，宁愿牺牲其他研究领域也要更加重视该领域的研究。在本研究中，有两个参照物：一个参照物涵盖所有的科学；另一个参照物只涉及海洋科学，后一种参照物将以海洋科学为中心提供专业化指数。

专业化指数计算公式如下：

$$SI=\frac{(XS/XT)}{(NS/NT)}$$

其中：

*XS*为*X*实体在特定研究领域的出版物（如德国海洋

健康方向的论文）；

*XT*为某一论文参考集中来自*X*实体的出版物（如德国发表的全部论文集）；

*NS*为特定研究领域中来自*N*参照实体的出版物（如全球海洋健康方向的论文）；

*NT*为某一论文参考集中来自*N*参照实体的出版物（如全球所有论文或全球海洋科学论文）。

如果提供的数据集不能满足前面提到的标准，则用N/C（不可计算）或N/A（不可用）表示。

2.3.2.2 文献计量数据集的潜力和局限性

文献计量分析建立在全球分布的海量数据集基础上，涵盖了大多数已发表的同行评审文章。科学论文在同行评审期刊上的出版发表是传播海洋科学研究的基石；因此，不同的文献计量指标可以用来代表研究活动，其次，文献计量分析能够提供有关研究产能（即在期刊上发表的文章数量）、专业性、合作活动和研究影响（通过引用次数衡量）的信息。如果使用得当，基于引用的指标可以成为有效的尺度，来探讨科学产出的影响。

文献计量分析的局限性主要有以下三类。首先，所有的文献计量指标都基于一种研究成果，即在期刊上发表的同行评审文章；其他形式的研究成果，可能会也可能不会经过同行评审（如专利、会议报告、国家报告和技术系列），因此都不予以考虑。其次，文献计量分析的结果受到本报告应用的分类系统（海洋科学分为八大类型）的选择和所使用的数据库（在本案例中为汤姆森路透的科学网）的局限性的影响，因此，其他期刊也被纳入分析过程，以证明海洋科学的多学科性并解决这一局限性；此外，文章必须为英文或者至少有英文摘要，否则不收录于数据库中，也就不属于本研究的范畴。最后，文献计量指标对研究的时间段也很敏感，发表时间较长的论文，其引用次数自然比最近出版的出版物要多；相对于同类型、同年度、同专业论文的平均引用次数，运用标准化的引用指标，最大限度地减少了这些影响。此外，海洋科学的新投资并未在科学产出方面得到直接反映，因为实地工作、分析和出版工作要想在文献计量分析中得到适当反映，需要数年时间。

2.3.3 其他资源

除了问卷和Science-Metrix公司提供的数据之外，还有补充资源来完善报告中用于分析的数据集。更多信息来自政府间组织和联合国教科文组织政府间海洋学委员会等国际认证的合作伙伴发布的资源，如网络评估、国家和国际报告。每章后面都附有相关的参考文献。

对国家海洋科学人力资源的评估和审查很少，通过问卷调查获得的信息也非常有限，因此需要获得其他的数据记录方式，如以不同的方法读取海洋科研人员的性别平等信息（第3章），因此，在2009—2015年期间，参加过国际海洋科学会议/研讨会的与会者名单也纳入研究。纳入本评估的国际会议要符合以下标准：①至少有来自10个不同国家的50位与会者出席；②主办国的专家不能超过与会者总数的50%；③开放的注册流程。每个海洋科学类型会议的完整名单显示了参会人数、所代表的国家以及参会专家的总体性别比例（附录5）。

为了获得全球海洋观察站的数量和地理分布（第3章），编委会除了向澳大利亚、巴西、中国、伊朗、菲律宾、韩国、俄罗斯、新加坡和泰国等国家的研究界直接请求获得数据以外，还利用各种资源来收集信息，特别是世界海洋观察站协会（WAMS）、当地海洋观察站组织［如海洋研究所和工作站（MARS）、美国国家海洋实验室协会（NAML）、日本海洋生物协会（JAMBIO）和塔斯马尼亚海事网络（TMN）］、IOC非洲和邻近岛屿分委会、涉及海洋观察站的当地和全球网站以及可以用以下关键词，如海洋观察站、生物学、海洋学和渔业进行信息搜索的基于搜索引擎的网络搜索（www.google.com，2016）等。本报告语境中使用的海洋观察站被定义为实地观察站，用于进行海洋生物、生态系统和环境的科学研究和观测。海洋观察站的规模和基础设施各不相同，所处的或附近的海洋环境必然也不一样，被进一步分为大型或小型的实地观察站，位于海岸线附近，配有至少一名常任工作人员。除了对海洋科学至关重要以外，海洋观察站还可以促进与海岸及其生态系统有关的教育、保护和拓展活动的开展。可以管理海洋观察站的各种机构包括国家和地方政府、公立或私立大学、私营公司或基金会。

2.3.4 参数标准化

为了使数据标准化，提高可比性并允许在不同国家之间进行基准比较分析，研究者引入一些参数，以便把某些参数（如配置给海洋科学的财政资源、技术和人力资源）的绝对值纳入研究视角。

国内生产总值[1]（GDP）：经济体中所有居民生产者总增加值之和，包括经销业和运输业，加上任何产品税再减去不包含在产品价值里的任何补贴。国内生产总值是衡量国民经济健康状况和规模的主要指标。本报告呈现的分析仅涉及2009—2013年间各国的年均GDP（以美元计）。

用于研究和试验开发的国内支出总额（GERD）：作为GDP的百分比，GERD是指某一特定年内，在国家领土或地区内进行研发的内部总支出，以国家领土或地区的GDP百分比表示［由《弗拉斯卡蒂手册》（OECD，2015）定义，联合国教科文组织（UNESCO）统计研究所（UIS）编］。通过研发统计调查，UIS收集用于研究和试验开发资源的有关数据，此外，它还从以下机构和倡议直接获取数据：经济合作与发展组织（OECD）、欧盟统计局、伊比利亚-美洲和美洲间科技指标网（RICYT）以及非洲科学、技术和创新指标（ASTII）倡议，该倡议是非盟-非洲发展新伙伴关系（NEPAD）规划协调机构，为参与以上机构数据收集的非洲各国而提出的。OECD提供的数据基于其研发统计数据库（2015年4月），欧盟统计局提供的数据基于其更新至2015年4月的科技数据库，RICYT提供的数据更新至2015年4月，ASTII提供的数据基于非洲创新展望Ⅰ（AU-NEPAD，2010）和非洲创新展望Ⅱ（NEPAD，2014）[2]。

2.4 可视化

数据可视化有助于通过统计图形、图表和信息图表清晰有效地传达复杂信息。对数据的分析以视觉化的形式呈现，可以帮助读者理解数据集，并可识别新模式。

位置分析：位置分析图表可以对机构的综合表现进行可视化展示（图2.3和第5章），它可以通过若干独立指标，帮助解读机构的优势与不足，这些图示在逻辑上结合了前面提到的三个指标［论文数量、专业化指数（SI）和相对引用平均值（ARC）］，为了产生更好的视觉效果，对SI和ARC进行对数变换。一个实体在四个象限之一的位置可解释如下：

- 象限1：位于图表右上角。此象限中的实体专攻特定领域的研究，其活动具有很高的影响力，这意味着他们论文的被引用率在该领域中高于世界平均值；
- 象限2：位于图表左上角，此象限代表高影响力的科学产出，但实体并非专攻某一领域；
- 象限3：位于图表左下方，位于该象限的机构活动强度高，其影响低于该领域的世界平均值；

1 联合国教科文组织统计研究所（UIS）给出的定义——术语表。

2 http://data.uis.unesco.org。

- 象限4：位于图表右下角，此象限代表某领域的专业性较高，但产出影响低于世界平均值。

协作关系网络：代表来自不同实体（国家、机构等）作者之间的协作。合作采用全计数法计算，例如，一篇论文的署名是A大学的两名研究人员，其中一名作者来自B大学，另一名作者来自C大学，那么A大学和B大学，A大学和C大学，B大学和C大学各只被计入一次合作。两个实体之间联系的宽度与它们之间的合作数量成正比，代表每个实体的气泡大小（面积）与这个实体发表文章的数量成正比。合作者数量与合作强度的关系，可以通过网络的空间布局这一函数呈现（实体之间的协作越多，就会越聚集）。在本研究中，每个海洋科学类型中出版数量最多的前40个国家被纳入国家关系网络，每个轴中出版数量最多的前40个机构被纳入机构关系网络。

扩散统计图：扩散统计图表用于说明各国科学产出的地理范围（第5章，图5.2）。应用基于扩散的方法可以创建不同的密度均衡图。该方法从研究贡献（引用，出版物数量）的不均匀分布开始，随后扩散，直至达到均匀的平衡状态，然后进行位移解释，生成统计图（Gastner，Newman，2004）。

等值区域图：等值区域图是一种专题图，根据图中显示的对统计变量的测量，按照比例对其中的区域进行阴影或者模式处理。等值区域图是一种简单方法，将某一地理区域内的测量变化可视化，或者显示区域内的变化水平。

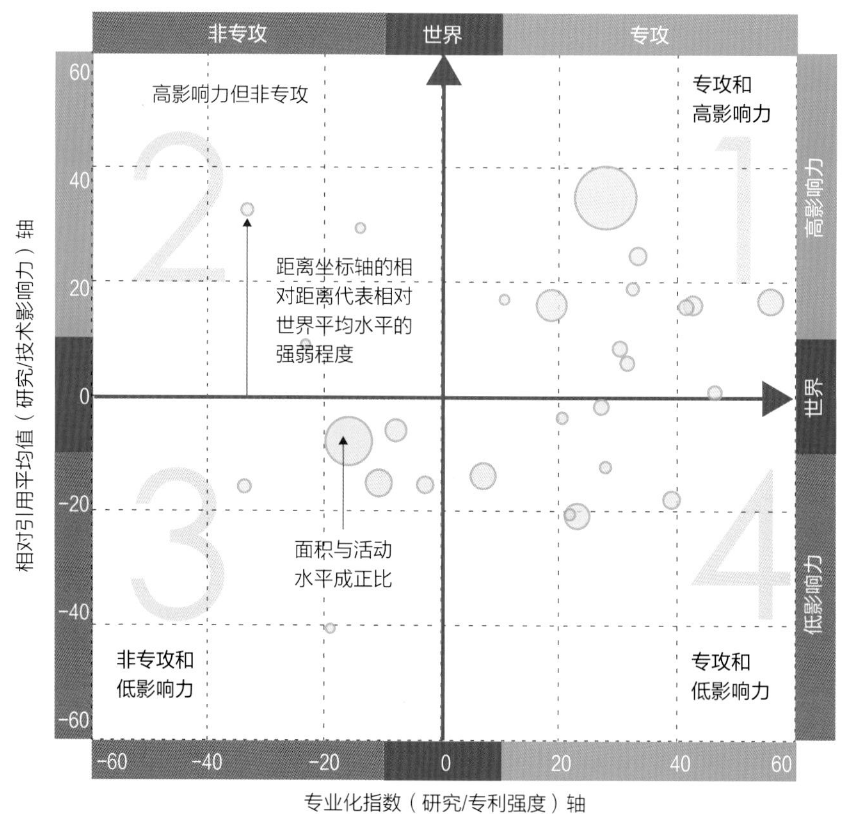

图2.3　第5章所呈现的专业化指数（SI）和相对引用平均值（ARC）的位置分析图示例

参考文献

AU-NEPAD (African Union–New Partnership for Africa's Development). 2010. African innovation outlook 2010. Pretoria, AU–NEPAD.

Council of Canadian Academies. 2013. Ocean science in Canada: meeting the challenge, seizing the opportunity. Ottawa, Council of Canadian Academies.

Gastner, M. T. and Newman, M. E. J. 2004. Diffusion based method for producing density equalizing maps. Proceedings of the National Academy of Sciences of the United States, Vol. 101, pp. 7499–504.

NEPAD Planning and Coordinating Agency (NPCA). 2014. African innovation outlook 2014. Pretoria, NPCA.

OECD. 2015. Frascati Manual 2015: Guidelines for collecting and reporting data on research and experimental development, the measurement of scientific, technological and innovation activities. Paris, OECD Publishing. doi: http://dx.doi.org/10.1787/9789264239012-en

Pritchard, A. 1969. Statistical bibliography or bibliometrics? Journal of Documentation, 25 (4): 348-349.

Sarmiento, J. L. and Bender, M. 1994. Carbon biogeochemistry and climate change. Photosynthesis Research, Vol. 39, pp. 209-34. doi:10.1007/bf00014585

Volk, T. and Hoffert, M. I. 1985. Ocean carbon pumps: analysis of relative strengths and efficiencies in ocean-driven atmospheric CO_2 changes. Sundquist, E.T. and Broeker, W.S. (eds), The Carbon Cycle and Atmospheric CO_2: Natural Variations Archaean to Present, Vol. 32, pp. 99-110.

第3章 研究能力和基础设施

第3章
研究能力和基础设施

Kirsten Isensee[1]，Seonghwan Pae[2]，Lars Horn[3]，
Kazuo Inaba[4]，Martin Schaaper[5]，Luis Valdés[6]

1 联合国教科文组织政府间海洋学委员会
2 韩国海洋科学与技术推广研究院
3 挪威奥斯陆挪威研究理事会
4 日本筑波大学下田海洋研究中心
5 联合国教科文组织统计研究所
6 西班牙桑坦德海洋学中心西班牙海洋研究所

Isensee, K., Pae, S., Horn, L., Inaba, K., Schaaper, M. and Valdés, L. 2017. Research capacity and infrastructure. In: IOC-UNESCO, *Global Ocean Science Report—The current status of ocean science around the world. L.* Valdés et al. (eds). Paris, UNESCO, pp.54–79.

3.1 简介

正如第2章所定义的，海洋科学的产出主要取决于从事海洋科学的人员、其机构/实验室现有的技术基础设施、研究人员所获得的财政支持以及由各个国家或者捐助者所确定的科学优先顺序。它可以是特定于海洋科学而言，但通常是指地区和国际上高级别总的政策设置下的更广泛范畴。海洋科技体系的制度架构和生产要素是决定海洋研究是否成功并具有竞争力的基础。本章就全球海洋科学能力，包括海洋科学人力资源、国家海洋科研机构、相关实地观察站、科学考察船和一些专业的技术基础设施进行探讨。

3.2 人力资源

海洋科学人力资源的招聘基于广泛的标准，包括动机、知识、经验、技能和好奇心，以提高对海洋和相关过程的了解。虽然这些标准对于了解海洋科学人力资源的现状非常重要，但信息有限，无法对培训、教育水平、经验和技能进行全面分析。本节主要探讨海洋科学的人员数量、性别平等和年龄分布。

表3.1显示了海洋科学人员（包括研究人员和技术支持人员）总数、海洋科学研究人员总数以及2013年海洋科学研究人员占28个国家的海洋科学人员总数的比例。安哥拉海洋科学人员总数为55人，中国为

3

表3.1 海洋科学人员总数、海洋科学研究人员总数，2013年海洋科学研究人员总数占海洋科学人员总数的百分比[1]

资料来源：《全球海洋科学报告》问卷，2015年

国家	海洋科学人员总数（总人数，2013年）	海洋科学研究人员总数（总人数，2013年）	研究人员占海洋科学人员总数的百分比（%）
中国	38 754	N/A	
美国（FTE，研究人员和所选机构）	N/A	4 000	
德国	3 328	2 385	72
法国	3 000	1 500	50
韩国	2 415	606	25
意大利	2 170	1 141	53
挪威（FTE，研究人员）	N/A	1	786
泰国	1 610	412	26
澳大利亚	1 581	798	50
哥伦比亚	1 267	540	43
比利时	1 075	830	77
印度	971	452	47
西班牙（IEO）	630	222	35
土耳其	539	404	75
智利	464	159	34
加拿大（DFO，研究人员）	378	305	81
阿根廷	335	212	63
俄罗斯（机构子集）	307	211	69
芬兰	281	180	64
毛里塔尼亚	240	70	29
罗马尼亚	222	104	47
克罗地亚	150	110	73
毛里求斯	140	34	24
几内亚	136	120	88
摩洛哥	125	120	96
特立尼达和多巴哥	95	20	21
多米尼克	94	29	31
科威特	90	35	39
贝宁	89	67	75
苏里南	75	5	7
厄瓜多尔（FTE）	71	66	93
安哥拉	55	31	56

1　表3.1 缩略语：DFO——加拿大渔业和海洋部；IEO——西班牙海洋学研究所；俄罗斯（机构子集）——国立祖波夫海洋学研究所、俄罗斯联邦水文气象科学研究中心、南北极科学研究所、远东地区水文气象科学研究所和全俄水文气象信息科学研究所（资料来源：世界数据中心）

38 754人（表3.1）。根据现有数据，科学家与技术支持人员的平均比例为1∶1（平均而言，46%的海洋科学人员为研究人员），但是，必须强调的是，这里提到的一些数据只代表粗略的估计（如美国、法国）和国家海洋研究机构子集（美国、西班牙、俄罗斯和加拿大）。此外，有些数据仅给出了研究人员数量，没有细分为技术支持人员，在某些情况下，提交的信息仅反映了全职等效员工（FTE），而不是实际员工人数（总人数，HC），由此说明对各国的海洋科学人力资源进行比较并非易事。

根据《全球海洋科学报告》问卷（表3.1）提供的数据，对参与调查国家的每百万居民（2009—2013年）中海洋科学研究人员的平均数量进行统计（图3.1），结果显示各国之间情况不同：挪威研究人员数量惊人，每百万居民中有364名，其次是比利时的74名，而其他国家每百万居民中研究人员的数量要少得多，从33名到少于1名。由此可以假定，人口密度、海岸线长度和海洋资源的经济重要性差异会影响结果，小岛屿发展中国家（SIDS）的人力资源数据十分稀缺，可能是由于受信息生成所需的人力资源和资金限制。

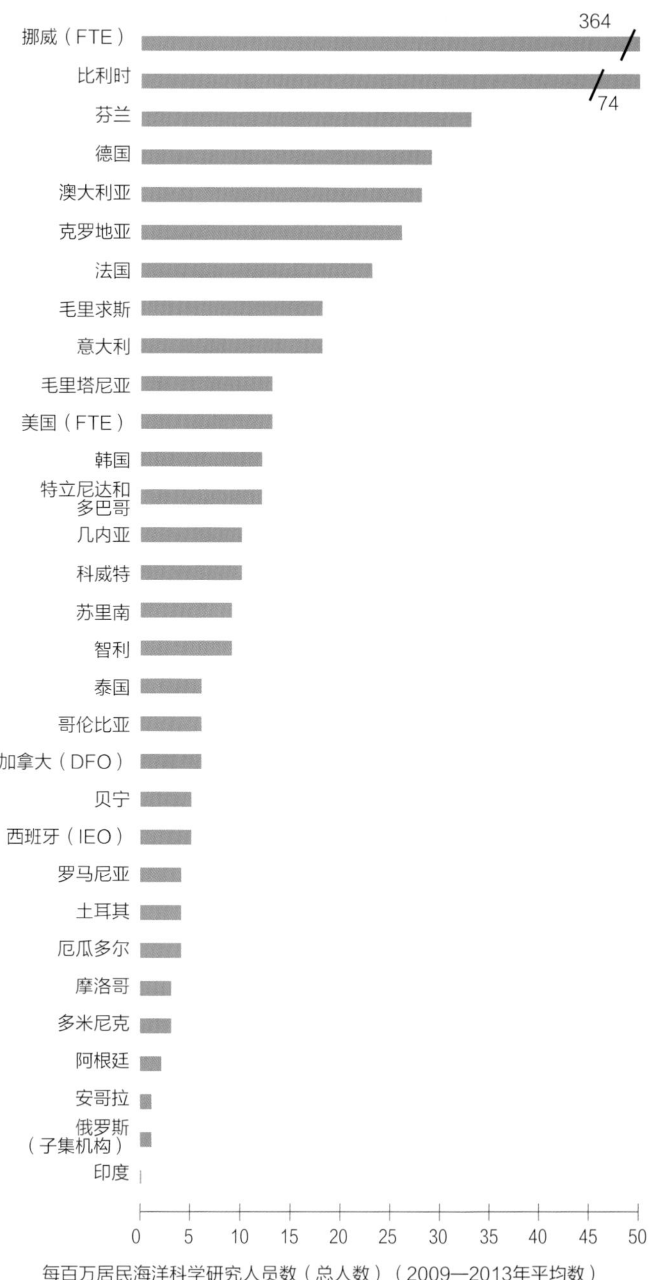

图3.1　各国每百万居民中从事海洋科学研究人员的平均数量（总人数，HC）（2009—2013年）[1]

基于表3.1中的数据子集——海洋科学研究人员

资料来源：《全球海洋科学报告》问卷（海洋科学），2015年；UIS（居民），2015年

1　各国提供的信息差异（总人数HC还是全职等效员工FTE）如下：挪威和美国统计的是海洋研究全职等效员工（FTE）；加拿大统计的是加拿大渔业和海洋部（DFO）总人数；西班牙统计的是西班牙海洋研究所（IEO）总人数；俄罗斯统计的是海洋学机构［国立祖波夫海洋学研究所、俄罗斯联邦水文气象科学研究中心、南北极科学研究所、远东地区水文气象科学研究所和全俄水文气象信息科学研究所（资料来源：世界数据中心）］的总人数。

3.2.1 海洋科学研究人员的年龄分布

有些国家还提供了从事海洋科学的研究人员的年龄信息（图3.2）。一方面，发展中国家以往的能力建设工作可能使欠发达国家，包括贝宁、毛里求斯、苏里南以及特立尼达和多巴哥的研究人员团体相对年轻化，这些国家，外加比利时、哥伦比亚、厄瓜多尔和摩洛哥，50%以上的海洋科学研究人员年龄在40岁以下。另一方面，根据8个国家提交的数据显示，50%以上的研究人员年龄超过50岁，这些国家是阿根廷、智利[1]、芬兰、几内亚、科威特、罗马尼亚、俄罗斯和西班牙。[2]

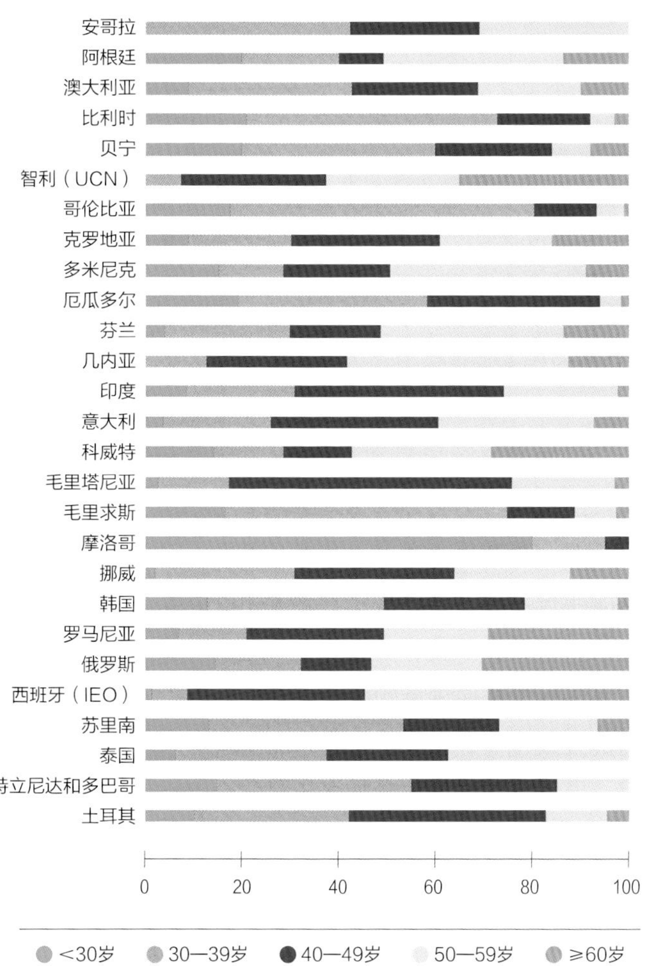

图3.2 海洋科学研究人员的年龄分组（<30岁，30—39岁，40—49岁，50—59岁，≥60岁）比例（%）

资料来源：《全球海洋科学报告》问卷，2015年

3.2.2 海洋科学的性别平等

20世纪的科学由男性主导［联合国教科文组织（UNESCO），2015］。虽然女性很早就为科学做出过贡献，但并不总是能够得到公正的认可。科学研究曾描述过在科技产出方面，男性和女性缺乏平等性，女性在学术界、工业界和行政部门获得相关职位时，会遇到针对女性的障碍（UNESCO，2015），这些障碍导致了反映科学和技术社会性质方面的性别偏见，并为能够用于克服这种不平等的战略提供信息。

通过分析《全球海洋科学报告》问卷（2013年）提交的数据，结合已发布的研发领域女性科研人员的整体数据，可以对女性海洋科学人员的比例有一定的认识（图3.3）。2013年，女性科学家平均占海洋科学研究人员的38%，比全球整体科学体系中女性研究人员的比例高约10%（UNESCO，2015）。然而，尽管海洋科学的女性参与率从4%上升到62%以上，本报告中分析的某些国家的研发值，却仅在18%～53%间不等。克罗地亚、厄瓜多尔、阿根廷、苏里南和安哥拉的报告称，女性研究人员占海洋科学研究人员的一半以上（图3.3）。

获取性别分布数据的另一种方法是，根据性别和国籍，确定参加选定的国际会议/研讨会的参与者并将其分类。以下评估基于一些会议数据，这些会议侧重海洋科学和环境科学大类以及第2章（附录5）探讨的8个海洋科学类型中的5个，即：人类健康与福祉；海洋与气候；海洋生态系统功能和变化过程；海洋观察和海洋数据；海洋技术与工程[3]。评估涉及3个区域：地中海［数据由地中海科学委员会（CIESM）提供］；

1 数据代表智利北部天主教大学的信息。

2 数据代表西班牙海洋研究所的信息。

3 没有确认任何符合《全球海洋科学报告》标准（第2章）的与海洋健康、海洋地壳和海洋地质灾害或者蓝色增长有关主题的国际会议，因此，本次分析中不涉及这些类别。

北大西洋［数据由国际海洋勘探理事会（ICES）提供］；北太平洋［数据由北太平洋海洋科学组织（PICES）提供］（图3.4）。总共15 000多名与会者的性别和各自研究机构的所属国家得以确定。显然，国际会议的地理分布并不均衡。虽然能力建设工作加快了南半球的海洋科学进程，并且，与2000—2004年和

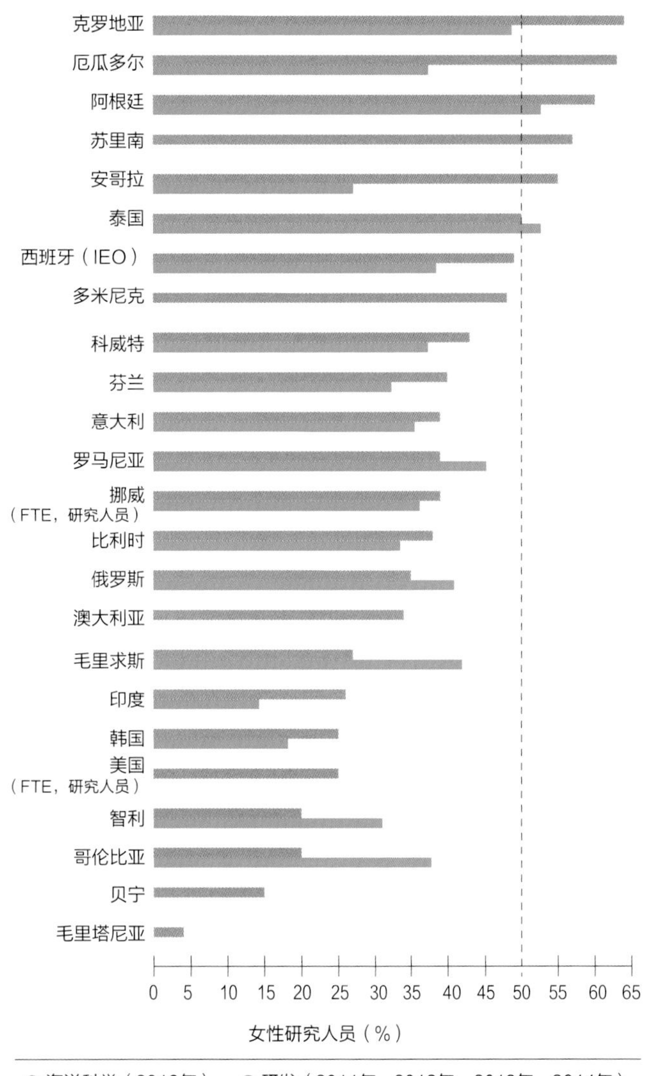

图3.3　海洋科学（总人数；灰柱）和研发（蓝柱）领域的女性研究人员比例（总数的%）

虚线表示女性的贡献率50%

资料来源：《全球海洋科学报告》问卷（海洋科学），2015年；联合国教科文组织统计研究所（UIS），2015年

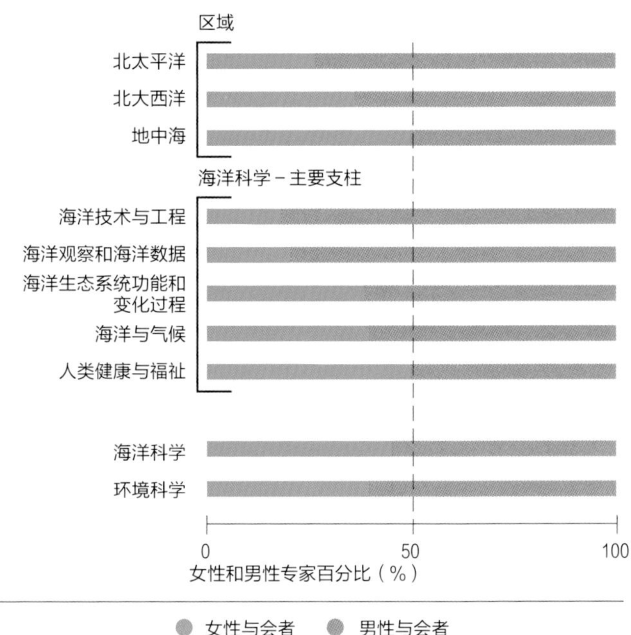

图3.4　参加国际科学会议/研讨会的男女专家的相对比例（%）（附录5）

2010—2014年期间相比，具有更大的科学影响力，但大多数会议仍在北半球举行。

虽然普通海洋科学会议/研讨会的与会者的性别分布接近均衡（图3.4），但海洋科学类型之间研究人员的性别存在重大差异，男性的比例更大，特别是在以海洋技术与工程以及海洋观察和海洋数据为重点的会议（研讨会）上。各地区之间也存在差异：在地中海海洋科学普通领域的会议/研讨会上，与会者的性别比例大致相等，但北大西洋和北太平洋的会议参与者中，男性比例较高，参加海洋科学会议/研讨会的研究人员的国籍也因研究类别而异（图3.4）。

尽管女性占参加国际海洋科学会议的科学专家的25%～66%，但各国[1]和海洋科学类型之间的专家性别分布差异很大（图3.5）。比如，以人类健康与福祉为重点的海洋科学会议中，男性和女性与会专家的比例相等，而海洋技术和工程会议的与会者主要是男性，瑞典和土耳其除外。

1　本分析所考量的是2010—2014年海洋科学出版物最多的20个国家（第5章）。

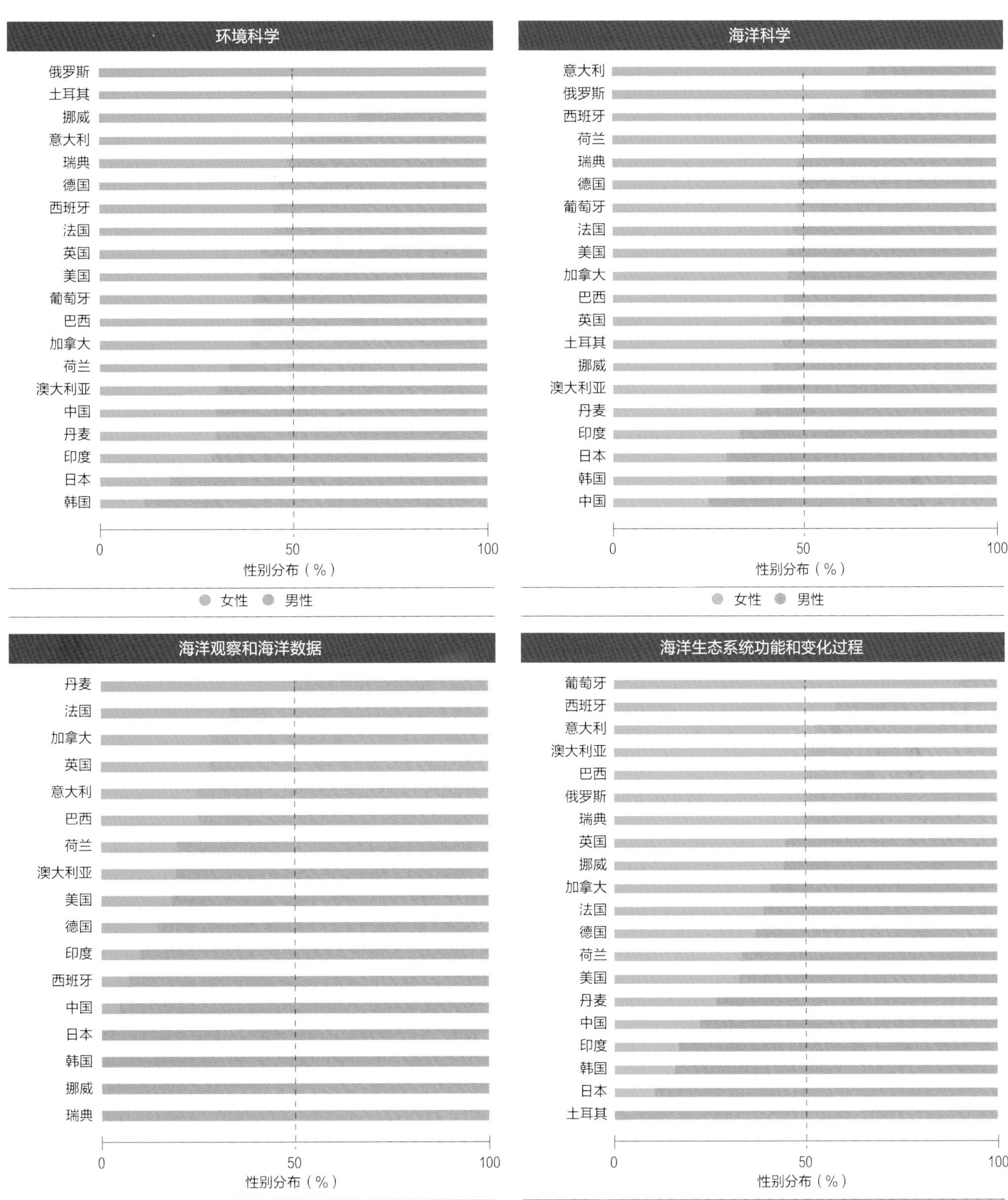

图3.5　海洋科学出版物数量最多的前20个国家中，参加不同主题的国际科学会议/研讨会的女性和男性专家的相对比例（%）（环境科学、海洋科学、海洋观察和海洋数据、海洋生态系统功能和变化过程、海洋与气候、人类健康与福祉以及海洋技术）（附录6）

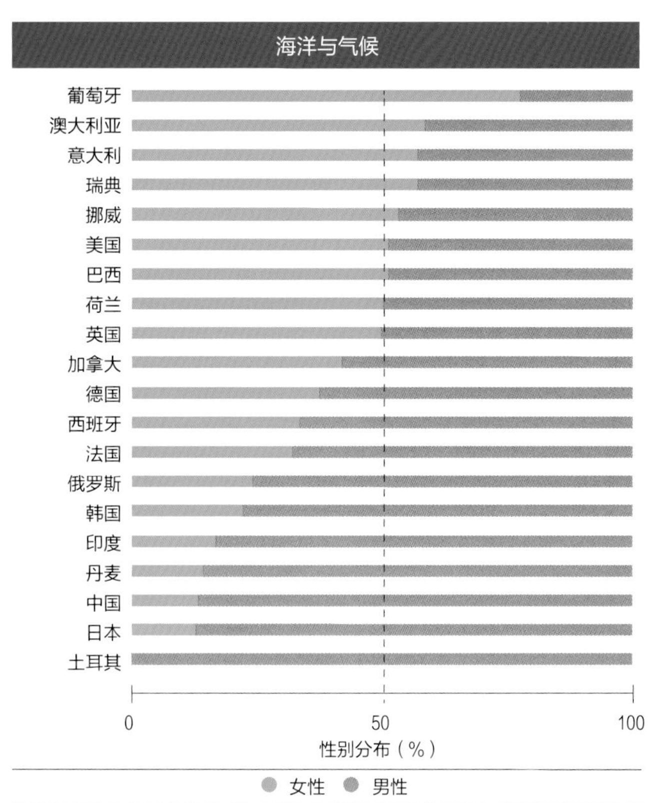

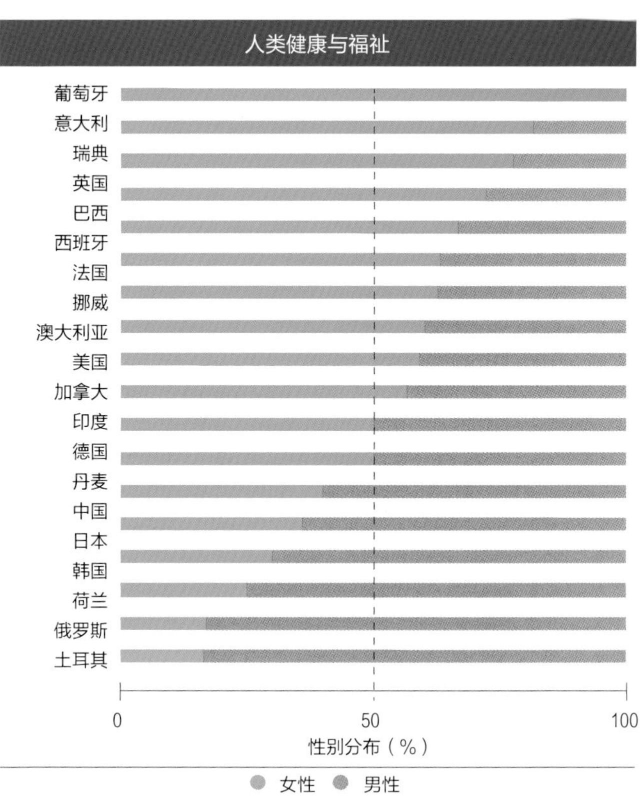

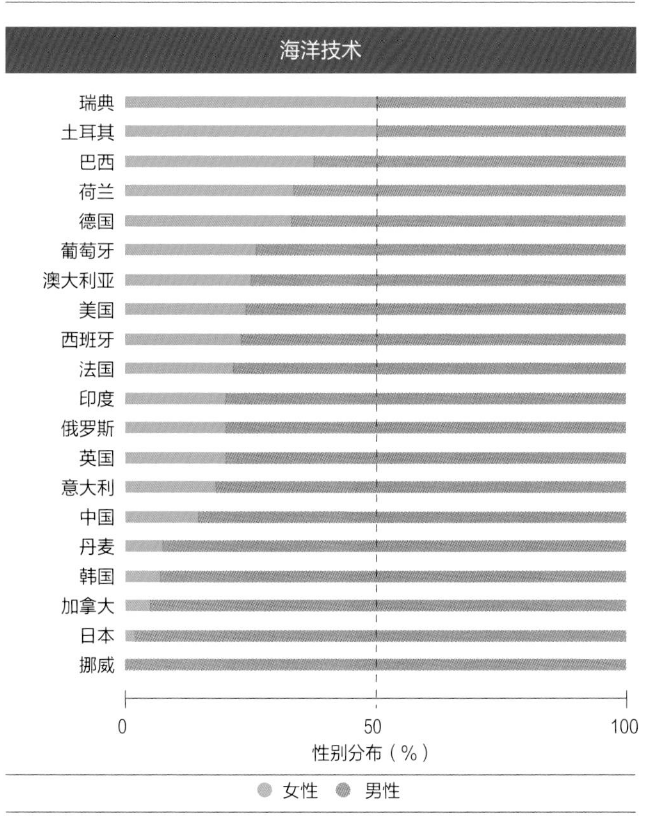

续图3.5

女性在海洋学领域面临的挑战遵循所有科学领域的总体趋势，随着职称的升高，海洋学术界女性的比例降低，美国助理教授级别的女性占40%，副教授级别的女性占30%，全职或高级教职员级别的女性仅占15%（Orcutt，Cetinić，2014）。对英国普通科学从业人员的一项研究得出了类似结论，同时也表明了“玻璃天花板”现象的存在，女性主要集中在低级管理和专业职位，而位于高级管理职位的女性寥寥无几（皇家学会，2014）。2011年，另一项研究表明，尽管取得物理海洋学博士学位的女性和男性数量相等，但在终身教师职位上，还是无法实现性别平等（Thompson et al.，2011）。

“玻璃天花板”现象表明，由于科研和私人生活中的不同挑战，男性和女性在科学领域的精英晋升体制，与个人职业轨迹之间面临矛盾。为了海洋科学，我们应该对支持女性性别平等政策和措施的实施及其对大学和研究中心的研究团队构成的实际影响进行评估。因此，对科研行业中候选人的招聘过程、指导、任期和晋升中的价值观和做法进行评估至关重要。

3.3 海洋科学机构、海洋实验室和实地观察站

海洋科学机构和海洋实验室在支持海洋研究方面发挥着关键性作用，对于解决各种科学问题至关重要，例如对沿海食物网、生态系统生物多样性以及人类对沿海环境的影响等方面的研究。这些研究机构将具有各种技能、经验和知识的研究人员和技术人员凝聚在一起方面发挥着重要作用，从而使任何个人都可以跨学科地获得技能和知识，此外，高等教育对海洋科学机构来说变得越来越重要。

海洋实地观察站和实验室可以使人们接触到大量各种各样的环境，如珊瑚礁、河口、海藻林、沼泽、红树林和城市海岸线，这些设施是支持研究和提供教育实践机会的宝贵平台，例如研究生和本科生培养、公共教育和全民科学。许多海洋研究机构也支持长期观测研究，这些研究为了解自然系统（如自然变异和人类活动对生态系统过程的影响）提供重要的基线数据，从而使人们能够进行比较研究，以充分探究生态过程。然而，海洋研究现状因国家而异，海洋科学基础设施和相关研究设备的不同水平，在很大程度上受到不同类型的研究机构（国家、联邦和/或学术）的影响。

3.3.1 海洋科学机构

图3.6显示的是从事海洋科学研究的机构在数量上排名前40的国家。研究结果表明，各国的国家科学计划的组织方式和科学基础设施的后续架构均不相同（例如，集中在某些专门科学的中心、空间上分布均匀的区域中心）。

投资海洋科学（第4章）和出版海洋科学刊物（第5章）的国家，也拥有大量侧重海洋研究的机构（图3.6）。根据从《全球海洋科学报告》问卷中提取的数据，欧洲海洋科学机构的总数与美国大致相同。

有时候，提交给《全球海洋科学报告》问卷的总数，小于从国际会议/研讨会与会者名单中获得的数

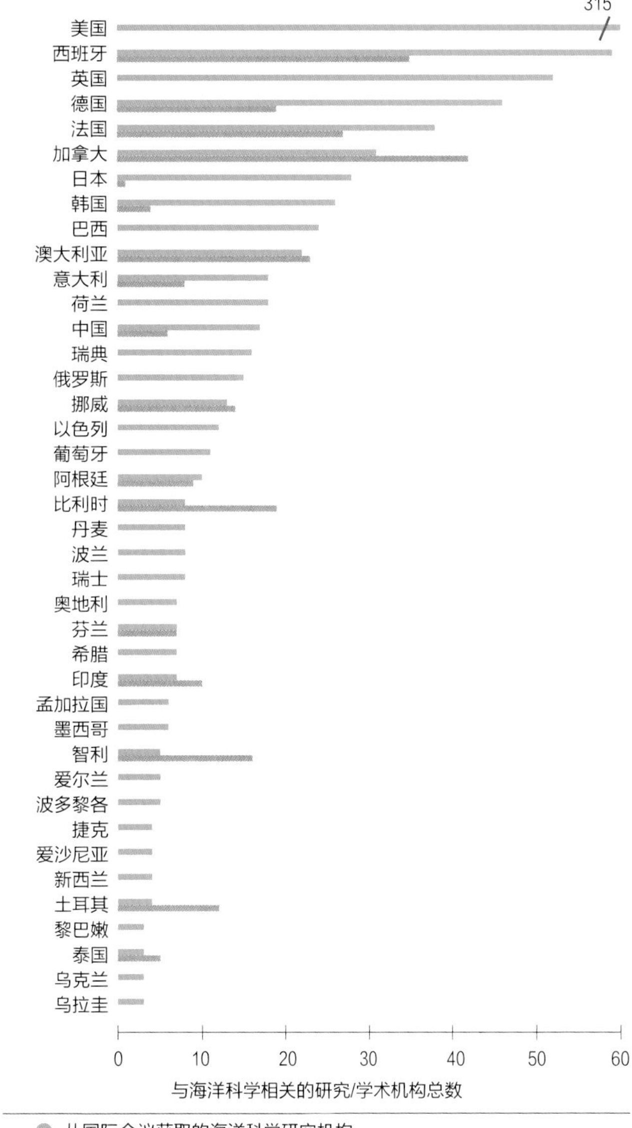

图3.6　蓝柱代表各国（前40）至少参加过以下两个国际会议的机构（设施）和大学总数：第三届高二氧化碳世界海洋国际研讨会，2012年，美国蒙特雷；第二届气候变化对世界海洋的影响国际研讨会，2012年，韩国丽水；第三届气候变化对世界海洋的影响国际研讨会，2015年，巴西桑托斯；美国海洋与湖沼学会（ASLO）水产科学会议，2013年，美国新奥尔良；水产科学会议，2015年，西班牙格拉纳达；全球海洋观测大会（OceanObs'09），2009年，意大利威尼斯。灰柱代表与海洋科学有关的政府重点研究机构的总数

资料来源：《全球海洋科学报告》问卷，2015年

字，原因可能是，有些学术机构虽然未能作为主要海洋学机构获得政府的大力支持，但仍在开展海洋科学研究，并派遣专家展示海洋科学和相关研究的最新成果。

一些研究机构专注于特定领域的研究。有29个国家提供了专攻特定科学领域机构的比例数据（渔业、观察和海洋研究；图3.7）。专攻某一领域并不意味着放弃其他领域的海洋科学研究，实际上，海洋观察是解答大多数海洋科学类型中科学问题的关键工具，例如：为海洋变化的科学研究奠定基础。

总的来说，将研究机构分为至少两类的国家，它们的“其他海洋科学”的设施所占比例最高（54%），高于观察设施（27%）和渔业设施（19%）。对于所有机构只列出一项研究领域的国家，很可能无法获得信息，以区分国家级别的海洋科学设施类型。

专攻某一领域机构的相对比例，可以反映国家的研究重点、海洋资源的经济重要性以及相关科学的投资状况。例如，印度、挪威和芬兰专注于渔业研究的机构比例较高，而意大利、俄罗斯、法国、阿根廷和科威特似乎将其工作重点放在海洋观察上。

有些海洋观察站已有100多年的历史，如那不勒斯动物站（意大利）、罗斯科夫（法国）、克里斯蒂娜贝里（瑞典）、桑坦德（西班牙）、三崎海洋生物站（日本）、伍兹霍尔海洋生物实验室（美国）以及普利茅斯海洋生物协会（英国）。但大多数海洋观察站建立于1950—2000年间。许多海洋观察站是海洋观察站区域协会会员（MARS、NAML、JAMBIO、TMN、AMLC、CARICOMP、PIMS、GOOS-Africa等[1]）。世界海洋观察站协会成立于2010年，是一个全球性机构。

由于“实地观察站”的定义不同，之前公布的汇编文件中的实地观察站多则800个，包括水生生物站（Hiatt，1963；Inaba，2015；Baker，2015），少则只

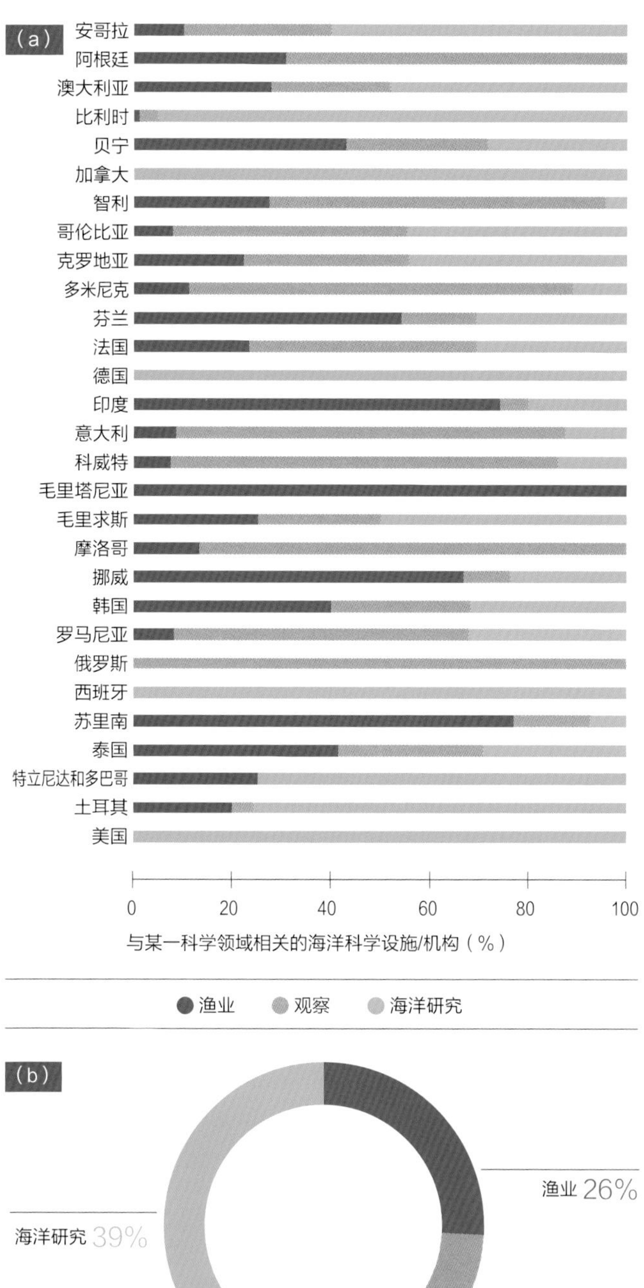

图3.7 （a）29个国家各自与某一科学领域（渔业、观察和海洋研究）相关的海洋研究设施/机构的相对比例（%）；（b）24个国家的机构总数［如图3.7（a）所示，不包括加拿大、德国、俄罗斯、西班牙和美国，这几个国家的机构只有一种类型］

资料来源：《全球海洋科学报告》问卷，2015年

1 MARS——欧洲海洋研究所和工作站网络；NAML——美国国家海洋实验室协会；JAMBIO——日本海洋生物学协会；TMN——塔斯马尼亚海事网络；AMLC——加勒比海洋实验室协会；CARICOMP——加勒比海沿岸海洋生产力项目；PIMS——美国佩里海洋科学研究所；GOOS-Africa——非洲全球海洋观测系统。

表3.2　各地区海洋观察站的总数和比例

海洋观察站地理位置	海洋观察站数量（占总数的%）
亚洲	179（23%）
欧洲	172（22%）
北美洲	163（21%）
南极洲	86（11%）
南/拉丁美洲	81（10%）
非洲	62（8%）
大洋洲	41（5%）

有260个海洋观察站［美国国家研究委员会（NRC），2014］。Tydecks等（2016）的一项研究统计了430多个实地生物站点，其中包括50个海洋观察站。到目前为止，“实地观察站”的不同定义使比较研究变得复杂。以下的全球分析提供了98个国家维护的784个海洋观察站的信息（定义见第2章；图3.8）。

表3.2和图3.9进一步展示了有关海洋观察站在区域和国家分布的更多信息。大多数海洋观察站位于北半球，几乎平均分布在亚洲（23%）、欧洲（22%）和北美洲（21%），其次是南极洲（11%）、南（拉丁）美洲（10%）、非洲（8%）和大洋洲（5%）。仅美国就有137个海洋观察站，占全球总数的17%以上，日本的海洋观察站主要由大学设立，长期工作人员有限（不到10名科学家）。由于南极洲的独特地位，该地区的海洋观察站由全球约30个国家进行全年或季节性维护[1]。

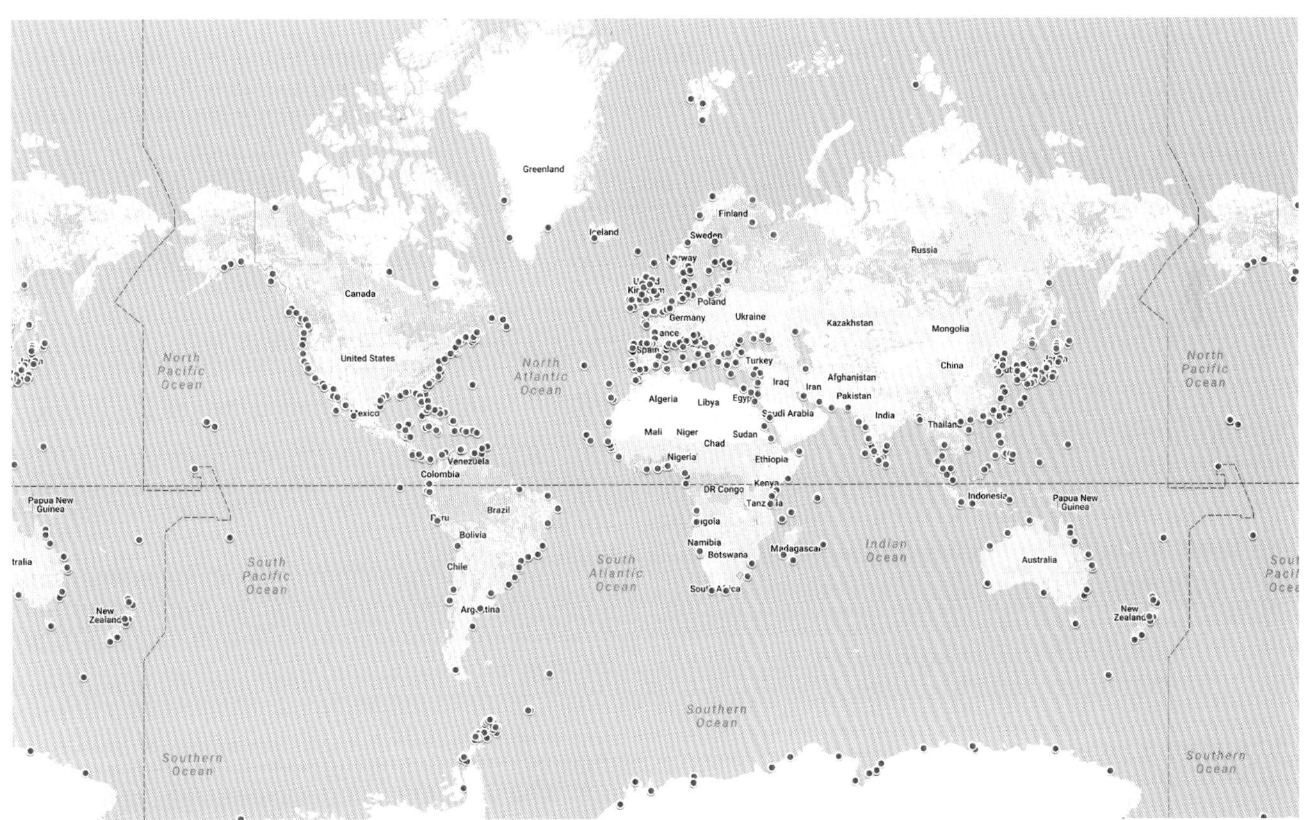

图3.8　海洋观察站的全球分布

海洋观察站数据来自多个资源

1　参见https://www.nsf.gov/pubs/1997/antpanel/4past.htm。

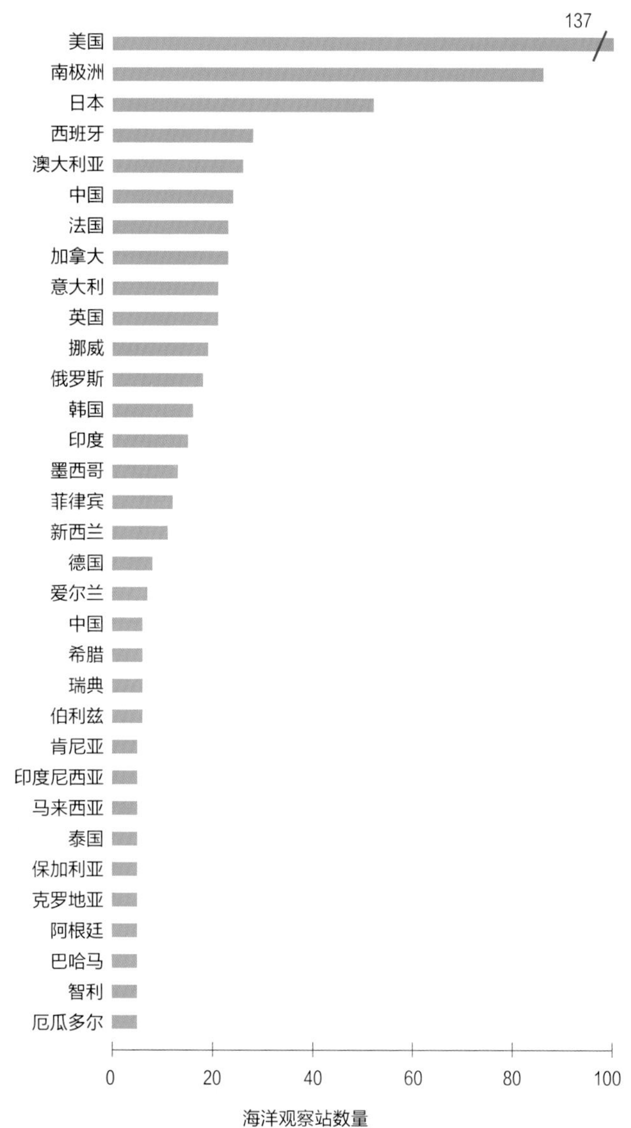

图3.9　各国海洋观察站数量

将图3.8中绘制的各国海洋观察站进行计数并按照数量排名（具有5个以上海洋观察站的国家）

3.4　科学考察船和其他研究基础设施/设备

能否不断进入公海、海岸带和流域，取决于新型的基础设施和技术，如传感器、科学考察船以及无人驾驶航行器。科学考察船可以进入公海和沿海地区，是海洋研究基础设施的重要组成部分。不断发展的科学需求、成本压力和创新技术，如自主式潜水器（AUV）和无人遥控潜水器（ROV）的进步，尽管改变了海洋科学的基础设施结构，但是，对装备精良船只的依赖有增无减。事实上，科学考察船是部署和恢复新观测技术以及探索当前观测不足的浩瀚海域的基础，因此，确定船队规格（如科学考察船的合适数量及其科研能力）是一项必不可少的工作，以便有效利用现有资金，规划未来投资，使航海能力与研究需求相匹配，并保持或提升现有能力。

3.4.1　部分用于海洋科学的科学考察船只

《全球海洋科学报告》问卷收集了30个国家的科学考察船的信息，共报告了371艘，其中有325艘主要用于海洋科学，46艘部分用于海洋科学（图3.10）。科学考察船数量排名前10位的国家是：美国（51艘）、日本（29艘）、德国（28艘）、土耳其（27艘）、韩国（26艘）、加拿大（20艘）、意大利（20艘）、法国（18艘）、泰国（16艘）和挪威（15艘），这些国家（250艘）的总数高于其余国家的总和（121艘）。

除了通过《全球海洋科学报告》问卷收集的数据外，海洋信息中心（OCEANIC）数据库和欧洲运营商选定的科学考察船巡航方案可搜索数据库（Eurofleets），也包含了维护中的科学考察船的汇编信息（图3.11），它们提供的数据之间的差别，可能是由于包含了船长小于10米的科学考察船和不再运行的船只。

根据船舶长度，本报告使用的科学考察船类别大体分为4种。这种分类方法与大学-国家海洋学实验室

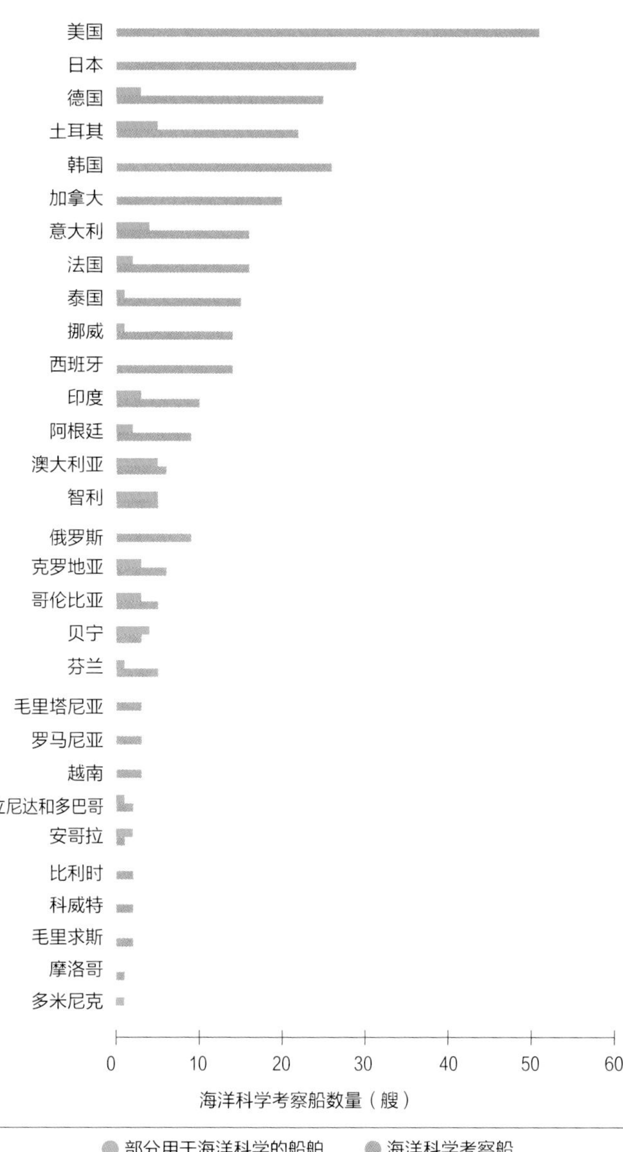

图3.10　各国维护的科学考察船数量

资料来源：《全球海洋科学报告》问卷，2015年

图3.11　前20个国家维护的科学考察船数量（根据OCEANIC数据库）

资料来源：《全球海洋科学报告》问卷，2015年—深蓝柱；Eurofleet 数据库，2015年—灰柱；OCEANIC数据库，2015年—淡蓝柱（注意：为美国提供的数据仅限于联邦海洋学船队）

系统（UNOLS）管理的美国科研船队的分类方法一致[1]。

- 船长≥65米：全球船舶（体积大，能在多海洋盆地范围内航行）。
- 55米≤船长<65米：国际船舶（体积较大，能在国际范围内航行）。
- 35米≤船长<55米：地区船舶（如在欧洲区域范围内航行）。
- 10米≤船长<35米：地方和/或沿海船只（仅供科研使用）。

1　参见https://www.unols.org/。

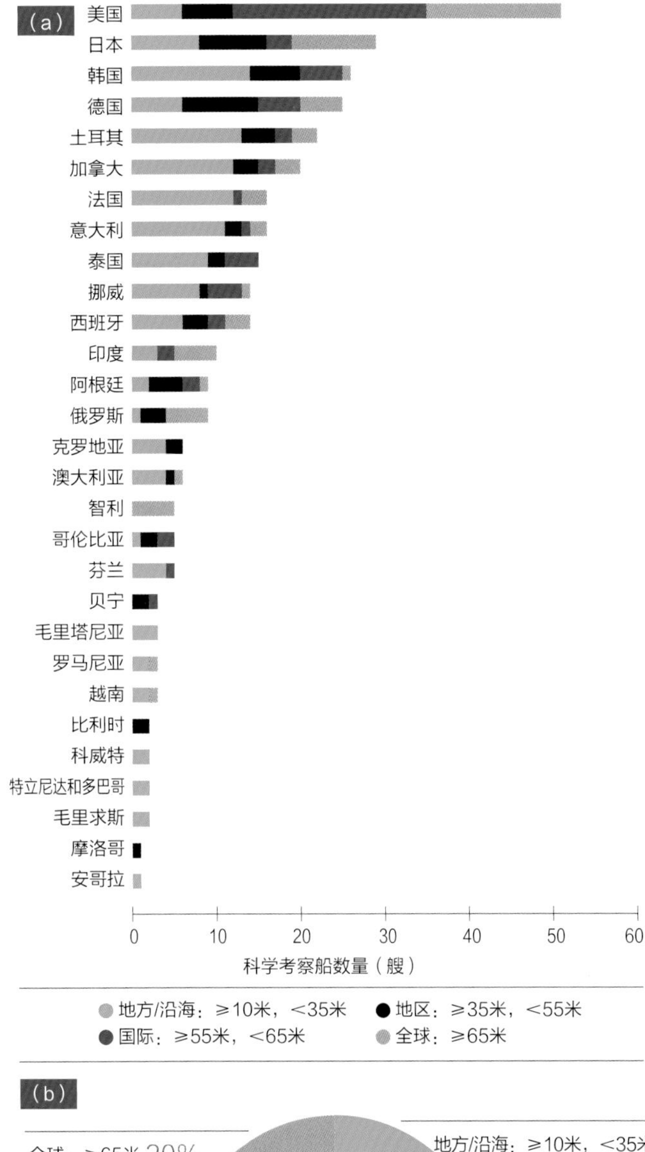

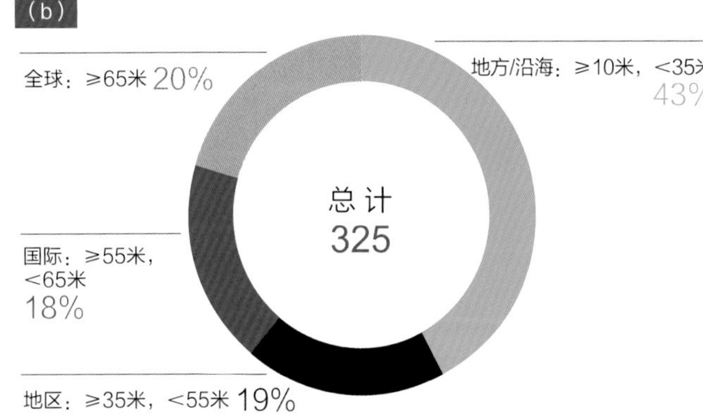

图3.12 （a）各国拥有科学考察船（RV）的数量（科学考察船按船体大小分为四类：地方/沿海：≥10米，<35米；地区：≥35米，<55米；国际：≥55米，<65米；全球：≥65米）。（b）按照（a）中分类显示的各种规模的船只，在所有科学考察船中的相对比例

资料来源：《全球海洋科学报告》问卷，2015年

在34个答复《全球海洋科学报告》问卷的国家中，有20个提供了主要用于海洋科学的科学考察船及其船级信息。图3.12展示了各国船舶的相对数量，其中涉及29个国家，共325艘科学考察船。

43%的科学考察船以地方和沿海研究为主要目的，分布在29个国家。在地区（19%）、国际（18%）和全球范围（20%）运作的科学考察船的比例相近，29个国家中有17个国家拥有能够在全球范围内运作的船只，它们是：阿根廷、澳大利亚、加拿大、智利、法国、德国、印度、意大利、日本、挪威、韩国、罗马尼亚、俄罗斯、西班牙、土耳其、美国和越南。

船龄是另外一个指标，据此可以获得有关海洋科研船队有用信息。OCEANIC数据库包含这方面的信息，但必须注意《全球海洋科学报告》问卷和该数据库的数据差别很大（图3.11），为了尽量降低陈旧数据造成的潜在偏差，本评估中，科学考察船的船龄等级评估仅限于船长大于等于55米的船舶（图3.13）。

在OCEANIC全球数据库登记的科学考察船中，有326艘长度大于55米，这些船舶中有1/3以上是在30多年前建造的，而在过去十年中投入作业的船舶比例低于4%（图3.13）。

图3.14更详细地展示了国家级科学考察船的平均船龄状况。墨西哥、澳大利亚、加拿大、英国和希腊拥有最古老的舰队，相比之下，挪威、巴哈马、日本和西班牙的科学考察船的平均船龄小于25年，由此表明

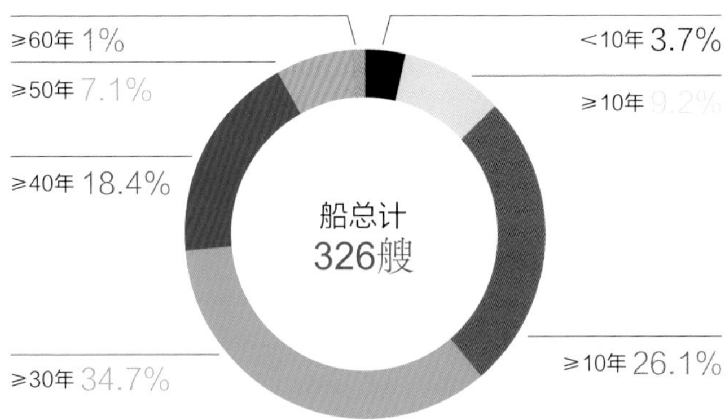

图3.13 科学考察船队长度不小于55米的船舶7个船龄等级的比例

资料来源：OCEANIC数据库，2016年

这些国家对科研船队有新的投资。对科学考察船上的海洋科学设备进行更新的投资可能是巨大的，但此项超出了本报告的分析范围。

23个国家报告了执行国内和国际考察任务的船舶所花费的时间（图3.15）。就科学考察船进行国际研究的天数而言，美国、德国、法国和韩国名列前四。科学考察船的大多数时间还是用于国内研究：例如，日本报告的国内研究天数比国际考察多10倍，而澳大利亚没有报告任何用于国际研究的船舶时间。俄罗斯虽然拥有最大的科研船队，但报告的船舶时间中，仅有529天用于海洋科学研究。

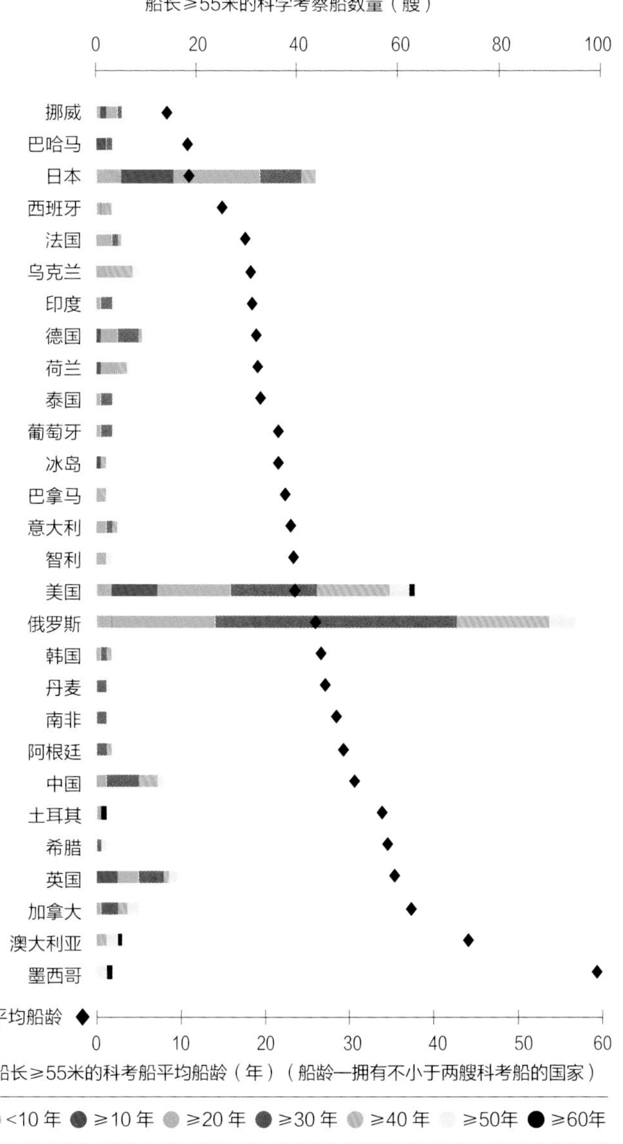

图3.14　堆积条形图：各国至少拥有两艘船长不小于55米的科学考察船的数量

彩条表示船龄等级；菱形表示各国科学考察船的平均船龄

资料来源：OCEANIC数据库，2015年

3.4.2　其他研究基础设施/设备

《全球海洋科学报告》问卷收集了20个国家用于海洋科学的专业技术设备信息，共包括1 392台设备（单位成本≥50万美元）。基于粗略分类的数据表明，74%的设备购置于2009—2012年间，14%购置于2004—2008年间，5%购置于1999—2003年间，7%购置于1999年以前。德国的设备数量最多（396台），其次是韩国（172台）、土耳其（93台）、加拿大（87台）和印度（83台）。

3.4.2.1　系泊用具和浮标

系泊用具和浮标非常重要，它们通过连续测量物理和化学参数来收集数据，了解全球海洋的状态。数据浮标合作小组（DBCP）成立于1985年，是世界气象组织（WMO）和联合国教科文组织政府间海洋学委员会（IOC-UNESCO）的联合机构，负责协调海面漂流浮标和热带系泊浮标阵列的作业。

阿尔戈（Argo）剖面浮标计划，由Argo项目办公室和海洋学与海洋气象学联合委员会（JCOMM）原位观测平台支持中心（JCOMMOPS）的Argo信息中心协作实施。这种协作和其他活动使JCOMMOPS能够维护海洋观察网络状态的实时地图和统计数据，比如DBCP，包括漂流浮标[1]、系泊浮标[2]、海啸计

1　漂流浮标：即表面速度项目（SVP）浮标，放置在浮冰上所有类型的冰浮标，随着冰块移动。

2　系泊浮标：国家（沿海）系泊浮标和作为单独类别系泊的热带浮标，包括系泊在海底的所有海面浮标。这些浮标可以测量很多大气参数（气压、气温、风、波浪和湿度），某些情况下还可以测量海洋表面温度（SST）和次表层参数（次表层流速、次表层盐度等）。

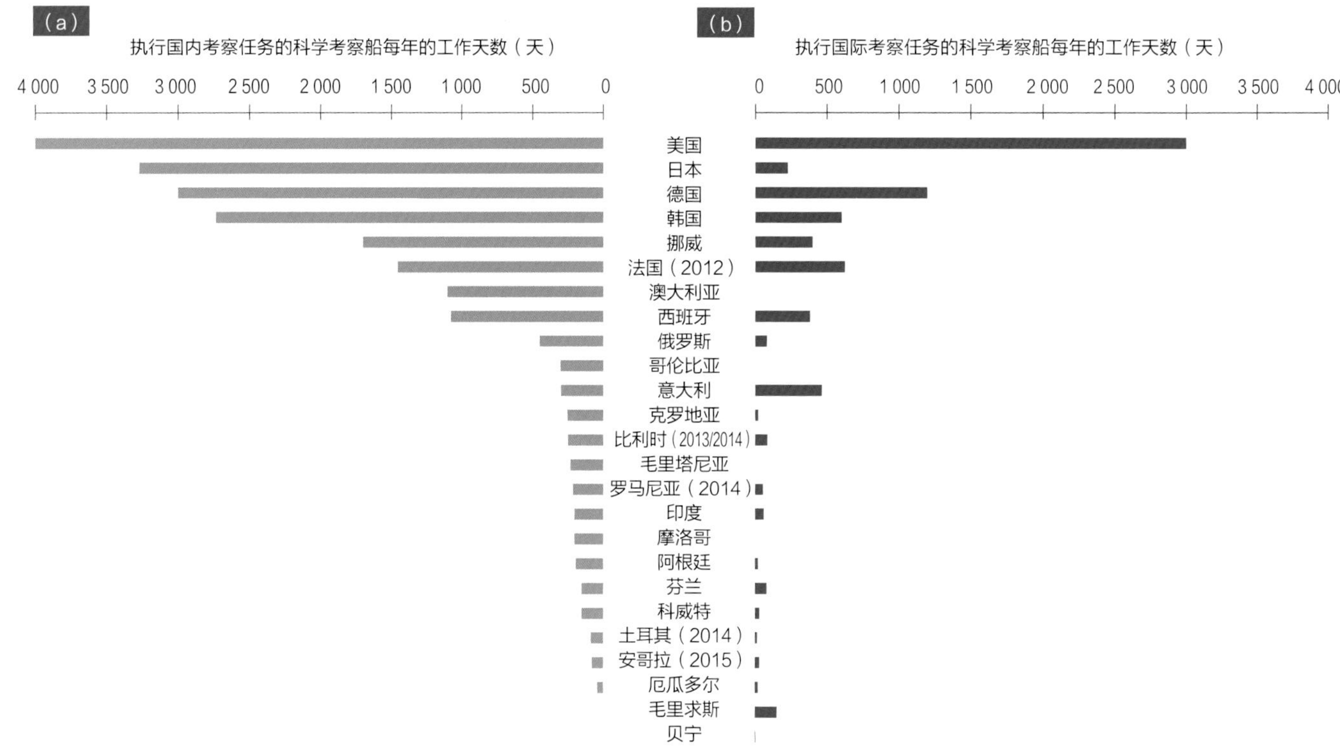

图3.15　各国执行国内（a）和国际（b）考察任务的科学考察船每年的工作天数（2013年或提供可用数据的前一年）

资料来源：《全球海洋科学报告》问卷，2015年

浮标[1]和固定平台[2]以及Argo次表面剖面浮标网络[3]等。DBCP评估的平台和运作国家的数量和状态如图3.16所示，2016年2月期间运作的平台总数（2 093个）包括漂流浮标（1 536个；Argo浮标除外）、沿海/国内系泊浮标（398个）、海啸计（55个）和固定平台（104个）。美国的漂流浮标最多（1 267个），其次是欧洲（103个）、加拿大（34个）、法国（29个）和澳大利亚（18个）。美国的沿海/国家系泊浮标最多（223个），其次是法国（22个）、加拿大（20个）、印度（19个）和韩国（17个）。

阿尔戈（Argo）浮标是海洋科学基础设施共享方式的典范，它在以下方面提供了新思路：①如何进行国际合作；②如何开发数据管理系统；③如何改变科学家收集数据的思考方式。Argo计划于2000年开始部署，每年以约800个的速度持续至今[4]。

有3 839个Argo浮标处于活跃和运行状态中[5]。目前，有29个国家提供了浮标阵列数据。各国对Argo阵列浮标的贡献少则1个（如肯尼亚和南非），多则2 136个（美国），约占全球总数的55%（2016年3月；图3.17）。Argo浮标的首要目标是记录季节性和年代际的气候变异并提高可预测性，是全球气候观测系统（GCOS）和全球海洋观测系统（GOOS）的组成部分。

1　海啸计浮标系统采用锚固式海底压力记录仪（BPR）和配套系泊表面浮标进行实时通信。在正常操作模式下，这些浮标可以测量水柱高度。

2　固定平台包括永久固定在海底的平台、移动式海上钻井船、自升式钻井平台、半潜式平台、浮式生产存储和卸载装置（FPSO）和灯船。

3　阿尔戈（Argo）是一个由3 000多个自由漂移剖面浮标组成的大规模全球阵列，用于测量海洋上部2 000米（海表以下至2 000米）的海水温度和盐度。

4　参见http://www.argo.ucsd.edu/About_Argo.html。

5　参见http://www.jcommops.org。

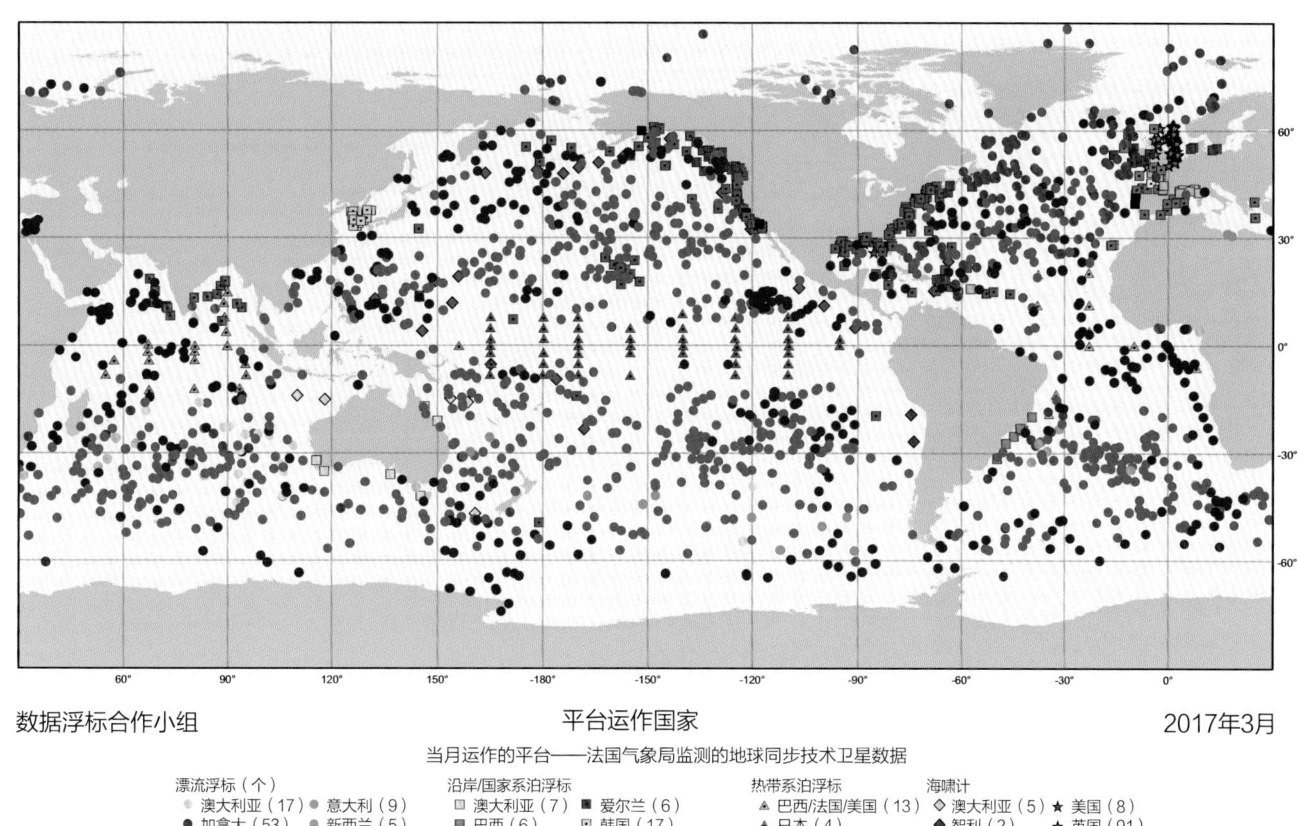

图3.16　按运作国家划分的平台分布

资料来源：JCOMMOPS，2017年

3.4.2.2　无人遥控潜水器（ROV）和自主式潜水器（AUV）

除浮标和系泊用具外，新的海洋研究技术还包括一系列“航行器”。ROV指的是无人遥控潜水器，通过一连串电缆与船只相连，这些电缆在操作人员和ROV之间传输命令和控制信号，以实现对航行器的远程导航。ROV包括摄像机、灯具、声呐系统和机械伸展臂，伸展臂的作用是获取小物件或样品、切割线段或将吊钩连接到大件物体上。

自主式潜水器（AUV）是应用于水下勘测任务的一项科技成果，如探测并绘制可能给商业和旅游船只导航带来危险的水下残骸、礁石和障碍物。AUV在没有操作人员介入的情况下执行调查任务，任务完成后，它将返回预先编程的位置，在此，可以进行数据下载和处理。AUV独立于船舶运作，无连接电缆，而ROV则受船上的操作人员控制[1]。

水下滑翔机是一种用于海洋科学的AUV。由于滑翔机在行进时几乎不需要人工辅助，因此这些小型机器人非常适合以较低成本安全地收集远距离数据，可配备各种传感器，以监测温度、盐度、海流和其他海洋状况[2]。

ROV和AUV（包括滑翔机）对于探索和勘察公海广阔的海域越来越重要，有益于更密切地监测海洋，

1　参见http://oceanservice.noaa.gov/facts/auv-rov.html。

2　参见http://oceanservice.noaa.gov/facts/ocean-gliders.html。

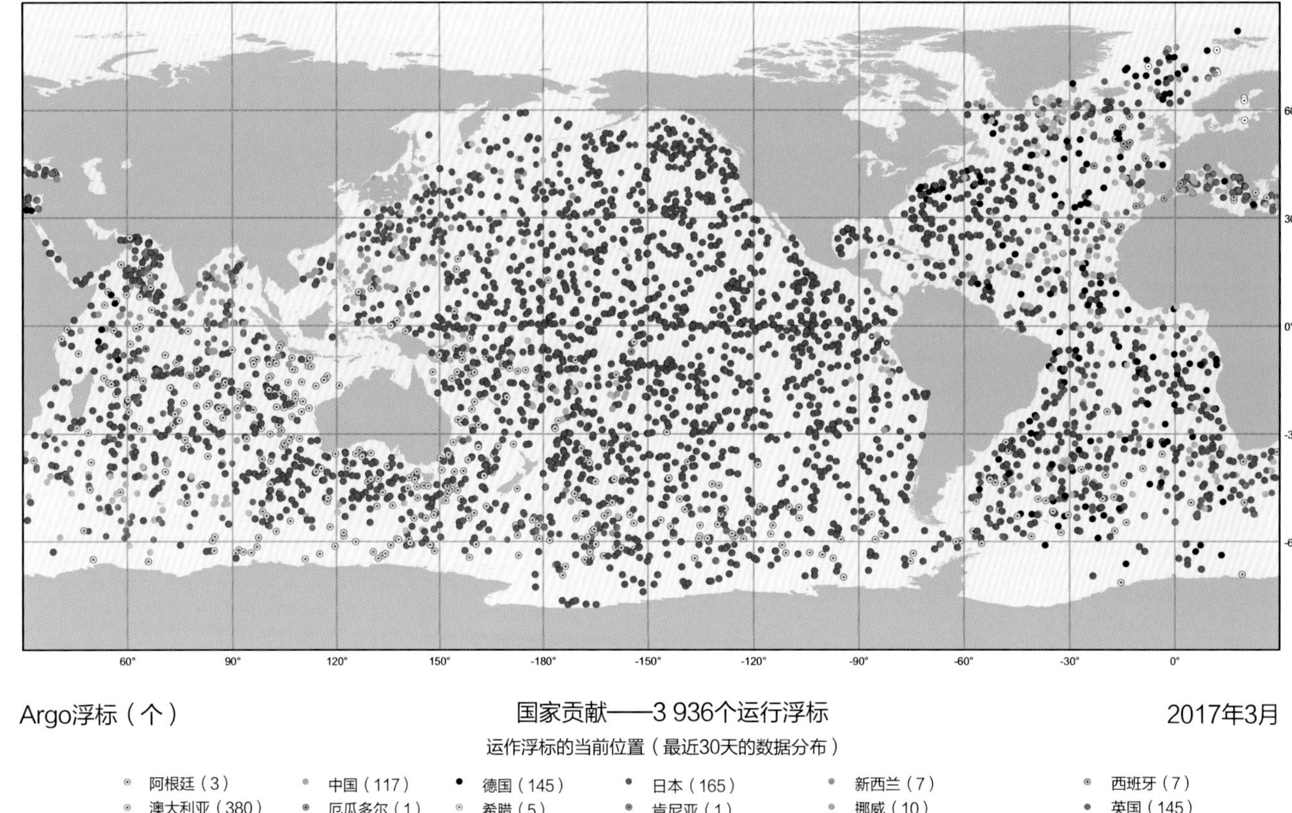

图3.17　2016年3月运行中的Argo浮标位置图（30天内的数据的分布）及所属国家的贡献列表

资料来源：JCOMMOPS，2017年

填补现有的海洋观察数据集的知识空白。在过去的十年间，由于具有独特的携带传感器的能力，AUV在研究方面的应用大大增加，例如用于海洋酸化测量以及表征碳和营养循环过程等方面的研究。无人平台的广泛应用正在改变海洋学基础设施。AUV，包括携带装置的海洋动物和滑翔机，是使用新开发的、低功率小型传感器的理想平台，用于监测沿海和岛屿环境中的动态变化和生态系统变化的物理、化学和生物指标。

以前和正在进行的对ROV、AUV和滑翔机[1]的评估，用于确认并补充通过《全球海洋科学报告》问卷收集的信息（图3.18）[2]。28个国家总共拥有339架设备（ROV、AUV和滑翔机）。

葡萄牙报告的ROV数量最多，其次是韩国、希腊、挪威、英国和美国。美国维护着最多的AUV（47架），其次是英国（22架）、韩国（13架）、挪威（9架）和加拿大（8架）。ROV、AUV和滑翔机的总数排名为：美国（100架）、英国（46架）和法国（28架），这三个国家的总和与其他国家的总和大致相等（165架）。

3.4.3　持续的船基测量

海洋时间序列测量，特别是船基重复测量，被认为是对帮助解答海洋科学新兴问题和提高海洋和沿海管理决策的必不可少的一种观察方法（Edwards et al.,

1　鉴于滑翔机的普遍性，此分析中的滑翔机与AUV分类考量。

2　用于常规海洋测量的AUV和滑翔机技术的全球清单——海洋可再生能源知识交流计划（MREKEP）/美国自然环境研究理事会（NERC）—James Hunt，2013年，Eurofleets，参见http://www. eurofleets.eu/lexi/。

2010），为研究提供了长期的、按时间变化解析的数据集和用于描绘海洋物理、气候和生物地球化学所需的优质信息，它使科学家能够检测生态系统变异和变化。政府间海洋学委员会（IOC）领导下的国际海洋生态时间序列组（IGMETS），确定了全球341个海洋生态浮游生物的时间序列（图3.19）。

本汇编考虑了两种船基时间序列。第一种包括水样，用于确定物理环境的化学和其他方面及一些较小的浮游生物物种，和用于确定较大物种（体长>50微米）的拖网。第二种获取浮游生物群落数据的采样方法是使用浮游生物连续记录仪（CPR），利用自动采样器而不是单个拖网，以便保护浮游生物群落。图3.19展示了不同时间跨度的船基时间序列的数量，突出显示了使用CPR描述浮游生物的时间序列。

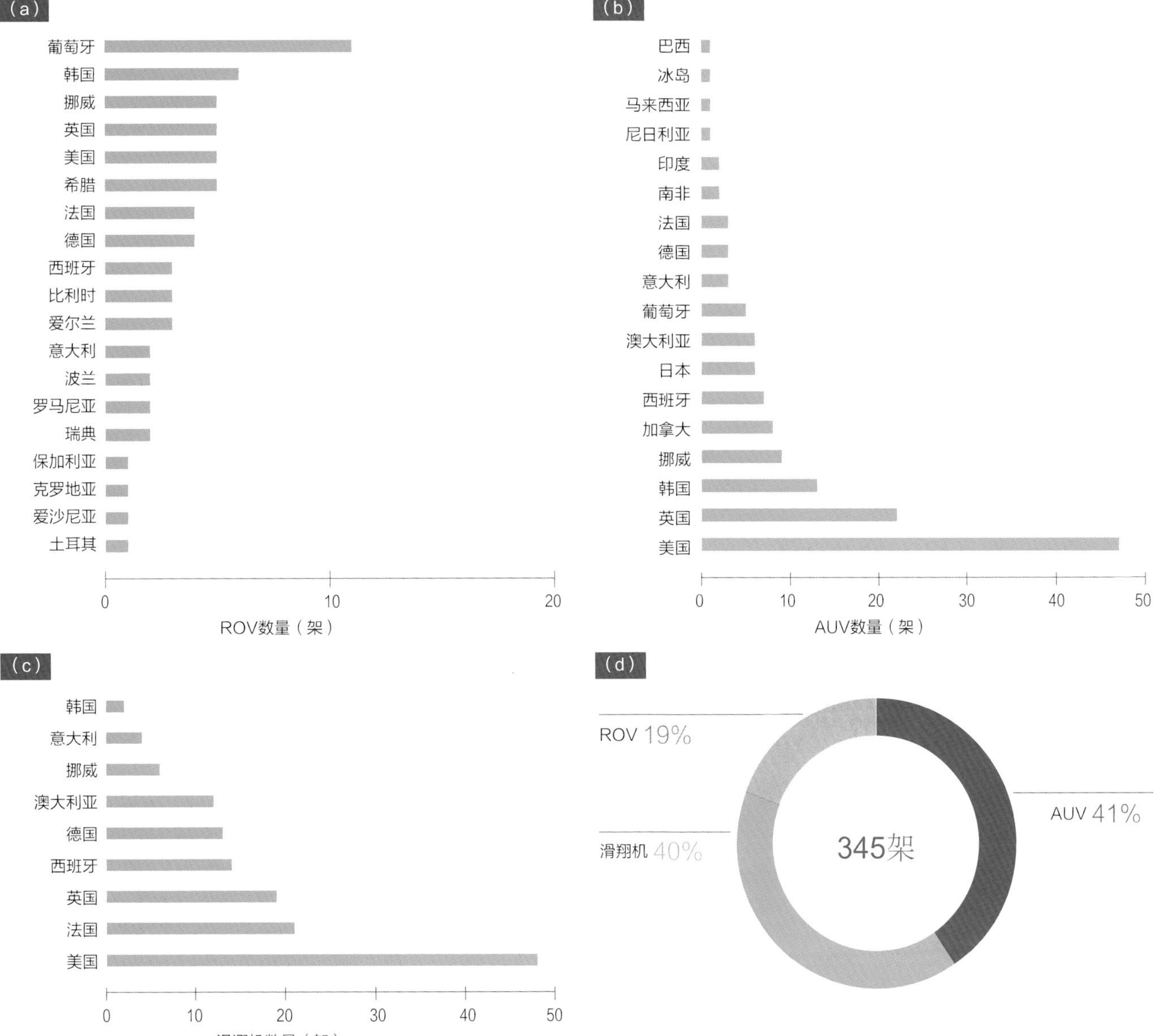

图3.18 （a）各国运作或开发的ROV数量；（b）各国运作或开发的AUV数量；（c）各国运作或开发的滑翔机数量；（d）全球范围内ROV、AUV和滑翔机占全球总数（345架）的比例（%）

资料来源：《全球海洋科学报告》问卷，2015年；欧洲运营商选定的科学考察船巡航方案可搜索数据库（Eurofleet），2015年；海洋可再生能源知识交流计划（MREKEP）/美国自然环境研究理事会（NERC），2013年

发现海洋时间序列

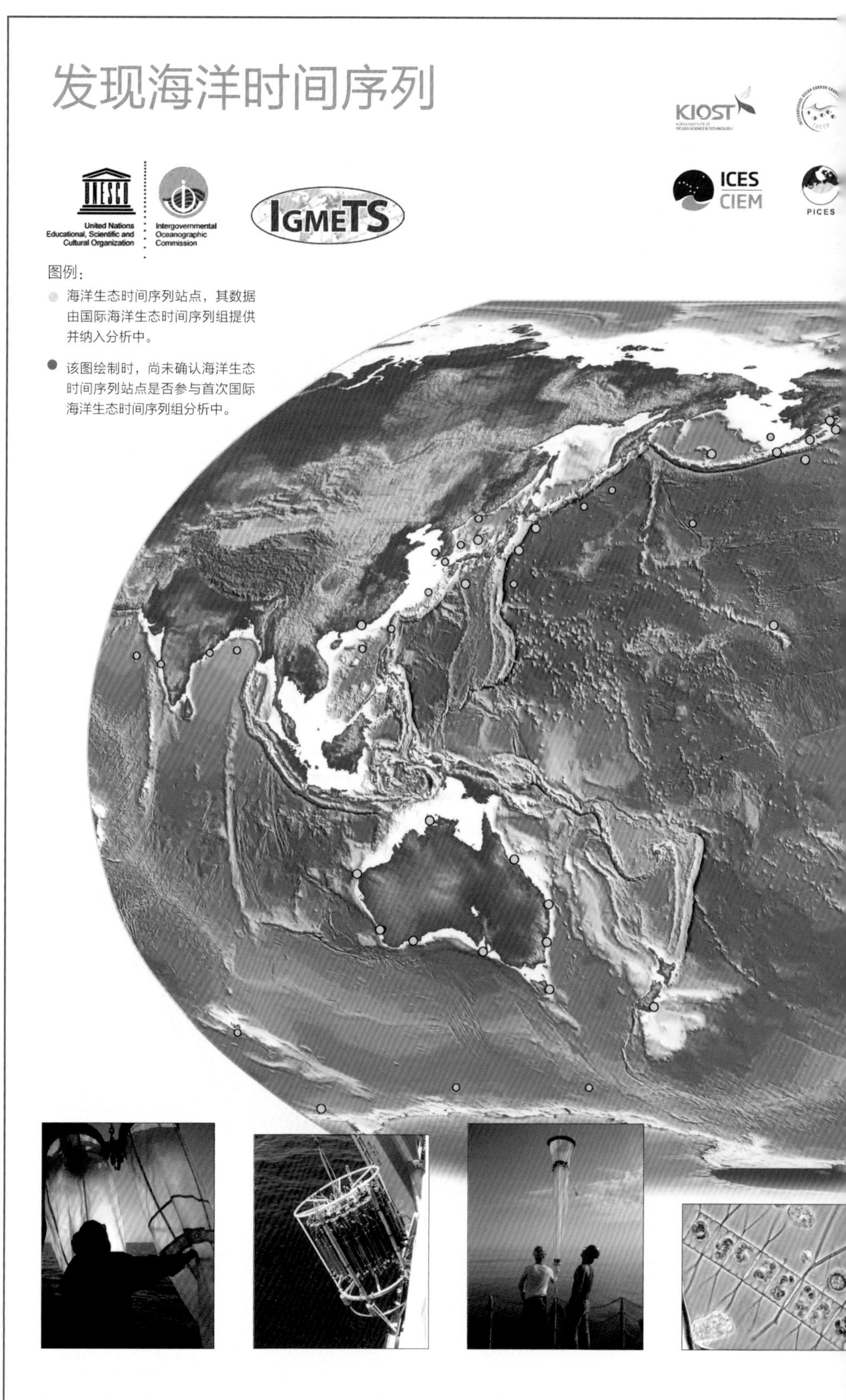

图例：

- 海洋生态时间序列站点，其数据由国际海洋生态时间序列组提供并纳入分析中。
- 该图绘制时，尚未确认海洋生态时间序列站点是否参与首次国际海洋生态时间序列组分析中。

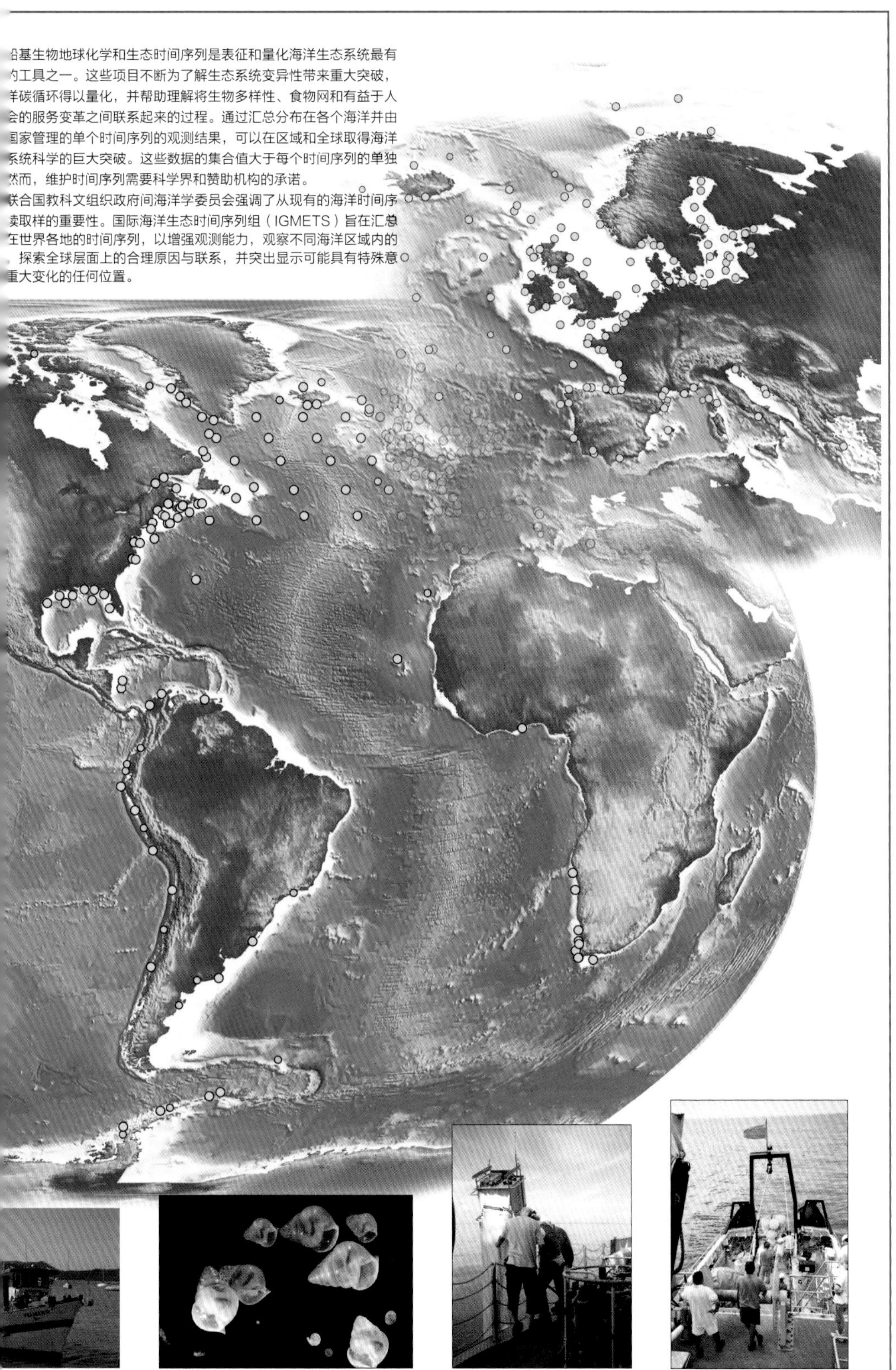

基生物地球化学和生态时间序列是表征和量化海洋生态系统最有
工具之一。这些项目不断为了解生态系统变异性带来重大突破，
碳循环得以量化，并帮助理解将生物多样性、食物网和有益于人
会的服务变革之间联系起来的过程。通过汇总分布在各个海洋并由
家管理的单个时间序列的观测结果，可以在区域和全球取得海洋
统科学的巨大突破。这些数据的集合值大于每个时间序列的单独
而，维护时间序列需要科学界和赞助机构的承诺。
联合国教科文组织政府间海洋学委员会强调了从现有的海洋时间序
取样的重要性。国际海洋生态时间序列组（IGMETS）旨在汇
世界各地的时间序列，以增强观测能力，观察不同海洋区域内的
探索全球层面上的合理原因与联系，并突出显示可能具有特殊意
重大变化的任何位置。

图3.19　国际海洋生态时间序列组（IGMETS，2015）确定的海洋生态浮游生物的时间序列

3

这一数据分析包含40个国家维护的时间序列站点信息，有阿根廷、澳大利亚、比利时、巴西、加拿大、中国、智利、哥伦比亚、克罗地亚、丹麦、厄瓜多尔、爱沙尼亚、法罗群岛、芬兰、法国、德国、加纳、希腊、印度、冰岛、爱尔兰、马恩岛、意大利、日本、拉脱维亚、墨西哥、纳米比亚、新西兰、挪威、秘鲁、波兰、葡萄牙、韩国、斯洛文尼亚、南非、西班牙、瑞典、英国、美国和委内瑞拉。

对一系列广泛参数的持续测量提供的基线信息，可以用来检测缓慢发生的威胁对海洋健康的影响，但这也要求各国持续做出财政承诺。这方面的投资在北半球和南半球有所差异，北半球，特别是北大西洋建有更多的观察站，一些生态时间序列被维持了50多年，为气候模型提供了所需信息，这些模型的成果用于各种海洋科学评估［参见政府间气候变化专门委员会或国际海洋勘探理事会（ICES）报告；图3.20］。

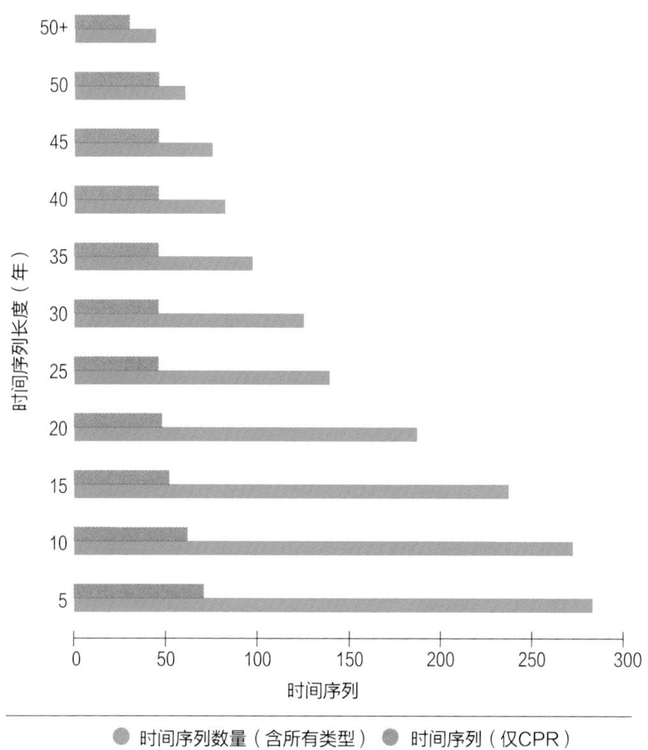

图3.20　根据年代跨度整理的IGMETS参与时间序列的柱状图（2012年状态）

浮游生物连续记录仪（CPR）时间序列分开排列，重点突出了对较长时间跨度的主要作用

资料来源：O'Brien等，2017年

另一种持续的船基观测是一个全球维护的水文信息网络，该网络由全球海洋船基水文调查计划（GO-SHIP）负责协调，为全球海洋/气候观测系统提供数据，包括对物理海洋学、碳循环、海洋生物地球化学和生态系统的观测。全球海洋船基水文调查计划对热量、淡水、碳、溶解氧、营养盐和瞬变示踪剂等存量变化提供了大致十年的析像，范围覆盖跨越海岸的整个大洋海盆及全水深（海表至海底），以最高精度要求的全球测量方案来检测这些变化。

2012—2023年期间，共有61项观测计划，其中大部分已完成或在计划中，还有一些尚未确定（图3.21）。2016年3月共确认有44次航行，各种考察活动将由至少13个不同的国家赞助，分别是：澳大利亚（2次）、加拿大（3次）、法国（西班牙）（1次）、德国（5次）、爱尔兰（1次）、日本（9次）、挪威（2次）、南非（1次）、西班牙（1次）、瑞典（1次）、英国（6次）和美国（12次）。

3.5　结语

海洋科学的劳动力和技术水平取决于所获得的资金支持，第4章侧重于资金分析。本章则简要概述了海洋科学、国家海洋科学研究机构、相关实地观察站、科学考察船和一些专业技术设备的基础设施和现有的人力资源（包括性别信息）情况。

但是，上述数据只能依赖现有的国家报告机制对当前情况做一个估算，只有少数几个国家具备编制国家海洋科学能力清单的技术能力，海洋科学的多学科特点使这一工作变得复杂，该领域的未来进展在很大程度上取决于各国、学术界和联邦的海洋研究能力。绘制海洋科学的技术和劳动力水平对小岛屿发展中国家（SIDS）尤为重要，但由于生成此类信息所需的人力、技术和经济资源有限，因此暂无法获得这些国家的统计数据。

28～30个国家通过对《全球海洋科学报告》问卷个别问题的答复，提交了海洋科学能力方面的信息。

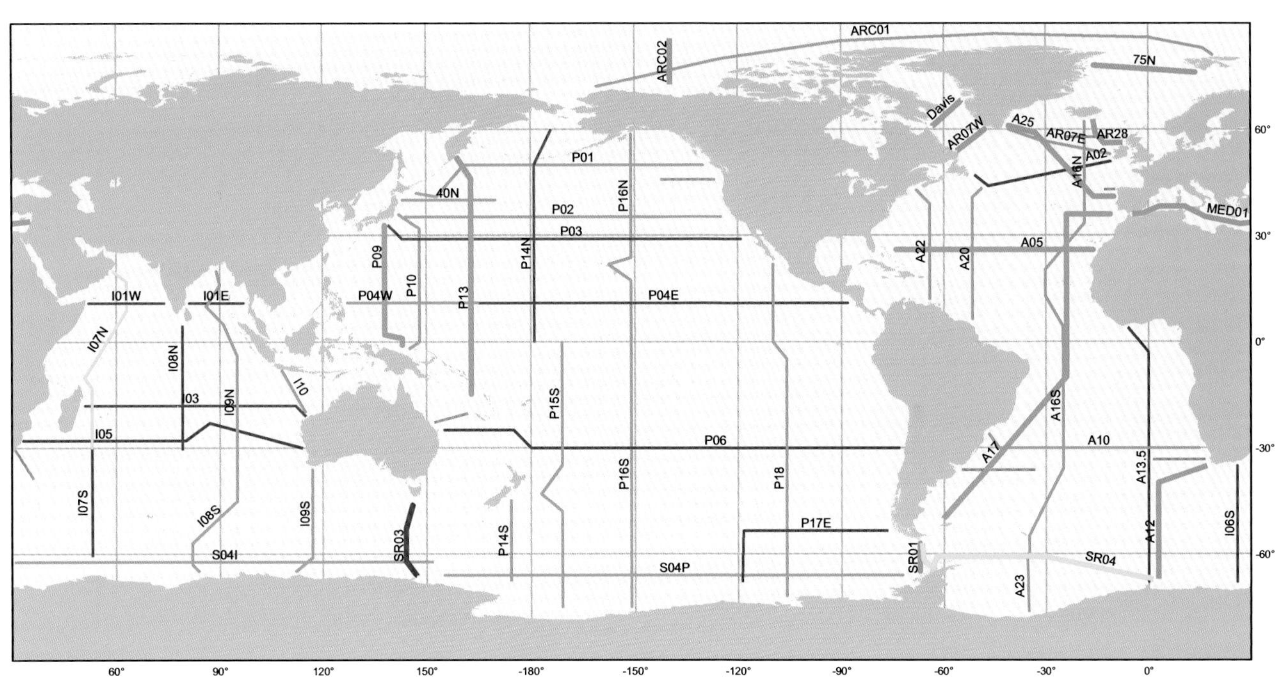

GO-SHIP　　2012—2023年调查状态（61条监测断面）　　2017年1月

粗线条：高频率观测（低标准要求的观测数据，如十年计划中有多次观测）

细线条：为期十年的全球海洋船基水文调查计划（高标准要求观测数据，如I级数据要求）

——已完成的　——正在观测中（海上）的　——获得资助的　——计划的　——未计划的　——与计划相关并完成的

图3.21　GO-SHIP参考断面（重复水文监测断面）

资料来源：GO-SHIP，2017年[1]

为了了解全球概况，本报告还咨询了其他资源，包括国家和国际的报告和评估，以便进行分析。

各国研究人员的总数存在很大差异（1 000倍），这显然与国家规模、海岸线长度和海洋资源的经济重要性有关。而对每百万居民中海洋科学家平均数量的统计，也显示出巨大差异，挪威每百万居民拥有的研究人员最多，达364名，其次是比利时（74名），其他国家每百万居民中研究人员的数量仅为1～33名。至于海洋科学领域的性别平等问题，平均来说，女性科学家占海洋科学研究人员的38%，比全球整体科学体系中女性研究人员的比例高约10%。但是，由于各地区存在着较大差异，海洋科学类型也各不相同，海洋科学不同类型的女性科学家比例从4%到62%以上不等。在未来做报告编制计划时，拟增加海洋科学领域人力资源在教育、技能、经验和专业水平等方面的信息。

毫无疑问，海洋科学机构和海洋实验室，包括海洋观测，在支持海洋研究方面发挥着至关重要的作用，它们对于若干科学问题来说很关键，包括对沿海食物网、生态系统生物多样性和人类对沿海环境影响等方面的研究。海洋实地观察站和实验室可以使人们接触到大量的各种各样的环境，如珊瑚礁、河口、海藻林、沼泽、红树林和城市海岸线等。该报告评估显示，98个国家总共有784个海洋观察站。

投资海洋科学（第4章）和出版海洋科学刊物（第5章）的国家，主要在高度专业化的机构中开展工作。然而，一些国家通过《全球海洋科学报告》问卷提交

1　GO-SHIP参见http://www.go-ship.org/。

的专注海洋科学的政府重点研究机构的信息中，列出的机构数量低于通过国际会议评估获得的机构数量，这种差异可能是科研与政府机构之间沟通报告机制不完善造成的，将这些国家提交的海洋科学设施数量分为三类进行分析，结果如下：一般的“海洋研究”设施占比最高（54%），其次是观察设施（27%）和渔业设施（19%）。

能否不断进入公海、海岸带和流域，取决于新型的基础设施和技术：传感器、科学考察船以及无人驾驶航行器。29个国家中43%的科学考察船主要用于地方和沿海研究，地区规模的科学考察船的比例（19%）与国际规模的科学考察船（18%）以及全球规模的科学考察船（20%）的比例相差不大。但是，重要的不仅仅是船只数量，船龄对于获得支持海洋科学新投资的前景也非常重要。挪威、巴哈马、日本和西班牙拥有最年轻的科研船队，平均船龄不到25年。

开发和部署新技术以及扩充海洋观察基础设施（如船基时间序列）是必须的，其中一些设施可提供50年以上的数据集，包括生物数据集或者持续性的水文数据集。

总之，本章所述的人力和技术能力揭示了海洋科学的困难所在，每个要素对于进一步发展海洋科学都至关重要。人力和技术能力，加上长期的政府和财政支持，可以为海洋科学事业创造有利而富有成效的环境。此类研究有助于全球更好地应对气候和海洋变化等挑战，促使对海洋进行负责任和可持续性的管理，为良好的海洋经济打下基础。

参考文献

Baker, B. 2015. The way forward for biological field stations. BioScience, Vol. 65, pp., 123-129.

Edwards, M., Beaugrand, G., Hays, G. C., Koslow, J. A. and Richardson, A. J. 2010. Multi-decadal oceanic ecological datasets and their application in marine policy and management. Trends in Ecology & Evolution, Vol. 25, pp. 602–10, doi:10.1016/j.tree.2010.07.007.

Henson, S.A. 2014. Slow science: the value of long ocean biogeochemistry records. Philosophical Transactions of the Royal Society A, Vol. 372, issue 2025.

Hiatt, R. W. 1963. The World Directory of Hydrobiological and Fisheries Institutions. Washington, American Institute of Biological Sciences.

Inaba, K. 2015. Japanese marine biological stations: Preface to the special issue. Regional Studies in Marine Science, Vol. 2, pp. 154–157.

National Research Council. 2014. Enhancing the value and sustainability of field stations and marine laboratories in the 21st century. Washington, DC: The National Academies Press.

O'Brien, T., Lorenzoni, L., Isensee, K. and Valdés, L. (eds). 2017. What are Marine Ecological Time Series telling us about the ocean?

A status report. IOC Technical Series, No. 129. Paris, IOC-UNESCO.

Orcutt, B.N. and Cetinić, I. 2014. Women in oceanography: Continuing challenges. Oceanography, Vol. 27, No. 4, pp. 5–13.

Reid, P. C. and Valdés, L. 2011. ICES status report on climate change in the North Atlantic. ICES Cooperative Research Report No. 310. Copenhagen, ICES.

Royal Society. 2014. A picture of the UK scientific workforce. Diversity data analysis for the Royal Society. Summary report. DES3214. London, Royal Society.

Thompson, L., Perez, R. C. and Shevenell, A. E. 2011. Closed ranks in oceanography. Nature Geoscience, Vol. 4, pp. 211–12. http. dx.doi.org/10.1038/ngeo1113.

Tydecks, L., Bremerich, V., Jentschke, I., Likens, G. E. and Tockner, K. (2016) Biological Field Stations: A Global Infrastructure for Research, Education, and Public Engagement. BioScience, Vol. 66, pp. 164-171.

Valdés, L., Fonseca, L. and Tedesco, K. 2010. Looking into the future of ocean sciences, an IOC perspective. Oceanography Vol. 23, No. 3, pp. 160-70.

UNESCO. 2015. UNESCO Science Report: towards 2030. Paris, UNESCO.

第4章
海洋科学基金

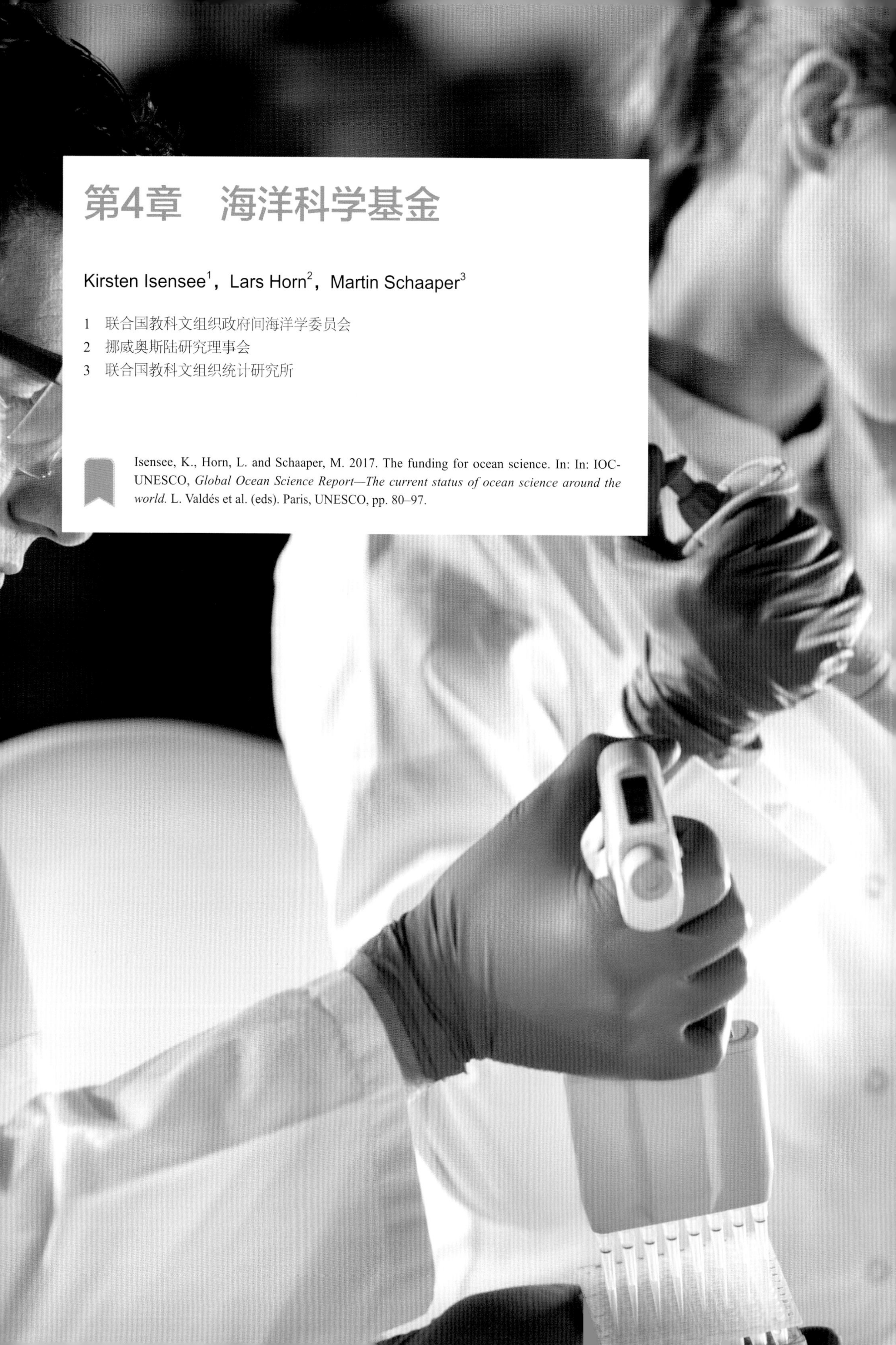

第4章　海洋科学基金

Kirsten Isensee[1]，Lars Horn[2]，Martin Schaaper[3]

1　联合国教科文组织政府间海洋学委员会
2　挪威奥斯陆研究理事会
3　联合国教科文组织统计研究所

Isensee, K., Horn, L. and Schaaper, M. 2017. The funding for ocean science. In: In: IOC-UNESCO, *Global Ocean Science Report—The current status of ocean science around the world.* L. Valdés et al. (eds). Paris, UNESCO, pp. 80–97.

4.1 引言

海洋为我们提供了丰富多样的服务与商品，为了保障我们的后代仍然能够享有海洋赋予的这些福利，我们需要对海洋采取科学的管理措施。这些措施包括保护与修复海洋生态系统，减轻人为压力（气候变化、海洋酸化、富营养化、过度捕捞）以及适应沿海地区和公海的不可逆变化，例如，海水富营养化给一些国家的商业渔业带来了高昂的经济成本，如韩国和美国［经济合作与发展组织（OECD），2012］。海洋科学为开发应对全球挑战的工具提供了基础，例如，确保食品安全、地形变化（如沿海建筑）、全球健康和气候变化。鉴于各种挑战以及海洋资源的众多受益者，为了实现海洋资源的可持续利用而做出基于知识的投资决策，需要广泛的基础，包括各级政府、私营企业和当地社区。

包括海洋研究在内的对研究与发展（R&D）的持续投资，对于提升知识和发展支持现代经济的新技术来说，仍然十分重要。在就业、税收和创新等诸多领域，海洋经济能够带来的好处不胜枚举。目前，海洋经济发展主要依靠各国政府几十年来在科学和研发上的投资，根据经济合作与发展组织（OECD）的保守估计，2010年，海洋经济的产出为15 000亿美元（增值的），与同年加拿大的经济水平基本持平。通常情况下，预计到2030年，全球海洋经济规模将翻一番，实现总价值30 000亿美元，与德国在2010年的经济规模基本持平（OECD，2016a）。另外，预计到2025年，澳大利亚的海洋经济增长速度将是澳大利亚国内生产总值增长速度的3倍［澳大利亚海洋科学研究所（AIMS），2014］。

由于许多社会经济领域都受益于海洋科学，资助可持续的海洋研究基础设施建设（方框4.1）已经成为解决地方问题、区域问题和全球问题（海洋与气候的相互作用、生态系统的变异性、海啸产生的地震以及海底滑坡等）的关键。技术性的基础设施，也有助于培养学生和早期的研究者、雇佣运营商和技术人员，并为私营企业之间的合作提供平台。海洋科学解决的是具有重大影响的社会需求，因此，海洋科学的支出，就是对未来的投资［联合规划倡议（JPI），2014］。

海洋科学基金的来源多种多样，国家组织、地区组织、国际组织以及以众包的方式直接或间接从私营部门、基金会、非政府组织甚至公民处获得。然而，在大多数国家，能够从所有来源获取和汇编海洋科学基金的报告机制，尚不存在。

在此背景下，本章概述了世界范围内海洋科学基金的来源和机制。第一部分探讨国家海洋科学支出，数据来自29个国家，基于为获得国家对海洋科学的政府基金支持而做出的首次全球努力；第二部分聚焦于国际/区域基金结构；第三部分审查了私营部门对海洋科学的直接或间接的经济资助；第四部分探讨对海洋科学的慈善支持；最后一部分则提供了一些建议以供未来参考。

4.2 国家政府海洋科学基金

国家政府海洋科学基金通常是研发总支出的一部分。经济合作与发展组织认为，国家政府仍将是面向可预见的未来公共研究的主要资助者（OECD，2016a）。由于各个国家的科学研究重点和研究计划各不相同，不同国家与不同地区对于海洋科学的投资份额也有所不同。以下就国际上首次开展的收集各国政府海洋科学基金情况工作的结果进行分析。《全球海洋科学报告》在2015年做了一次问卷调查，以搜集2009—2013年的5年时间内，各国在海洋科学上的支出，所列信息全部基于此项调查。对来自29个成员国的问卷数据进行分析之后，尽管在方法上和数据收集方面还存在局限性，但是各国在海洋科学方面的一些投资的关键趋势首次得以确认。

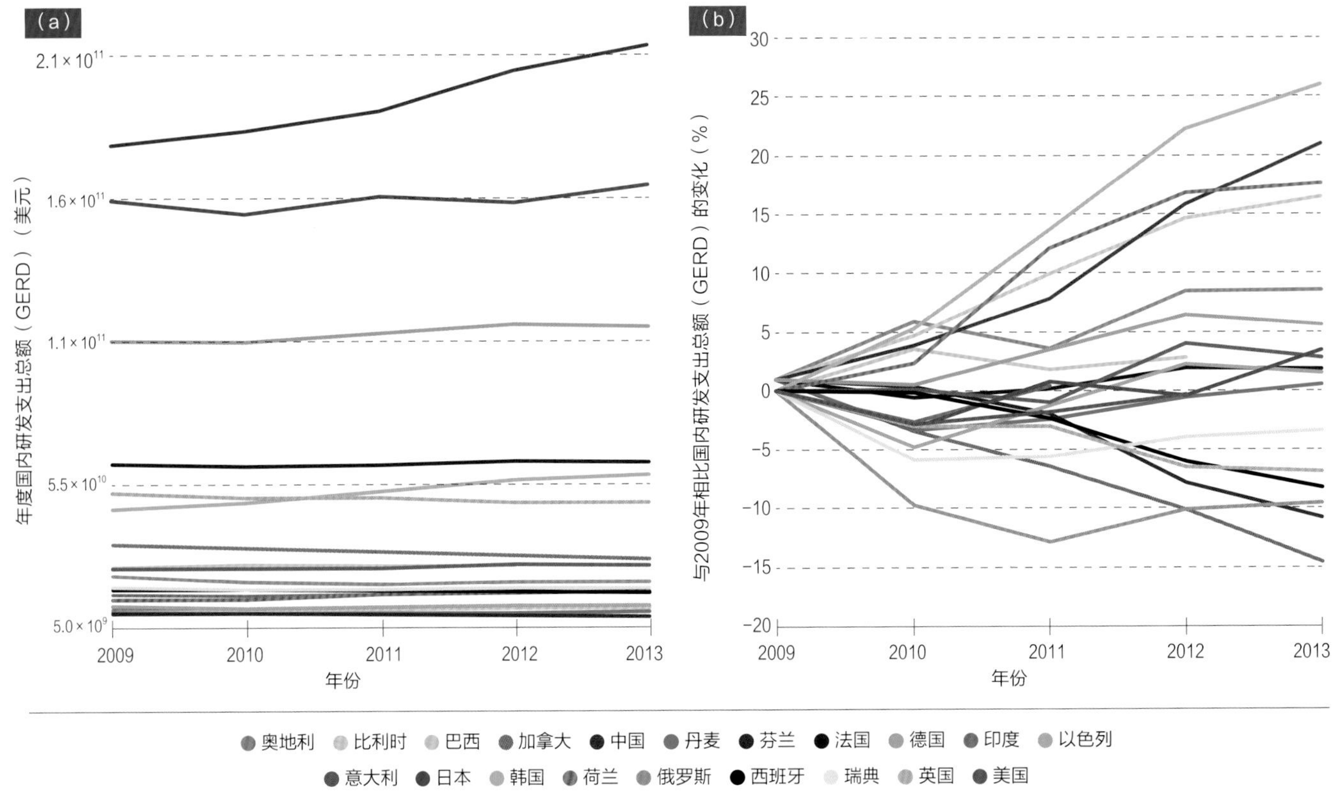

图4.1 2009—2013年国内研发支出总额（GERD）的变化（美元）

（a）拥有最高经费支持的前20位国家的GERD；（b）拥有最高经费支持的前20位国家在2009年和各年度之间的GERD的变化（%）
资料来源：联合国教科文组织统计研究所（UIS），2015年

从2009—2013年，与上年同期数字相比，参与调查的几个国家在国内研发支出总额（GERD）上存在许多差异。尽管韩国和中国大幅度增加了研发支出（25%），但加拿大与芬兰等国家的研发支出却明显减少（图4.1）。近15年来，全球研发能力翻了一番，这种显著的扩张有两个主导因素：①一些新兴国家，例如中国，在过去的十年间增加了他们的研发支出；②行业研发支出的增长速率已经超过了公共研发支出的增长速率。然而，在未来的10～15年间，伴随着与医疗和养老等其他行业之间的资源竞争，较慢的经济增长与人口老龄化的挑战，也会为许多国家的研发支出带来不小的压力（OECD，2016a）。实际上，最近的数据显示，在许多OECD的国家中[1]，GERD在国内生产总值（GDP）中所占的比例有所下降，这也许是各国政府采取后全球金融危机紧缩政策的反映，缩减国家研发支出通常被认为是在困难时期缩减额度的一种简易方式。然而，也有明显的证据证明，研发投资应该成为国家经济增长和创造就业战略的一部分［澳大利亚海洋科学研究所（AIMS），2014；OECD，2016a］。

大多数国家缺乏政府资助海洋科学的长期数据集，对此类数据的搜集困难重重，第一个原因是，海洋科学由一个政府部门或机构管理的情况极少，责任权通常会由好几个单位分担（例如，渔业，海洋/航海和海军研究，环境）；第二个原因是，海洋科学基金可能不总是按照以上责任权的分担来分类划拨。然而，《全球海洋科学报告》问卷调查提交的数据，为我们提供了一些致力于海洋研究的国家资源方面的信息，值得注意的是，在就国家划拨给海洋科学的国家政府财政资源问题做出答复的29个国家中，有8个国家位列海洋科学出版物前10位国家名单之中（第5章）。

1 联合国教科文组织统计研究所（UIS），2015年。

当然，也有一些做出答复的国家报告称，在海洋科学方面没有国家基金战略或国家基金资源。

基于《全球海洋科学报告》问卷调查的结果，图4.2（a）展示了2009—2013年29个国家在海洋科学方面的年度支出，对于许多国家来说，这是第一次进行所需数据的编撰。鉴于这项工作的新颖性，图中所示信息并不完全概括5年来的所有信息，也不能完全反映出海洋研究的国家年度总支出。例如，德国提供的2013年的数据是大致数据，而加拿大和西班牙提交的数据是分配给它们各自的国家海洋学机构的核心基金，加拿大的机构是加拿大渔业和海洋部，西班牙的机构则是西班牙海洋学研究所。

2009—2013年，挪威、土耳其和意大利等国家增加了它们在海洋科学方面的基金投入，其他一些国家，包括澳大利亚和西班牙，则显著减少了它们的国家政府基金。总体来说，各个国家GERD之间的趋势差异不大，但某些国家在海洋科学的支出方面有显著差异，例如，智利、阿根廷和日本［图4.1（b），图4.2（b）］。我们获得的数据显示，从2009年到2013年，16个国家增加了海洋科学基金，7个国家则减少了海洋科学基金。

（a）

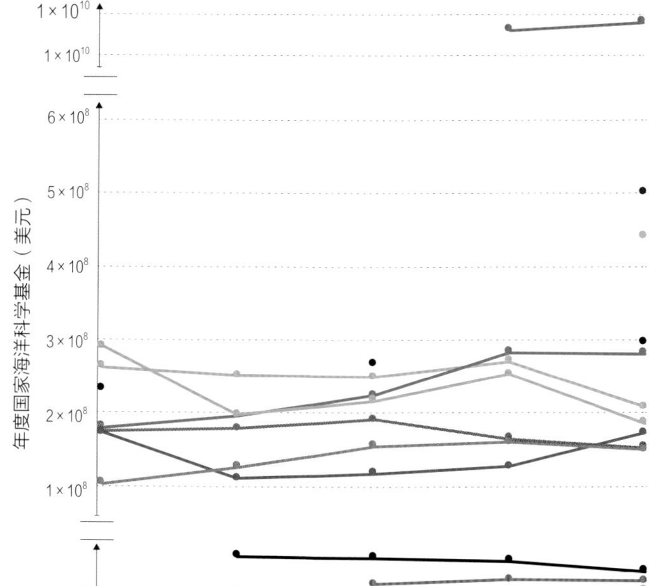

图4.2　2009—2013年各国家在海洋科学方面的年度支出额

（a）海洋科学的国家支出额（不包括美国2012年1.25×10^{10}美元；2013年1.25×10^{10}美元）；（b）与2009年或可获得的国家海洋科学支出第一年数据相比的变化（%）

资料来源：《全球海洋科学报告》问卷调查，2015年

注：数据由29个IOC成员国提供（它们代表了2009—2013年GERD平均65%的份额），收集到的数据用美元表示，或者用当地货币表示，再按照2016年5月的汇率换算成美元。

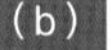
（b）

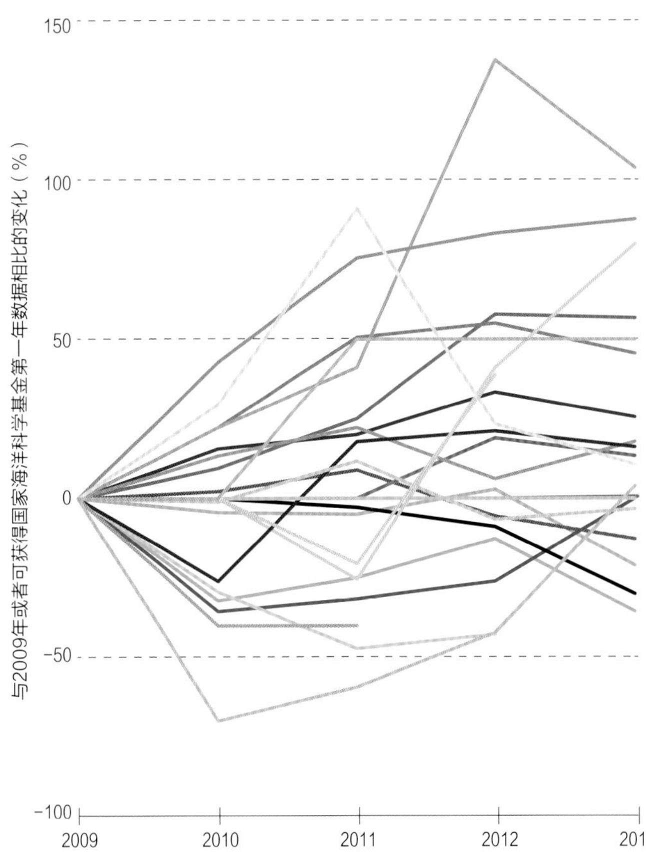

表4.1 2009—2013年自然科学与海洋科学的国家年均支出以及海洋科学年度支出额在自然科学年度支出额中所占的百分比（包含向《全球海洋科学报告》问卷调查提供数据的国家，也可获得这些国家自然科学基金的数据）

资料来源：海洋科学数据：《全球海洋科学报告》问卷调查，2015年；自然科学数据：UIS，2015年

国家	国家自然科学平均年度支出额（2009—2013年）（$\times 10^6$美元）	国家海洋科学平均年度支出额（2009—2013年）（$\times 10^6$美元）	海洋科学年度支出额在自然科学支出额中所占比例（%）
阿根廷	22.2	4.76	21.4
克罗地亚	159	22.0	13.9
泰国	611	35.1	5.8
特立尼达和多巴哥	5.3	0.27	5.1
韩国	7 720	228	3.0
克鲁比亚	159	3.13	2.0
罗马尼亚	400	4.60	1.1
智利	314	2.16	0.7
科威特	58.2	0.3	0.5
土耳其	1 250	4.83	0.4
厄瓜多尔	65.5	0.13	0.2
俄罗斯	6 900	7.7	0.1
平均			4.51（± 6.62）

注：通过《全球海洋科学报告》问卷调查（2015年）提交的数据用美元表示，或者用当地货币表示，再按照2016年5月的汇率换算成美元。

由于获得的自然科学基金数据较少，因此难以在自然科学支出总额和海洋科学支出总额之间做一个对比。然而，如表4.1所示，从可获得数据的国家来看，平均有4.5%的自然科学基金用于海洋科学，从俄罗斯的0.1%到阿根廷的2%不等。遗憾的是，海洋科学支出额高的国家，例如，美国、法国和德国，目前未能获得它们的自然科学基金数据。为使对比范围更广，内容更加完整，GERD对比见表4.2。

表4.2呈现了研发在GDP中所占百分比（2009—2013年）以及海洋科学在研发中所占的百分比（2009—2013年）。数据显示，在所调查的国家中，许多国家的研发在GDP中占比相对较高，然而，只有少数国家将研发基金的很大一部分投入海洋科学当中，如克罗地亚、挪威、泰国、特立尼达和多巴哥以及美国。一般来说，科学以及可能作为科学中一个子集的海洋科学，在很大程度上依赖于不包括在国家研发支出中的财政支持（图4.3）。

之前的研究表明，2001年，20国集团国家（G20）[1]的研发总支出平均占GDP的2.04%；其中，0.65%由政府支付，1.26%由私营部门支付，0.13%由其他资源支付（Steele，2013）。

在答复《全球海洋科学报告》问卷调查的国家当中，2009—2013年，海洋科学年度支出额占GERD的比例介于0.04%～4%之间，在某些国家，如挪威、意大利和土耳其，可以发现一个积极的趋势，即2009—2013年，国家研发基金分配在海洋科学上的数额逐渐增多。

一些国家提供了与国际海洋科学基金和地区海洋科学基金相关的额外信息（图4.4）。通常，海洋科学总预算的70%以上来自国家基金，只有韩国、土耳其和智利表明近年来国际与地区基金在其年度预算中占据相对较高的百分比。

1 G20成员：阿根廷，澳大利亚，巴西，加拿大，中国，法国，德国，印度，印度尼西亚，意大利，日本，韩国，墨西哥，俄罗斯，沙特阿拉伯，南非，土耳其，英国，美国以及欧盟。

表4.2 GERD在各国GDP中所占的百分比和通过《全球海洋科学报告》问卷调查提供海洋科学支出有关信息的国家中，其海洋科学支出额在GERD中所占百分比（蓝色区域指的是高于1.5的百分比，灰色区域指的是高于0.5的百分比）

资料来源：UIS（GERD，GDP），2015年；《全球海洋科学报告》问卷调查（海洋科学），2015年，平均非加权

国家	GERD在GDP中所占百分比（%）						海洋科学支出在GERD中所占百分比（%）					
	2009—2013年	2009年	2010年	2011年	2012年	2013年	2009—2013年	2009年	2010年	2011年	2012年	2013年
阿根廷	0.52	0.48	0.49	0.52	0.58		0.16	0.11	0.14	0.15	0.23	
澳大利亚	2.32		2.39	2.25			0.74		0.72	0.76		
比利时	2.14	1.97	2.05	2.15	2.24	2.28	0.07	0.10	0.07	0.05	0.05	
加拿大	1.77	1.92	1.84	1.78	1.71	1.62	0.54	0.51	0.54	0.60	0.54	0.53
智利	0.35	0.35	0.33	0.35	0.36		0.20	0.36	0.11	0.15	0.20	
哥伦比亚	0.22	0.21	0.21	0.22	0.22	0.23	0.39	0.40	0.39	0.43	0.36	0.35
克罗地亚	0.78	0.84	0.74	0.75	0.75	0.81						4.73
厄瓜多尔	0.38	0.39	0.40	0.34			0.03	0.02	0.03	0.05		
芬兰	3.57	3.75	3.73	3.64	3.42	3.31	0.14	0.14	0.16	0.00	0.20	0.20
法国	2.21	2.21	2.18	2.19	2.23	2.23						0.79
德国	2.79	2.73	2.72	2.80	2.88	2.85						0.40
印度	0.81	0.82	0.80	0.82			0.77	0.61	0.77	0.92		
意大利	1.24	1.22	1.22	1.21	1.27	1.26	0.88	0.69	0.75	0.87	1.04	1.04
日本	3.36	3.36	3.25	3.38	3.34	3.47	0.09	0.11	0.07	0.08	0.08	0.11
科威特	0.14	0.11	0.10	0.10	0.10	0.30	0.16	0.16	0.18	0.19	0.19	0.06
摩洛哥			0.73						0.37			
挪威	1.66	1.72	1.65	1.63	1.62	1.66	3.18	2.69		3.28		3.58
韩国	3.74	3.29	3.47	3.74	4.03	4.15	0.44	0.62	0.40	0.41	0.44	0.32
罗马尼亚	0.46	0.47	0.46	0.50	0.49	0.39	0.50	0.47	0.35	0.51	0.54	0.65
俄罗斯	1.15	1.25	1.13	1.09	1.13	1.13	0.04	0.03	0.04	0.04	0.03	0.04
西班牙（IEO）	1.31	1.35	1.35	1.32	1.27	1.24	0.28		0.37	0.37	0.36	0.28
泰国	0.32	0.25		0.39						2.02		
特立尼达和多巴哥	0.05	0.06	0.05	0.04	0.05		1.81	1.03	1.63	2.36	2.20	
土耳其	0.88	0.85	0.84	0.86	0.92	0.94	0.07		0.06	0.04	0.07	0.09
美国	2.78	2.82	2.74	2.77	2.81						2.55	

注：加拿大的海洋科学支出的数据仅指应用于加拿大渔业和海洋部门（DFO）的支出，西班牙的数据仅反映西班牙海洋研究所（IEO）收到的国家基金。

目前，尚未获得私营/商业部门参与国家级的海洋科学资助的信息。从2009—2013年，平均国内研发总支出为1.64%；然而，这一点在世界各地差别很大，北美和西欧的最高，为2.39%，中亚（0.22%）和阿拉伯国家（0.26%）[1]则比较低。

之前的评估表明，在整体研发资金中，约有3%是由国际机构或外资提供的（Steele，2013），对于某些国家来说，这个数字远远低于他们在海洋科学中获得的资助（平均8%）（图4.4）。

1 来源：UIS，2015年。

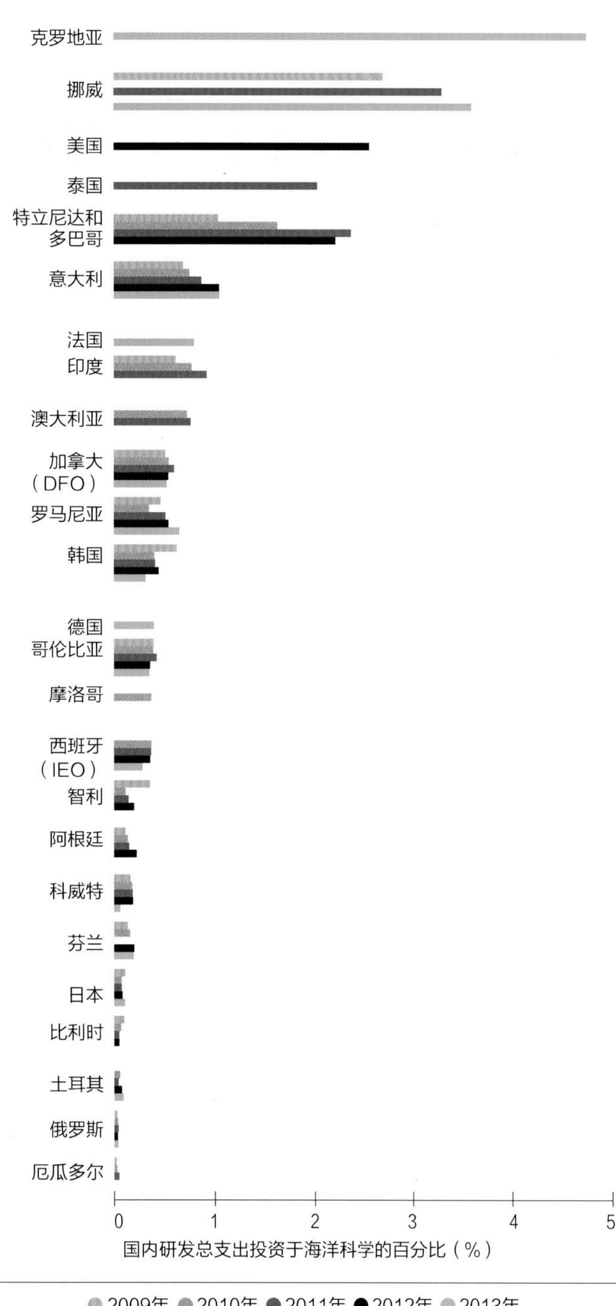

图4.3　海洋科学的投资在国家研发支出额中所占百分比

数据来自答复《全球海洋科学报告》问卷调查的25个国家（表4.2）

资料来源：《全球海洋科学报告》问卷调查（海洋科学），2015年；UIS，2015年

4.3　国际/地区海洋科学的筹资机制

海洋科学不同的研究方向获得的国家、地区和国际筹资机制的支持也是不同的。资金随着时间的推移而变化，并且往往高度依赖于社会经济需求，例如，为管理决策提供信息。本节就国际和地区的海洋科学项目基金的来源提供一些见解。该分析尽管不够全面，但我们仍以案例为基础，重点分析过去的欧洲结构基金（方框4.2）和全球环境基金（GEF）提供的资金（方框4.3）。一般而言，这些类型的基金，受范畴（例如渔业、观察、能力发展）、地区或受益人（例如发展中国家）的限制。

结构基金根据人均收入被分配给欧盟委员会中的成员国或地区（欧盟委员会，2013），这些计划/项目资金的分配由成员国和地区自己决定。欧盟委员会旨在减少地区间在收入、财富和机会方面的差异；欧洲较贫困的地区获得了大部分的基金支持，但所有欧洲地区都有资格获得欧洲区域发展资金（ERDF）。目前的区域政策框架时间设定为7年，即从2014—2020年。欧洲委员会曾经委托过一项研究，这项研究表明，在过去，欧洲的许多海洋研究基础设施由结构基金，特别是ERDF（欧洲委员会，2013）共同资助。 欧洲海事和渔业基金（EMFF）在2014—2020年期间达到了64亿欧元，其预算中的11％由欧盟委员会直接管理，89％由成员国在项目运行框架内管理。根据目前的欧盟（EU）多年度金融框架，欧盟每年投入7 000万欧元用于支持数据收集框架，这是一项欧盟在其范围内收集渔业数据的计划，旨在支持对渔业的长期管理，涉及对商业物种、单一种群和混合渔业动态的了解和监测以及对区域流域的生态建模。另外还有7 100万欧元专门用于支持欧盟蓝色增长战略的实施，该战略旨在促进海洋的可持续增长，并创造海洋方面的就业机会，例如在海事监测领域，增进人们对海洋和生态系统方面的知识，并且促进新的海洋资源的合理开发（例如：能源，生物技术）（欧洲结构和投资基金，2015）。

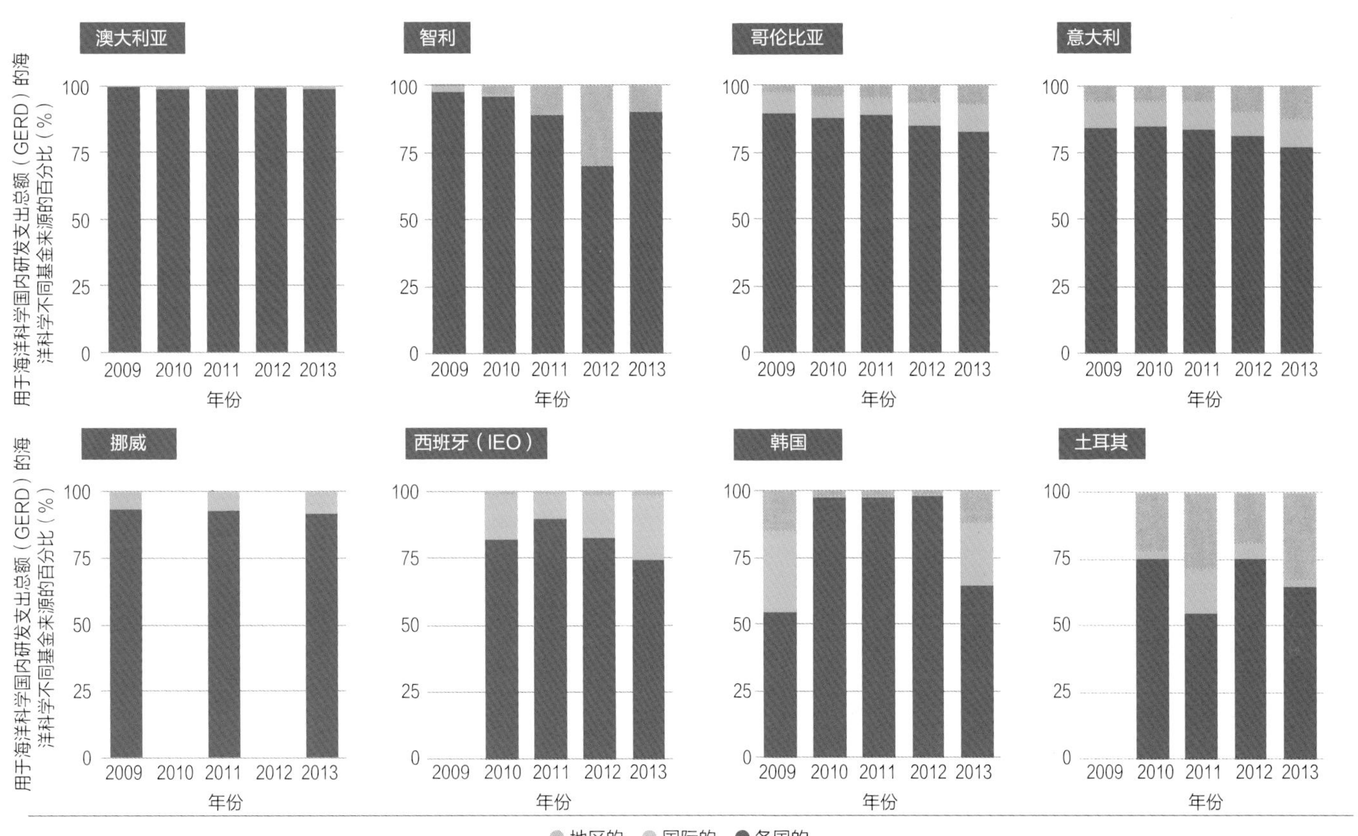

图4.4 所选国家中来自地区、国际和国家的海洋科学基金比例（2009—2013年）

资料来源：《全球海洋科学报告》问卷，2015年

另一种支持海洋科学的结构基金是全球环境基金（GEF）。该基金成立于1992年的里约地球首脑峰会前夕。通过其战略投资，GEF致力于解决地球上最大的环境问题。该基金是各种机构的合作伙伴，其中包括联合国各机构、多边发展银行、国家实体和国际非政府组织（NGO）。GEF还是五项主要国际环境公约的财务机制：2013年水俣限汞公约，2001年关于持久性有机污染物的斯德哥尔摩公约（POP斯德哥尔摩公约），1994年联合国防治荒漠化公约（UNCCD），1992年联合国生物多样性公约（CBD）以及1992年联合国气候变化框架公约（UNFCCC）。其资助还包括与保护海洋中受威胁的生态系统有关的项目，它的筹资机制以共同筹资为基础，每投入1美元就增加5.2美元[1]。

自成立以来，GEF在“国际水域”重点领域的投资已超过11.5亿美元，这些基金自其合作伙伴那里又另外融资了77亿美元，用于与海洋有关的项目和计划。这项投资促成了各种各样海洋环境成果的诞生，其中包括建造410万平方千米的海洋保护区，但是必须指出的是，只有发展中国家才能获得GEF的投资，发达国家不具备获得GEF财政支持的资格。

科学研究是GEF项目不可分割的一部分，因此很难确定与研究相关的活动可以使用多少总预算财政。然而，GEF本身并不是一个研究计划，它仅仅是资助改善环境管理的研究，并且主要集中于发展中国家（Cabanban，Mee，2012）。

1 全球环境基金，参见http://www.thegef.org。

方框4.1 对国家科学考察船队的投资

许多研究中记录了海洋基础设施（特别是船舶和海洋观测平台）所需的高额投资，其中包括运营和维护，两项平均占据海洋科学总基金的40%～50%［联合规划倡议（JPL），2011；Stemmerik，2003］。据估计，在欧盟当中，国家海洋科学预算的一半用于运营和更新海洋基础设施（欧洲科学基金会，2007）。由于运营和维护科学考察船舶的成本在不断增加，对于支持船载科学、船舶运营机构和海上科学家来说，这将变得越来越有挑战性［欧洲科学基金会，2007；美国国家研究理事会（NRC），2015］。

较高的船舶成本几乎肯定会迫使学术研究船队的规模及使用和行程安排发生重大变化，许多委员会都对此提出问题，例如：美国的大学-国家海洋学实验室系统（UNOLS），联邦机构及其咨询委员会以及一些独立委员会（美国海洋政策委员会，2004；Betzer et al.，2005；McNutt et al.，2005；Collins et al.，2006；UNOLS，2009；NRC，2015）。

科学考察船舶运营的主要费用为船员成本、燃料成本、维护和大修、技术和岸上支持以及消耗品。例如，对于2000—2008年期间的UNOLS船队来说（图4.5），船员和燃料成本是科学考察船总运营成本的两个最大组成部分，约占该期间总运营成本的50%（UNOLS，2009）。

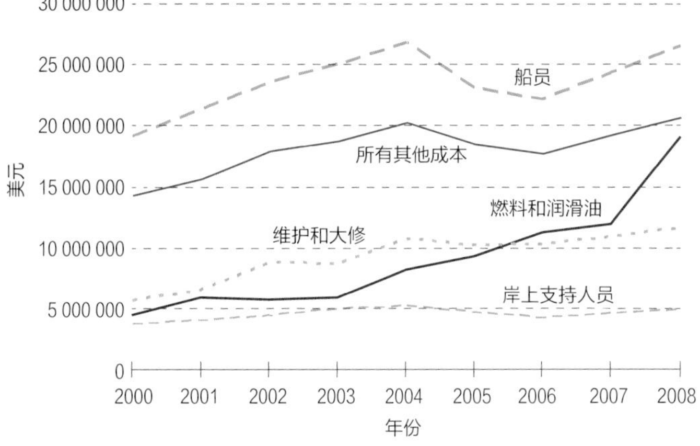

图4.5 2000—2008年期间UNOLS船队的主要成本因素

“所有其他费用”包括食品、保险、设备和供给、差旅、岸上设施支持，间接费用和杂项费用

资料来源：UNOLS，2009年

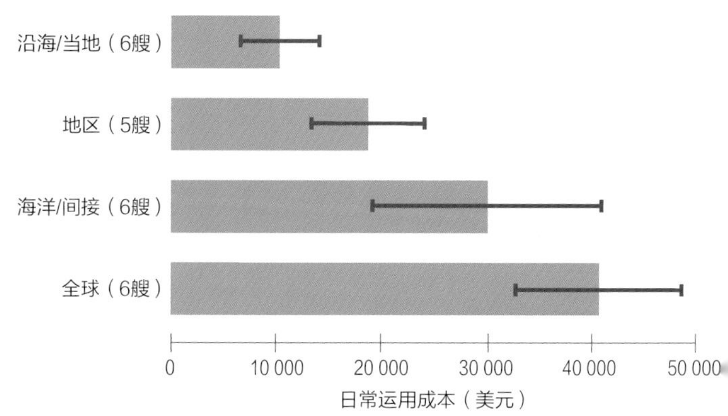

图4.6 2015年UNOLS各级别的科学考察船平均每日运行率

每个级别的船舶数量标注在各级别后面的括号中

资料来源：NRC，2015年

基于船舶的采样、测量和实验是海洋研究的关键组成部分，但其他平台以及自主和遥感技术的进步，对探索海洋科学的许多领域做出了重大贡献（第6章；Wynn et al.，2014）。为了以更少的投资获得更多的数据，预计这一趋势将会有所加速。

目前，其他国家尚未提供船舶数据。卫星对于海洋科学来说也是一项重要的基础设施投资，但收集对卫星投资的数据超出了本报告的范围。

根据科学考察的规模和范围，一艘用于公海研究的科学考察船每年花费在220万～4 000万美元之间（例如：破冰船）（欧洲科学基金会，2007；Stemmerik，2003）。图4.6显示了全球、大洋/间接、地区和沿海/本地船舶每日运行率的变化。全球级和大洋级船舶的高日常运营率表明，进行大型海洋科学考察需要大量的研究基金，特别是在沿海海域之外的主要海洋盆地的研究。

一般而言，科学考察船的使用需要资助［例如，在美国，这可能需要国家科学基金会（NSF）的资助］，以支持进行科学研究所需的工资、供给、差旅和设备的花费。据报道，项目通常都需要船时，但不包括在预算当中（NRC，2015）。

方框4.2 欧洲渔业研究

通过识别和监测野生鱼类种群以及鱼和鱼产品的可追溯性，科技可以为渔业的可持续发展做出重要贡献。近年来，在这方面我们已经取得了一些引人注目的创新，这些创新有可能彻底改变对野生鱼类种群的管理，并在起诉和防止非法、未报告和无管制（IUU）捕捞活动方面取得重大进展［经济合作与发展组织（OECD），2016b］。本案例对连续性的欧盟科技框架计划（FP）在支持渔业研究方面所发挥的重要作用进行了考察。

通过框架计划（FP），从1988—2013年（表4.3），欧盟对渔业研究的投资在框架计划2（FP2）和框架计划7（FP7）之间稳步增加，但是，框架计划7（2007—2013年）下的渔业研究的基金显著减少，相对于框架计划下其他计划的基金总额，框架计划7下的渔业研究得到的基金最少（0.21%）。同样，在获得资助项目的数量上，从框架计划3（FP3）到框架计划6（FP6），得到资助的项目逐渐增多，只有框架计划7再次下降。从每个项目的平均投资来看，框架计划3和框架计划（FP4）稍有下降，框架计划5（FP5）和框架计划6几乎保持不变，框架计划7则开始增加，这也表明研究项目将变得更大。实际上，平均而言，就规模来说，框架计划7的渔业研究项目是框架计划4渔业研究项目的两倍多（Rodriguez，2014）。

根据所涉及的研究项目的主要目标，可以将欧盟框架计划的渔业研究项目按照它们最接近的渔业研究领域进行分类。Rodriguez（2014）根据联合国粮农组织（FAO）渔业研究咨询委员会（FAO，2002）之前制订的计划，把渔业项目划分为6个部分，内容如下：渔业管理、与环境的相互作用、鱼类生物学、社会经济与渔业政策、渔业技术和研究基础设施。图4.7说明了社会经济和渔业政策项目日益增加的重要性以及1988—2013年期间，关注渔业技术和鱼类生物学的项目数量的减少，这表明我们的社会正在向对自然资源的可持续利用方向转变。

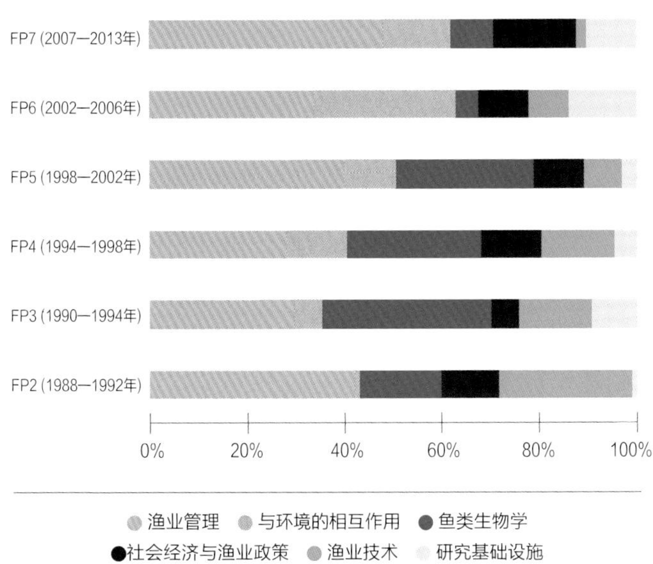

图4.7 执行欧盟框架计划渔业研究项目的主要研究领域的比例（1988—2013年）

资料来源：Rodriguez，2014年

表4.3 FP2至FP7下欧盟渔业研究项目的预算分配

资料来源：Rodriguez，2014年

框架计划（FP）	欧盟框架计划研究预算（$\times10^6$欧元）	欧盟渔业研究预算（$\times10^6$欧元）	分配到渔业研究的百分比（%）	年度分配额（$\times10^6$欧元）	渔业项目的数量	平均项目工期（月）	平均项目成本（$\times10^6$欧元）
FP2 (1988—1992年)	5 357	15.14	0.28	3.03	65	27	0.23
FP3 (1990—1994年)	6 600	22.76	0.34	4.55	30	31	0.76
FP4 (1994—1998年)	13 100	48.16	0.37	9.63	67	34	0.72
FP5 (1998—2002年)	14 960	76.17	0.51	15.23	63	36	1.21
FP6 (2002—2006年)	17 500	92.49	0.53	18.50	71	35	1.30
FP7 (2007—2013年)	50 521	107.131	0.21	15.30	63	35	1.70
合计 (1988—2013年)	108 038	361.79	0.33 (平均)	14.47 (平均)	359	33 (平均)	1.01 (平均)

方框4.3 大型海洋生态系统

全球环境基金（GEF）的资助有助于推动海洋科学的发展，尤其是确定知识差距和提出如何通过国际和区域合作，解决这些差距的措施。例如：

- 全球海洋在概念上被划分为66个大型海洋生态系统（LME），近海沿岸地区的初级生产力普遍高于公海区域。迄今为止，GEF已经支持了23个旨在促进LME可持续治理的项目，而这些项目需要多个国家在跨境资源的海洋治理方面（包括科学）进行战略性的长期合作。
- 截至2016年年底，“国际水域”重点领域已接受投资2.85亿美元，并利用其他LME合作伙伴融资11.4亿美元（GEF秘书处，2016）。
- 未来的筹资战略包括支持区域政策框架内的优先行动和投资，以探索海洋经济的潜力，包括蓝碳恢复、海洋空间规划和经济估值（GEF秘书处，2016）。

4.4 私营部门为海洋科学提供的基金：可能产生的协同作用

私营部门既可以是海洋科学的受益者，也可以直接资助相关的科学和研发项目。作为海洋科学的用户和受益者，许多海洋工业都在使用海洋环境数据，例如，石油和天然气行业、航运公司等成熟行业以及海上风力发电和水产养殖等新兴的高增长行业，这些行业在环境影响和风险评估方面投入了大量资金（欧盟委员会，2013），并且生成和使用海洋数据。但是，应当对成熟行业（例如石油和天然气，航运）和新兴行业加以区分，特别是海上风电行业，预计将在未来几十年得到数千亿美元的投资，它极需要海洋数据来降低风险，并提高这些投资的价值。重要的是，服务和设备供应商必须在研究计划开始时就参与进来，并应关注私营部门和公共部门的其他部门尚未发挥强大作用的市场开发领域（McAleese et al.，2013）。

方框4.4 阿利斯特·哈代爵士海洋科学基金会——国家资金与私人基金来源相结合

在某些情况下，私人基金可以支持海洋研究。阿利斯特·哈代爵士海洋科学基金会（SAHFOS）就是其中一个例子，它是一家运作浮游生物连续记录仪（CPR）勘察的国际慈善机构。CPR是一种浮游生物采样仪器，按照其设计，它需要在商船的正常航线上由商船拖曳，因此，要想通过阿利斯特·哈代爵士海洋科学基金会收集到与物理、化学和生物海洋学以及生态学相关的测量数据，在很大程度上需要依赖与“机会船舶”的合作，其中既包括志愿商业船，又包括科学考察船（2013年有26艘船）。

自1931年以来，SAHFOS一直在收集与北大西洋和北海的浮游生物相关的生物地理学和生态学数据，最近还扩大了其在全球海洋其他地区的工作。尽管在早些时候，这个基金会由私人资金建立，但SAHFOS的工作除了获得“机会船舶”这一“实物”资助外，还获得了直接资助，这些直接资助来自：美国自然环境研究委员会（NERC），英国环境、食品和乡村事务部（DEFRA），美国国家科学基金会（NSF）以及其他7个组织和公司[1]，其中2014年的资助来源包括埃克森·瓦尔迪兹石油泄漏信托基金和尼克森石油公司（图4.8）。2014年的基金来源总额为1 558 537英镑（2013年为2 141 088英镑；2012年为1 758 543英镑）（Johns，Brice，2014，2015）。

1 注：英国南极考察，欧盟，欧洲环境局，加拿大渔业和海洋部，挪威海洋研究所，自然保护联合委员会，北太平洋研究委员会。

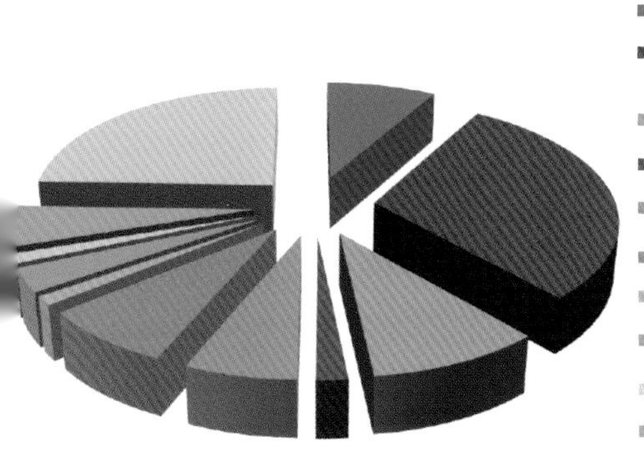

图4.8 2014年SAHFOS基金的主要来源

资料来源：Johns，Brice，2015年

私营部门提供的“实物”支持就是所谓的“机会船舶”，即在海洋上定期航行、收集科学数据的商船。由于包租科学考察船价格昂贵、航行耗时，因此使用航行中的志愿船和海洋采样器即成了一种能够覆盖广阔海洋区域的经济有效的方法。从装有观测设备、反复穿越航行路线的机会船舶上收集数据，通过增加采样的覆盖范围、频率和可重复性以及常规观测，促进海洋科学知识的增长。

实例包括：

- 阿利斯特·哈代爵士海洋科学基金会（方框4.4）；
- 作为欧盟全球海洋观测系统（EuroGOOS）的一部分，在北海和波罗的海航线穿行的机会船舶（渡船）上的自动化仪器包；
- 海洋勘探信托基金，由Robert Ballard博士创立于2008年，致力于纯海洋勘探；许多次科学考察都是由体长64米的研究勘探船（勘探船E/V）“鹦鹉螺”号执行的。

4.5 慈善事业：非营利和私人基金会/机构

慈善事业旨在为他人造福，尤其是通过慷慨捐赠公益事业所做的慈善事业，正在成为推动科学发展的一种越来越重要的财政收入来源。海洋浩瀚美丽，令人敬畏，它有助于吸引慈善资金支持海洋科学。一些专业基金会专注于技术创新以推进现有海洋学的关键技术，并在学术界和更广阔全球社区之间开放和有效地分享新技术、科学信息和研究成果。基金会和慈善机构可以增加国家投资并刺激新举措的产生。尽管公共基金仍然是研究基金的主要来源，但目前尚不清楚这种平衡在未来的变化会有多大或者多快，或者变化的平衡可能意味着什么，之前很少有这方面的研究，因此随着公共基金来源的减少，需要对私人资助的科学，特别是海洋科学，在规模和影响方面进行全面的评估（Spring et al.，2014）。

以下实例都是支持海洋科学的基金会，这些基金会不仅强调了可替代基金来源日益增加的重要性，鉴于国家科学预算的激烈竞争，也表明了基金会对海洋科学的投资如何造就了突破性研究，催化了新的合作和额外的资源以及在过去如何为长期资金和项目开创机遇。尽管与政府支出相比，这些基金会最初的财政支持有限（图4.6），但这种支持的价值，通常会通过其他来源的资助得以充分体现。

4.5.1 大卫和露西尔·帕卡德基金会

帕卡德基金会的保护与科学计划当中包含了一项海洋计划，其中就有对蒙特雷湾水族馆研究所（MBARI）的财政支持（表4.4）[1]。该研究所是一个非营利组织，从事海洋生物学、海洋学、水下地质学和其他类型的海洋研究与技术开发，并且就其研究领域，在科学界和公众中开展教育活动。在过去的50年里，帕卡德基金会在海洋科学中的总投入超过16亿美元，旨在缩小知识差距，改善海洋健康。

表4.4 由帕卡德基金会捐赠的直接慈善费用和MBARI计划的运营费用（美元）

资料来源：帕卡德基金会[1]

年份	2009	2010	2011	2012	2013	2014	2015
美元	50 189	52 162	53 229	52 554	51 404	50 336	51 861

1 大卫和露西尔·帕卡德基金会，参见https//www.packard.org/。

4.5.2 戈登和贝蒂·摩尔基金会

戈登和贝蒂·摩尔基金会的科学计划，旨在通过开发新技术，支持研究型科学家以及为传统科学学科的前沿创造新的合作，来推进基础科学的发展。作为一项海洋科学活动，海洋微生物学倡议（MMI）旨在全面了解海洋微生物群落，包括它们在海洋中的生态作用，它们的多样性、功能和行为以及它们的起源和进化[1]。自2004年以来，在MMI框架内的花费已经超过了2.25亿美元。该基金会发挥重要作用的另一个领域是环境保护，自2004年以来，已有超过2.5亿美元投资于一项侧重海洋保护支持项目和工作组的计划。

4.5.3 阿尔弗雷德·P. 斯隆基金会

阿尔弗雷德·P. 斯隆基金会承诺投入7 800万美元支持海洋生物普查项目，这是一项国际计划，评估海洋生物的多样性、分布和丰富程度（1999—2010年）。该基金会支持了14个海洋生物普查实地项目，帮助评估了当前的海洋种群，建立了一个预测海洋动物种群未来的网络，开发了海洋生物地理信息系统（包含数十万海洋物种的数千万条记录），并支持国际科学普查指导委员会和秘书处、美国国家委员会以及一个教育和外联网络，以提高项目的知名度并与其他国家和组织相互合作。来自80多个国家的2 700名科学家参与了该计划[2]。

海洋生物地理信息系统（OBIS）是作为海洋生物普查[3]的数据集成部分而创建的，该系统整合了各种来源的数据，其海洋主题范围广泛，从极地到赤道，从微生物到鲸类全都包括在内，目前其发展已经超越了其原始范围。OBIS现在是世界上最大的地理参考生物多样性数据的在线存储库。在2009年联合国教科文组织大会上，联合国教科文组织政府间海洋学委员会（IOC-UNESCO）把OBIS纳入其国际海洋学数据和信息交换计划（IODE）之中。在决策者及其服务的国家的支持下，OBIS在IODE下继续成长和壮大，成为海洋生物普查合作的永恒遗产（第6章）。

4.5.4 施密特家族基金会

施密特家族基金会致力于推动清洁能源的开发，并支持更明智地利用自然资源。在此框架内，施密特海洋研究所于2009年成立，为在“佛克”号海洋科学考察船（RV Falkor）上进行海洋科学研究提供机会。施密特家族基金会还支持XPRIZE基金会，该基金会曾在2015年颁发过温蒂·施密特海洋健康XPRIZE奖，奖金高达200万美元。这是一场全球竞赛，来自世界各地的工程师、科学家和创新者团队，以创造新改进的经济实惠的酸碱度（pH）传感器技术对此奖项进行了挑战。目前，该基金会正在支持奖金高达700万美元的贝壳海洋探索XPRIZE奖，此奖吸引了许多团队推进深海技术，以实现自主、快速和高分辨率的海洋勘探[4]。

4.5.5 摩纳哥阿尔贝二世亲王基金会

2006年6月，摩纳哥阿尔贝二世亲王建立了一个基金会，其目标是支持环境保护和促进可持续发展，专注地中海盆地、极地地区和最不发达国家。自成立以来，该基金会已经支持了368个项目，资助金额共计3 730万欧元。2015年，该基金会向27个项目投入了680万欧元；其中122万欧元（占比为18%）分配到了

1 戈登和贝蒂·摩尔基金会，参见https://www.moore.org/。
2 阿尔弗雷德·P. 斯隆基金会，参见https://sloan.org/。
3 海洋生物地理信息系统（OBIS），参见http://iobis.org/。
4 海洋探索XPRIZE奖，参见http://oceandiscovery.xprize.org/。

海洋科学项目，用于解决海洋酸化和开发海洋保护区等问题（摩纳哥阿尔贝二世亲王基金会，2015）。

4.6 展望未来

海洋科学的发展依赖于持续的基金、国际合作以及各种基金来源的支持。《全球海洋科学报告》是国际上首次从国家层面上收集各国政府海洋科学资金情况所做的努力。29个国家就《全球海洋科学报告》问卷调查（2015年）做出了答复，提交了2009—2013年期间的信息，为这项前所未有的评估做出了贡献。尽管在方法上和数据收集方面还存在局限性，但是明确了海洋科学的一些主要趋势。

从《全球海洋科学报告》问卷调查的结果来看，政府对海洋科学的资助仍然有限。海洋科学基金在国家研发资金中所占比例在各国之间差异很大，从小于0.04%到4%之间不等，拥有最多专用海洋科学预算的国家包括：美国，澳大利亚，德国，法国和韩国。与其他科学和研发领域一样，海洋科学在许多国家正面临着日益严峻的可持续性挑战。对五年多来（2009—2013年）趋势的审查发现，某些国家（如阿根廷，智利和日本）海洋科学基金的波动超过50%。

来自不同海事部门（例如，石油和天然气，海上风电，水产养殖）的越来越多的商业参与者，已成为海洋研发和观察计划的直接和间接受益者，某些国家可能倾向增加私人对专门海洋研究计划的投资（例如，由私人资助的博士和博士后研究员职位）。作为基金的其他来源，非营利机构（包括基金会和众筹）正在成为一种新机制，资助已选定的海洋科学计划。然而，在大多数国家，这些非营利机构基金来源可以忽略不计，研究人员的大部分基金仍然依赖于政府机构的拨款。

展望未来，某些国家的科学和研发公共预算压力可能会加剧，这对海洋科学的基金也会产生影响。为了获得长期的机构支持以及使资金来源多样化，海洋科学家需要加大力度，展示投资海洋研究能够带来的较高的、长期的社会价值和经济价值。在许多领域的就业、收入和创新方面，海洋经济已经带来了诸多好处，目前的发展是基于世界各国政府数十年的研发投资。为确保未来的环境可持续性和经济增长，必须确保公共基金和私人基金对持续性的海洋研究的长期支持。

本章提供了有关海洋科学基金的基准信息，可将其作为更有针对性、更加恰当的投资和新能力发展战略的起点，支持案例，确保海洋研究产生最大限度的影响，例如，通过海洋技术和来自政府资助的海事研发项目的知识转让。扩大《全球海洋科学报告》问卷调查的范围以收集更多国家的数据，将有助于进一步完善目前和未来的海洋科学筹资格局。

参考文献

AIMS. 2014. The AIMS Index of Marine Industry. Australian Institute of Marine Science. www.aims.gov.au/publications.html.

Betzer, P., Hayes, D., Knox, R., Mooers, C., Pittenger, R. and Wall, R. 2005. Projections for UNOLS' Future-Substantial Financial Challenges. Narragansett (RI), UNOLS.

Cabanban A. and Mee, L. 2012. IW:Science: Large Marine Ecosystems and the Open Ocean–A global Synopsis of Large Marine Ecosystems and the Open Ocean science and transboundary management. Ontario (Canada), UNU-INWEH.

Collins, C., Gardner, W., McNutt, M. and Ortner. P. 2006. Criteria and Process for Recommending Non-operational Periods of Ships in the UNOLS Fleet: Report of an Ad-Hoc UNOLS Subcommittee. Narragansett (RI), UNOLS.

European Science Foundation. 2007. Position Paper 10 - European Ocean Research Fleets. Strasbourg, European Science Foundation.

European Commission. 2013. Towards European Integrated Ocean Observation – Expert Group on Marine Research Infrastructures, Final Report. Publications Office of the European Union, Luxembourg.

European Structural and Investment Funds. 2015. European Structural and Investment Funds 2014–2020: official text and commentaries. Publications Office of the European Union, Luxembourg.

FAO. 2002. Advisory Committee on Fishery Research (ACFR) 4th Session. Statutes of the Advisory Committee on Fisheries Research. Rome, Italy, 10–13 December. ftp://ftp.fao.org/FI/DOCUMENT/ACFR/ACFR4/Inf4. pdf (Accessed 6 June 2017).

GEF secretariat. 2016. 25 Years of the GEF. GEF Secretariat.

Johns, D. G. and Brice, G. (eds). 2014. SAHFOS Annual Report 2013. SAHFOS, Plymouth (UK), p. 63.

Johns, D. G. and Brice, G. (eds). 2015. SAHFOS Annual Report 2014. SAHFOS, Plymouth (UK), p. 63.

JPI. 2011. Joint Programming Initiative healthy and productive seas and oceans. www.jpi-oceans.eu. (Accessed 6 June 2017)

JPI. 2014. CSA Oceans mapping and preliminary analysis of infrastructures. www.jpi-oceans.eu (Accessed 6 June 2017)

McAleese, L., Hull, S. and Barham, P. 2013. A review of private and public sector marine science and evidence needs, the capability of the UK's private sector marine science and technology sector to meet or support the meeting of those needs, and opportunities for growth. A report for Defra, BIS and the Marine Industries Liaison Group.

McNutt, M., Wiesenburg, D. and Hofmann, E. 2005. UNOLS Ad-Hoc Committee to Address the Impact of Budget Reductions on Fleet Operations. UNOLS.

NRC Committee on Guidance for NSF on National Ocean Science Research Priorities: Decadal Survey of Ocean Sciences; Ocean Studies Board; Division on Earth and Life Studies. 2015. Sea Change 2015–2025 Decadal Survey of Ocean Sciences. National Academies Press.

OECD. 2012. OECD Environmental Outlook to 2050: The Consequences of Inaction. OECS, Paris. http://dx.doi.org/10.1787/9789264122246-en. (Accessed 6 June 2017)

OECD. 2016a. OECD Science, Technology and Innovation Outlook 2016, OECD, Paris. http://dx.doi.org/10.1787/sti_in_outlook-2016- en. (Accessed 6 June 2017)

OECD. 2016b. The Ocean Economy in 2030. Organisation for Economic Co-operation and Development, Paris.

Prince Albert II of Monaco Foundation. 2015. Annual report 2015. Monaco, Prince Albert II of Monaco Foundation.

Rodriguez, S. A. 2014. La investigación pesquera en los programas marco de investigación europeos. PhD Thesis, Universidad de Las Palmas de Gran Canaria.Spring, M., Cooksey, S. W., Orcutt, J. A., Ramberg, S. E., Jankowski, J. E. and Mengelt, C. 2014. Is Privately Funded Research on the Rise in Ocean Science? AGU Fall Meeting Abstracts, Vol. 1, pg. 8.

Steele, A. 2013. Infographic: How much does Science costs? The Conversation. https://theconversation.com/infographic-how-much-does-the-world-spend-on-science-14069. (Accessed 6 June 2017)

Stemmerik, L. and ad hoc Working Group on Marine Research Infrastructure. 2003. European Strategy on Marine Research Infrastructure. Helsinki, Publications of the Academy of

Finland.

UNOLS. 2009. Science at Sea – Meeting Future Oceanographic Goals with a Robust Academic Research Fleet. UNOLS.

US Commission on Ocean Policy. 2004. An Ocean Blueprint for the 21st Century. Washington D.C., US Commission on Ocean Policy.

Wynn, R. B., Huvenne, V. A., Le Bas, T. P., Murton, B. J., Connelly, D. P., Bett, B. J., Ruhl, H. A., Morris, K. J., Peakall, J., Parsons, D. R. and Sumner, E. J. 2014. Autonomous Underwater Vehicles (AUVs): Their past, present and future contributions to the advancement of marine geoscience. Marine Geology, Vol. 352, pp. 451-68.

第5章 研究产能和科学影响

第5章 研究产能和科学影响

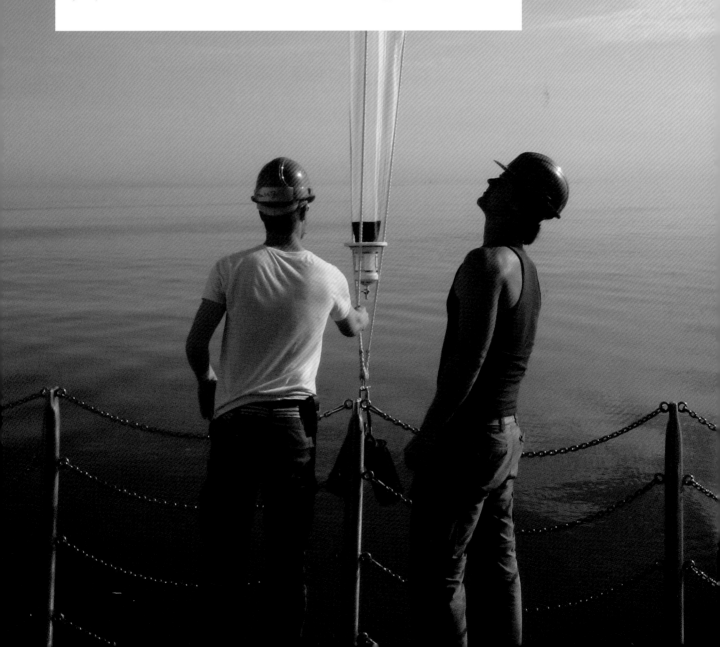

LuisValdés[1]，Youn-HoLee[2]，KirstenIsensee[3]，Martin Schaaper[4]

1 西班牙桑坦德海洋学中心西班牙海洋研究所
2 韩国海洋科学与技术研究所
3 联合国教科文组织政府间海洋学委员会
4 联合国教科文组织统计研究所

Valdés, L., Lee, Y.-H., Isensee, K. and Schaaper, M. 2017. Research productivity and science impact. In: IOC-UNESCO, *Global Ocean Science Report—The current status of ocean science around the world.* L. Valdés et al. (eds). Paris, UNESCO, pp. 98–125.

5.1 通过出版物衡量全球海洋科学

从体现科学知识的科学出版物中，我们可以获得有关知识生产、转让和利用等一些重要信息。文献计量学是运用数学和统计的方法来量化已发表的科学文献（例如论文，书籍和文件等），并创建计量和指标，进行可靠的比较（Pritchard，1969）。文献计量学已经成为一系列方法的通称，旨在量化科学研究的产出水平、合作模式和影响特征［经济合作与发展组织（OECD），2002，2014］。

由于每个文献计量指标衡量的只是基础出版物集的不同方面（Martin，1996；van Leeuwen et al.，2003），因此要想全面了解作者、机构或国家所撰写的文章，文献计量学的文献建议实施一套广泛的度量标准，其可以为科学出版物的许多方面提供指征和信誉。在《全球海洋科学报告》中，一套度量标准从以下四个方面对海洋科学产出进行评估：产量；质量；主题相关性和协作。产量指标试图测量特定时间段内的研究绩效；质量指标试图衡量出版文献对更广范围的科学界的影响；主题相关性指标试图确定各国追求的主要研究领域是否符合联合国可持续发展目标14［“保护和可持续利用海洋和海洋资源以促进可持续发展”（联合国大会，2015）］和蓝色增长（参见第2章“蓝色增长”研究类型）所确定的研究重点和类型；协作指标既要确定国际研究合作伙伴关系出版的知识量，又要确定分享这些知识的主要机构和国际联系。

本章将对通过文献计量指标衡量的全球海洋科学产出进行概述，并按照上述指标描述全球海洋科学的趋势和模式。文献计量数据是根据汤姆森路透的科学网上检索到的海洋科学[1]同行评审的科学文章[2]汇编而成，这些文章在过去5年（2010—2014年）发表过，共计372 852篇[3]。整个海洋科学以及图2.1所示的每一个海洋科学类型都产生了文献计量数据。

5.2 研究绩效的全球分析

5.2.1 科学出版物总产出量：总体数据

表5.1显示的是2010—2014年期间，同行评审的海洋科学文献的全球绩效[4]，衡量指标是全部出版物和被引次数。全球出版物总数量达372 852篇，而同期的被引次数为2 206 429次，欧洲在出版物和被引次数中皆是最大的贡献者，占全球出版物总数的33%，其后依次为亚洲（28%）和北美洲（26%）（图5.1）。

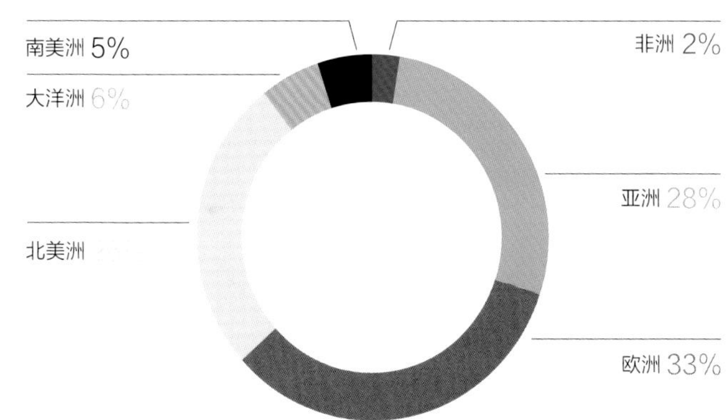

图5.1 各大洲海洋科学文献占全球出版物的比例（附录6）

科学出版物的总数是衡量研究产出的一项指标。美国在海洋科学研究产出方面领先全球，其后依次为中国、英国、德国、法国、加拿大、澳大利亚、日本、西班牙和意大利（表5.1）。

1 海洋科学的定义和文献计量分析考量的类型，可参见第2章第2.1节。

2 同行评审意味着出版的科学内容已经过合格科学家的独立审查，从而科学内容的质量和可信度得到支持。

3 如果提供了英文版的关键词和/或摘要，则用英语以外的其他语言打印的文章也计算在内。有关统计方法的详细说明，请参阅第2章的第2.3.2节。

4 由于与国际合作有关的文献进行了重复计算，国家出版物的总量超过了全球总量。

科学出版物被引用的次数表明其在随后的科学著作中的使用情况，因此，出版物和引用之间的比率，可以说明国家对世界科学贡献的质量和影响。各个国家之间的引用率各不相同，出版物产量最高的研究国家未必引用率最高（表5.1）。一般而言，欧洲和北美国家的倍增因素或影响因素（引用与出版物的比率），高于世界上其他地区各国。有20个国家的影响因素高于7，其中18个是欧洲和北美国家，其他洲总计只有2个（以色列和新加坡）。一个国家参与国际合作的程度会影响其引用率，一般来说，由多个国家的科学家合著的出版物被引用的次数多于同一国家的科学家合著的出版物（Jarić et al.，2012）（另见第5.3.1节）。

表5.1　2010—2014年间各大洲和国家在海洋科学领域发表的论文数量和引用次数（附录6）

大洲	国家	论文（篇）	引用（次）
世界		372 852	2 206 429
北美洲		116 708	925 691
	美国	96 088	801 788
	加拿大	21 073	175 076
	墨西哥	5 278	21 445
	古巴	345	1 607
	巴拿马	341	2 938
	哥斯达黎加	304	1 675
	特立尼达和多巴哥	138	661
	牙买加	81	471
	巴哈马	67	420
	巴巴多斯	54	348
	格林纳达	45	178
	伯利兹	27	220
	危地马拉	27	188
	多米尼克	21	51
	洪都拉斯	20	112
	圣基茨和尼维斯	18	51
	海地	17	110
	多米尼克	9	134
	圣文森特和格林纳丁斯	5	21
	安提瓜和巴布达	3	19
	尼加拉瓜	37	284
	萨尔瓦多	23	135
南美洲		22 258	98 007
	巴西	13 211	51 042
	阿根廷	3 780	18 740

续表5.1

大洲	国家	论文（篇）	引用（次）
	智利	3 577	20 541
	哥伦比亚	998	4 619
	委内瑞拉	553	2 459
	乌拉圭	442	3 613
	秘鲁	407	3 352
	厄瓜多尔	280	1 584
	玻利维亚	116	755
	圭亚那	18	36
	巴拉圭	13	33
	苏里南	11	41
欧洲		149 642	1 033 199
	英国	29 472	271 018
	德国	24 227	218 285
	法国	22 078	196 093
	西班牙	17 826	134 189
	意大利	15 083	106 016
	挪威	9 888	75 613
	俄罗斯	8 816	31 458
	荷兰	8 780	82 639
	葡萄牙	6 606	43 963
	瑞典	6 377	59 111
	丹麦	5 794	55 114
	瑞士	5 299	62 385
	波兰	5 041	21 650
	比利时	5 011	42 834
	希腊	3 531	22 121
	芬兰	3 114	26 942
	奥地利	2 779	26 564
	捷克	2 720	17 410
	爱尔兰	2 272	18 243
	克罗地亚	1 654	6 626
	罗马尼亚	1 652	5 191
	匈牙利	1 045	6 007
	爱沙尼亚	904	5 771
	斯洛文尼亚	858	5 235

5

续表5.1

大洲	国家	论文（篇）	引用（次）
	冰岛	788	6 444
	乌克兰	715	2 939
	塞尔维亚	686	2 608
	保加利亚	677	2 586
	斯洛伐克	595	2 832
	立陶宛	551	2 077
	拉脱维亚	211	555
	卢森堡	205	1 375
	摩纳哥	193	2 192
	马耳他	130	684
	黑山	130	636
	阿尔巴尼亚	109	272
	马其顿	85	265
	白俄罗斯	83	246
	波斯尼亚和黑塞哥维那	61	200
	摩尔多瓦	23	62
	列支敦士登	7	19
	安道尔	5	43
	圣马力诺	2	3
亚洲		123 769	597 174
	中国	57 848	283 431
	日本	20 516	117 333
	印度	12 631	54 753
	韩国	10 688	53 480
	土耳其	6 153	24 358
	伊朗	4 437	16 148
	马来西亚	3 315	13 640
	以色列	2 397	17 881
	泰国	2 323	11 904
	新加坡	2 307	16 935
	沙特阿拉伯	1 831	11 084
	印度尼西亚	1 116	5 725
	巴基斯坦	1 113	3 956
	越南	946	3 715
	菲律宾	730	4 240
	孟加拉国	632	2 749

续表5.1

大洲	国家	论文（篇）	引用（次）
	阿拉伯联合酋长国	453	2 499
	阿曼	323	1 648
	斯里兰卡	276	1 685
	塞浦路斯	243	2 079
	科威特	227	733
	约旦	221	821
	伊拉克	199	642
	黎巴嫩	164	837
	卡塔尔	163	726
	尼泊尔	106	871
	阿塞拜疆	86	213
	格鲁吉亚	86	296
	蒙古	81	548
	也门	79	508
	叙利亚	78	361
	老挝	73	285
	哈萨克斯坦	72	252
	亚美尼亚	70	305
	文莱	66	365
	乌兹别克斯坦	60	248
	柬埔寨	59	348
	巴林	43	207
	缅甸	31	142
	马尔代夫	27	139
	吉尔吉斯斯坦	26	210
	塔吉克斯坦	18	39
	土库曼斯坦	7	30
	朝鲜	7	49
	阿富汗	5	22
	不丹	4	34
非洲		11 472	60 648
	南非	3 979	26 526
	埃及	2 063	8 234
	突尼斯	1 355	6 207
	尼日利亚	604	1 670
	摩洛哥	545	3 151

续表5.1

大洲	国家	论文（篇）	引用（次）
	肯尼亚	542	3 920
	阿尔及利亚	493	1 775
	坦桑尼亚	300	1 878
	加纳	218	1 031
	埃塞俄比亚	203	1 199
	塞内加尔	185	1 129
	喀麦隆	167	723
	乌干达	154	915
	马达加斯加	138	1 044
	毛里求斯	100	655
	津巴布韦	94	388
	塞舌尔	88	609
	贝宁	87	265
	科特迪瓦	86	270
	莫桑比克	82	751
	利比亚	82	303
	纳米比亚	80	590
	博茨瓦纳	61	174
	苏丹	53	274
	马拉维	51	220
	赞比亚	51	272
	布基纳法索	50	328
	佛得角	41	386
	加蓬	37	292
	安哥拉	33	133
	刚果	32	210
	毛里塔尼亚	31	177
	尼日尔	30	240
	刚果民主共和国	29	260
	马里	27	273
	几内亚	19	163
	布隆迪	17	35
	厄立特里亚	16	161
	卢旺达	16	67
	多哥	15	48
	斯威士兰	13	79

续表5.1

大洲	国家	论文（篇）	引用（次）
	塞拉利昂	10	95
	乍得	9	49
	科摩罗	9	56
	冈比亚	7	72
	几内亚比绍	7	49
	中非	5	31
	吉布提	4	45
	利比里亚	3	8
	莱索托	3	13
	圣多美和普林西比	1	6
大洋洲		25 072	205 383
	澳大利亚	20 937	174 009
	新西兰	4 818	40 114
	斐济	155	846
	巴布亚新几内亚	68	724
	所罗门群岛	28	236
	帕劳	26	130
	瓦努阿图	24	162
	库克群岛	20	147
	密克罗尼西亚联邦	20	65
	汤加	5	68
	马绍尔群岛	5	35
	图瓦卢	4	7
	基里巴斯	4	9
	萨摩亚	3	4
	纽埃	2	6
	瑙鲁	1	4

注：对于相对引用分数小于30分或相对影响因素小于30分的国家，不计算相对引用平均值（ARC）和相对影响因素平均值（ARIF）（参见方法表）。同样，HCP 1%和HCP 10%（这些需要至少30个相对影响因子）的国家也不计算ARC和ARIF。当其中一个阶段（2010—2011年或2013—2014年）中不包含任何文章，则不会计算增长率（GR）。绿色表示绩效在世界水平以上，红色表示绩效在世界水平以下。

资料来源：Science-Metrix公司根据科学网（WoS）数据计算所得（汤姆森路透）

科学出版物在使用和渗透性上存在不对称性；一些国家对研究做出了重大贡献，而其他国家则影响力较小或贡献微不足道。然而值得注意的是，中国、巴西和印度的引用数量似乎少于出版物数量，两个指标之间相对减少的规模也表明了这一点，而美国、德国、英国和法国在引用数量方面的影响大于在出版物数量方面的影响。

5.2.2 新兴的科学国家

海洋科学格局正在发生变化。表5.2显示的是按出版物总量排名前40位的国家。出版物总量与时间呈函数关系，所选定三个五年时间段分别为：2000—2004年、2005—2009年和2010—2014年。虽然出版物的绝对值在持续增加，但传统科学强国（如美国、英国、法国、德国和其他国家）发表的论文比例一直在下降，与此同时，中国的出版物数量大幅增加，在研究产出量方面，世界排名第二，巴西、印度和韩国的研究产量也在增加，而日本、俄罗斯和荷兰在同一时期的全球排名则下降了4～5个位置（表5.2）。

2010—2014年间，葡萄牙和土耳其的排名有所上升，并进入了前20名。在过去15年中，伊朗和马来西亚在全球排名中的位置也有所上升，分别攀升了13个和7个位置。与此同时，一些国家的出版物所占份额有所下降，特别是芬兰和爱尔兰等一些欧洲国家，此外，以色列和新西兰的科学绩效也有所下滑。

即使只保持排名的位置，也需要做出额外的努力，因为各国必须增加其出版物的总产出量。例如，大多数欧洲国家和西方国家在2000—2014年期间保持着稳定的出版物份额，在此期间仅上下波动一个或两个位置，然而，为了保持它们的排名，在所述的每个时期，它们的文章数量都增加了约35%。

总之，中国、伊朗、印度、巴西、韩国、土耳其和马来西亚在上述三个时期内的相对增长表现最为强劲。然而，这些国家，除中国外，仍远未达到顶端的位

表5.2 2000—2004年，2005—2009年，2010—2014年期间海洋科学出版最多的前40个国家的排名

蓝色-排名升高，灰色-排名降低；附录6

2000—2004年		
国家	排名	论文数量（篇）
美国	1	66 786
英国	2	19 323
日本	3	16 469
德国	4	14 099
加拿大	5	13 535
法国	6	12 727
中国	7	11 213
澳大利亚	8	10 094
西班牙	9	7 916
意大利	10	7 888
俄罗斯	11	6 175
荷兰	12	5 021
挪威	13	4 928
印度	14	4 104
巴西	15	3 813
瑞典	16	3 798
丹麦	17	3 312
韩国	18	2 905
新西兰	19	2 843
墨西哥	20	2 774
比利时	21	2 615
瑞士	22	2 339
土耳其	23	2 043
葡萄牙	24	2 011
波兰	25	1 984
以色列	26	1 962
芬兰	27	1 961
南非	28	1 907
希腊	29	1 818
阿根廷	30	1 693
奥地利	31	1 364
智利	32	1 327
爱尔兰	33	966
捷克	34	960
新加坡	35	910
泰国	36	743
埃及	37	655
马来西亚	38	375
伊朗	39	336
沙特阿拉伯	40	208

注：前40名国家的选择基于它们在2010—2014年期间的出版物产出量

资料来源：Science-Metrix公司根据科学网数据计算所得（汤姆森路透）

续表5.2

2005—2009年		
国家	排名	论文数量（篇）
美国	1	81 723
中国	2 (+5)	28 325
英国	3 (−1)	23 342
日本	4 (−1)	19 336
德国	5 (−1)	18 048
加拿大	6 (−1)	17 646
法国	7 (−1)	16 685
澳大利亚	8	14 154
西班牙	9	12 009
意大利	10	11 023
巴西	11 (+4)	8 052
印度	12 (+2)	7 600
挪威	13	7 134
俄罗斯	14 (−3)	7 047
荷兰	15 (−3)	6 443
韩国	16 (+2)	5 865
瑞典	17 (−1)	4 666
葡萄牙	18 (+6)	4 367
土耳其	19 (+4)	4 314
丹麦	20 (−3)	3 922
墨西哥	21 (−1)	3 805
比利时	22 (−1)	3 668
新西兰	23 (−4)	3 617
瑞士	24 (−2)	3 533
波兰	25	3 502
希腊	26 (+3)	2 948
阿根廷	27 (+3)	2 569
南非	28	2 525
芬兰	29 (−2)	2 307
以色列	30 (−4)	2 197
智利	31 (+1)	2 125
奥地利	32 (−1)	1 948
捷克	33 (+1)	1 798
伊朗	34 (+5)	1 650
泰国	35 (+1)	1 627
爱尔兰	36 (−3)	1 447
新加坡	37 (−2)	1 430
埃及	38 (−1)	1 086
马来西亚	39 (−1)	924
沙特阿拉伯	40	313

续表5.2

2010—2014年		
国家	排名	论文数量（篇）
美国	1	96 088
中国	2	57 848
英国	3	29 472
德国	4 (+1)	24 227
法国	5 (+2)	22 078
加拿大	6	21 073
澳大利亚	7 (+1)	20 937
日本	8 (−4)	20 516
西班牙	9	17 826
意大利	10	15 083
巴西	11	13 211
印度	12	12 631
韩国	13 (+3)	10 688
挪威	14 (−1)	9 888
俄罗斯	15 (−1)	8 816
荷兰	16 (−1)	8 780
葡萄牙	17 (+1)	6 606
瑞典	18 (−1)	6 377
土耳其	19	6 153
丹麦	20	5 794
瑞士	21 (+3)	5 299
墨西哥	22 (−1)	5 278
波兰	23 (+2)	5 041
比利时	24 (−2)	5 011
新西兰	25 (−2)	4 818
伊朗	26 (+8)	4 437
南非	27 (+1)	3 979
阿根廷	28 (−1)	3 780
智利	29 (+2)	3 577
希腊	30 (−4)	3 531
马来西亚	31 (+8)	3 315
芬兰	32 (−3)	3 114
奥地利	33 (−1)	2 779
捷克	34 (−1)	2 720
以色列	35 (−5)	2 397
泰国	36 (−1)	2 323
新加坡	37	2 307
爱尔兰	38 (−2)	2 272
埃及	39 (−1)	2 063
沙特阿拉伯	40	1 831

5

置，排名的顶端仍旧由美国、加拿大、澳大利亚和欧洲国家（英国、德国、法国、西班牙和意大利）占据。

整个中东地区的科学研究蓝图也开始发生了变化，在伊朗和沙特阿拉伯等中东国家，它们的海洋科学承担了许多重要的新任务。例如，沙特阿拉伯从2000—2005年期间的208种出版物，增长到2010—2014年期间的1 831种，就全球海洋科学出版物数量来说，其成为数量增长最快的国家。

其他文献计量分析也报告了类似的趋势，例如渔业科学（Aksnes，Browman，2015），物理学（Wilsdon，2008）或整体科学［联合国教科文组织（UNESCO），2010，2015；英国皇家协会，2011］。中国、巴西、印度、土耳其、伊朗、沙特阿拉伯等国家宣称，研究是公共优先事项，它们在研发上的支出增长速度与欧洲国家不相上下[1]（Wilsdon，2008），并加大在环境技术方面的投资（环境技术与诸如气候变化、水和食物等全球性的挑战密切相关），从而提升了整体科学绩效［经济合作与发展组织（OECD），2010］。

5.2.3 科学建设：经济和科学财富

自古以来，人们就已经认识到知识与财富之间的联系，然而，这种联系在现代世界中如何运作仍然是一个敏感的政治问题。人们普遍接受的一种原则是：为了实现长期的和可持续的经济增长，在教育、研究和开发方面的支出，对于开展大量创新研究至关重要。

为了理解这种联系在海洋科学中的作用原理，将科学效率（产出量——出版物和引用率——作为投资回报的衡量标准）与国内生产总值（GDP）和“财富强度”指标（人均GDP，GDP百分比和研发投资）进行比较十分有用。表5.3显示的是表5.2比较组中40个国家的测试变量的皮尔森相关系数（r^2），图5.2显示的是表5.3中用灰色标明的数据相关性。

财富强度指标（GDP，投入研发的GDP百分比和研发支出）均与已发布的文件总数呈正相关，出版活动水平高的国家，其国民经济（即GDP）也较强，研发支出同样也比较高。

国家科学引用强度也与国家财富强度（GDP）和研发支出相关，但与GDP投入研发的百分比无关。原因是，如果GDP很低，那么即使GDP投入研发的比例很高，对科学的绝对投资也是有限的。因此，就本分析而言，对研发的实际投资似乎是一个更合适的比较指数（即使我们无法专门获得海洋研究的支出数额；参见第4章）。

表5.3 不同经济指标和文献计量指标之间的皮尔森相关系数矩阵（r^2）

	出版物	引用	影响（引用/出版物）
国内生产总值（国家财富）	0.952**	0.859**	0.001⁻
人均国内生产总值	0.016⁻	0.064⁻	0.717**
国内生产总值在研发中的占比（%）	0.952**	0.071⁻	0.318*
研发支出	0.895**	0.859**	0.011⁻

注：无显著性，* *P* <0.01，** *P* <0.001；2013年经济指标（世界银行）；2010—2014年期间的文献计量指标（Science-Metrix）。

资料来源：统计研究所（UIS）（GDP），2015年

1 中国大幅增加了研发投资，自1999年以来，其研发支出以每年近20%的速度增长，并在2014年达到了3 680亿美元购买力平价（PPP）［UNESCO 统计研究所（UIS）数据库-2017年3月7日访问：http：// uis.unesco.org/en/country/ cn? theme = science-technology-and-innovation］，而印度每年大约培育出250万名信息技术（IT）、工程和自然科学毕业生（Wilsdon，2008）。

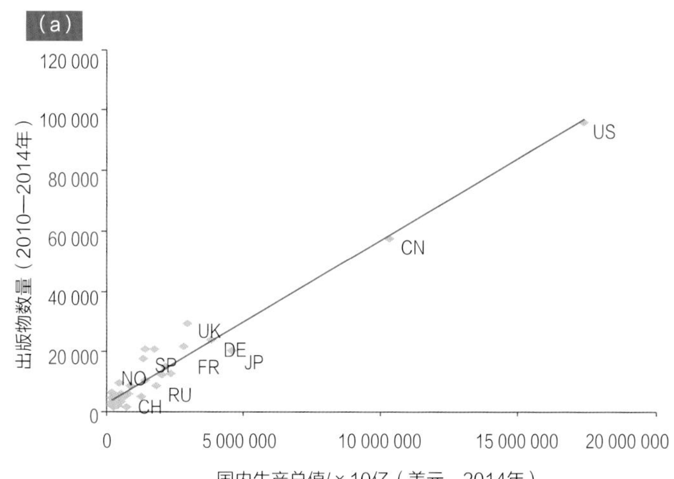

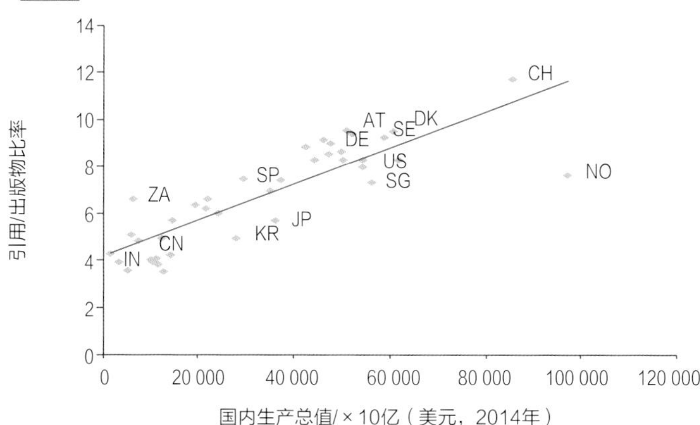

图5.2　经济财富和科学财富的比较

（a）国家科学出版物产出量与各国GDP之比为国家财富强度的指标。（b）引用率，即国家出版物与各国人均GDP的比率为个人财富强度的指标。图中所示仅为比较组中的40个国家的数据（见表5.2；附录6）。国家代码根据ISO 3166双字母代码alpha-2显示

资料来源：统计研究所UIS（GDP），2015年

人均GDP高的中小型国家，其引用影响也高（图5.2），例如瑞典、丹麦、奥地利、英国，尤其是瑞士[1]在这一指标上表现强劲。尽管中国和印度都是大国，它们的GDP排名分别为世界第二和第九，但这两个国家的人均GDP都很低，而且引用影响也不大。

科学绩效与经济相关的原因有好几个方面。首先，研究条件优良和生活条件优越的国家，在吸引和留住有才华的科学家方面，可能更具吸引力或竞争力。Van Noorden（2012）发表的一份报告显示，12%的中国科学家和37%的印度科学家已移民到英国、美国和澳大利亚，此外，来自包括巴基斯坦、孟加拉国和约旦在内的其他亚洲国家的许多研究人员和科学家，也正纷纷移民到其他大陆（Van Noorden，2012）；其次，排名较低的国家，包括来自亚洲、非洲和南美洲，它们的许多研究机构通常都集多项“任务”于一身（例如评估，管理，教育，报告等），而这些任务并非全部以在科学出版物上发表为导向；再次，顶尖研究人员取得的杰出成就吸引了年轻人才，从而导致了一个吸引年轻人才进入北美或欧洲的反馈过程，而美国或欧洲的研究人员移民到其他大陆的动机则较小。

在此提出的推理并非全新的观点，早期的工作证据表明，优良的国家研究条件为创新创造了机会，并最终也为生产力和经济增长以及其他社会效益（即国家的整体发展）创造了机会（Bell et al.，2014）。这种关系非常简单明确：每位研究人员可获得的资源越多，就越有可能创造更多的被认为是开创性的研究成果，并被相应地引用。

由于通过拨款、补贴和贷款等方式获得的直接公共基金，仍然是支持海洋科学研发的主要形式，有竞争力和基于绩效的计划受到越来越多的青睐，因此更好地了解影响研究产出数量和质量的因素，对决策者来说尤为重要（见第4章）。在海洋科学绩效方面，最成功的国家往往是那些为每位研究人员提供更多财政资源的国家，其与人均GDP呈函数关系。

总体而言，研究绩效会随着经济财富的增加而增加，加大GDP在研发上的投入，可以增强研究和技术能力，并提高整体科学绩效。具有全球影响力的高引用科学文章的产生，与健康的科学研究环境（取决于顶级研究人员的招聘和留住以及设备和设施的获得）和经济财富的支持密不可分。

1　虽然瑞士是一个内陆国家，但在海洋科学绩效方面表现良好。除了瑞士本国的学术机构在海洋科学方面的研究以外，许多国际地球科学组织都在瑞士设有总部。

5.3 研究概况

5.3.1 按海洋科学类型划分的国家和地区海洋科学专业化模式

各国政府、管理人员和科学家需要根据可靠的指标，来了解本国研究概况的学科优势和劣势，以便进行国际比较，为此，我们将“海洋科学”划分为7种类型：“海洋生态系统功能和变化过程”“海洋与气候”“海洋地壳和海洋地质灾害”“蓝色增长”“海洋健康”“人类健康与福祉”和“海洋技术与工程”，外加一个与海洋科学所有类型均相关总主题：“海洋观察和海洋数据”（有关每个类型内容的详细信息，请参阅第2章）。我们使用专业化指数（SI）作为衡量标准，此标准可以通过对比一个国家出版物总量中海洋科学类型所占的份额，与世界出版物总量中每个类型所占的份额，概述一个国家的专业化研究情况。

这种国家和学科的分类过程产生了一个庞大的数据库，但它可以通过蛛网图或放射状图以压缩的形式呈现出来。海洋科学每个类型的专业化指数被标准化为世界专业化指数（World = 1），蛛网图可以使比较变得更容易，并提供可视化参考。图5.3的结果显示，五大洲（美洲分为北美洲和南美洲）以及每个国家，在2010—2014年研究阶段，至少有300种出版物，而斐济群岛除外（尽管只有155种出版物，但仍然在大洋洲排名第3）。

就各国科学学科的相对专业化而言，根据图5.3，各国之间存在着一些明显的不对称性。传统的科学强国（美国、英国、德国、法国、加拿大和澳大利亚）在其个别学科研究概况中，模式相当均衡并且相对统一，这些国家在“海洋生态系统功能和变化过程”和“海洋与气候”这两个类型中的专业化指数略高，日本和俄罗斯在“海洋地壳和海洋地质灾害”方面的研究表现突出，而中国则专攻“海洋技术与工程”方面的研究。

在过去的5年间，各国研究重点出现了一些新的趋势，有关科学出版物的一些数据反映出了这些研究重点，但跨学科的分类往往不够详细，例如，“蓝色增长”已经成为一个重要的研究主题，但相关研究却分散在多个部门（旅游、水产养殖、渔业等），一些欧洲国家似乎专攻“蓝色增长”这一新的海洋科学类型的研究（例如，挪威和西班牙，这可能与对渔业研究的关注有关）。英国、德国和法国在“海洋与气候”方面表现出强劲的实力，而俄罗斯、意大利和荷兰则专注于“海洋地壳和海洋地质灾害”方面的研究。

相比之下，亚洲的几个国家（即中国、韩国和伊朗）则在“海洋技术与工程”方面表现更为强劲，但在“海洋生态系统功能和变化过程”以及“海洋与气候”方面表现欠佳；马来西亚在“蓝色增长”“海洋健康”和“人类健康与福祉”等方面表现出强大的专业性；印度和日本专攻“海洋地壳和海洋地质灾害”的研究，并在其他类型中的表现相对平衡；以色列的科学产出量在所有类型中都表现得相当均衡。

在研究的8个非洲国家中，有6个国家在“人类健康与福祉”的研究方面显示了非常高的专业化指数，相比之下，这些国家在“海洋技术与工程”方面普遍缺乏专业知识。肯尼亚和坦桑尼亚在“人类健康与福祉”方面表现最好，并且在“蓝色增长”方面也表现强劲；尼日利亚最专注于研究“海洋健康”，但在“人类健康与福祉”方面也很强势；相比之下，摩洛哥在“海洋地壳和海洋地质灾害”中的表现更为明显，其他类型的研究非常均衡；南非在各个类型的研究概况中的表现相对均衡和统一，但在“海洋生态系统功能和变化过程”方面的专业化指数略高；埃及、突尼斯和阿尔及利亚在“人类健康与福祉”研究方面实力强大，阿尔及利亚在“海洋技术与工程”方面也表现出优势。

在北美洲，20个国家中有7个国家在研究期间的海洋科学方面的出版物达300余种，并且这7个国家都在“海洋生态系统功能和变化过程”方面表现良好。美国和加拿大同时还专注于“海洋与气候”和“海洋观察和海洋数据”方面的研究；墨西哥、古巴和哥斯达黎加在“人类健康与福祉”以及“蓝色增长”方面的表现均高于平均水平。

比较南美洲8个国家，全都在“海洋生态系统功能和变化过程”的研究方面表现尤为突出，但在“海洋与气候”方面却表现较弱（秘鲁除外）。秘鲁和厄瓜多尔在“蓝色增长”“人类健康与福祉”以及“海洋健康”等方面也取得了不错的成绩。

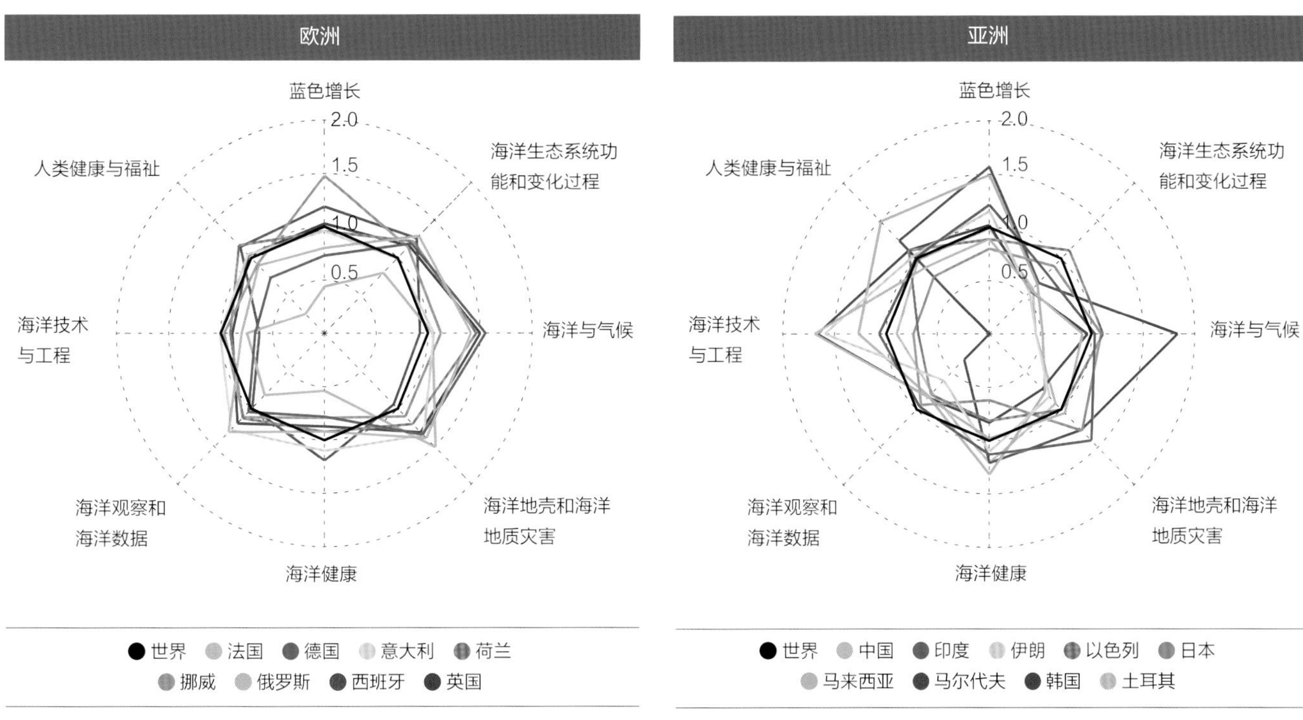

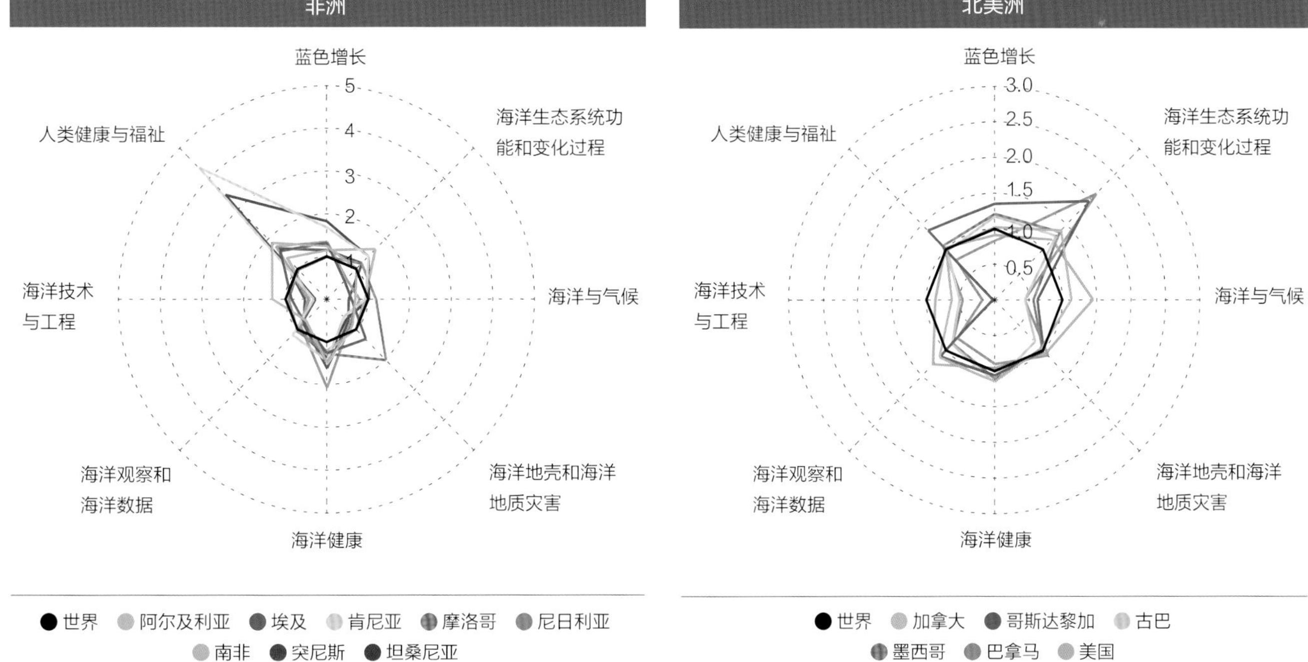

图5.3　不同海洋科学类型的国家优势

蜘网图显示的是与世界相比，在2010—2014年研究期间，至少有300个出版物的各国专业化指数（SI）（关于斐济的讨论，见第5.2.1节；附录6）

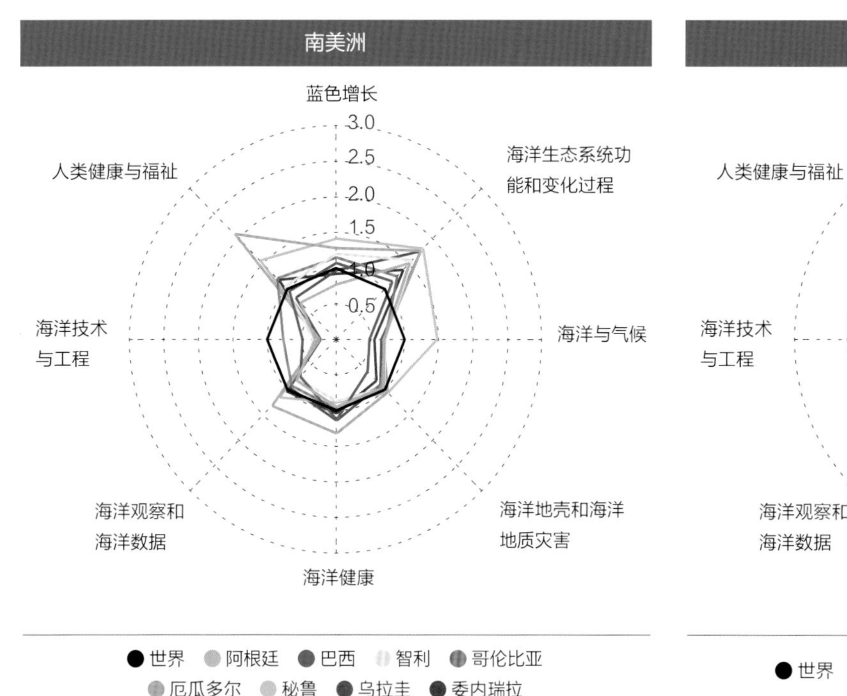

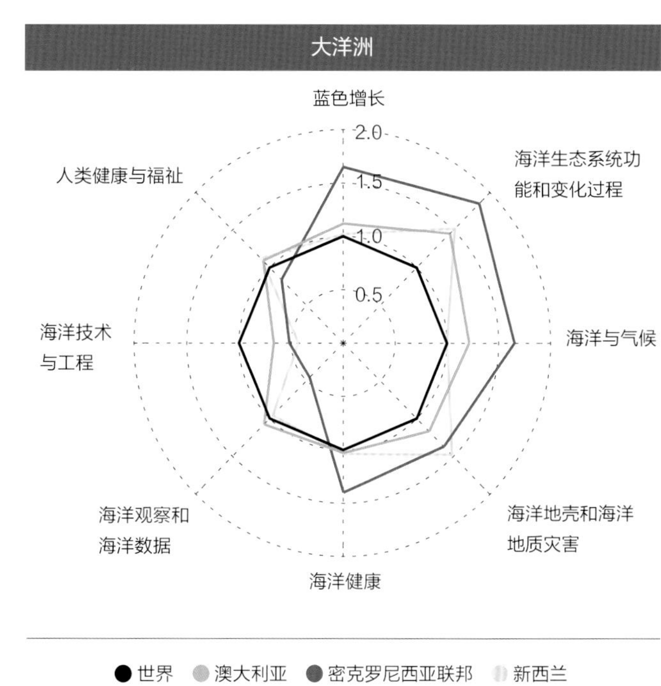

续图5.3

最后，位于大洋洲的澳大利亚和新西兰在每个类型的专业化指数中的表现都相当均衡。与“海洋技术与工程”等其他领域相比，澳大利亚似乎在“海洋生态系统功能和变化过程”以及“海洋与气候”领域更加擅长。与其他领域相比，如“海洋地壳和海洋地质灾害”领域，新西兰在“海洋技术与工程”领域稍有欠缺。斐济在几个类型中都有优良表现，这些领域包括“蓝色增长”“人类健康与福祉”以及“海洋技术与工程”领域。但必须指出的是，这些指数是在研究期内根据非常少的出版物（155份文件）计算得出的；此外，南太平洋大学（该地区的主要研究机构之一）的主校区位于斐济，但由该地区的12个成员国政府共同拥有。

研究出版物概况清楚地说明了各国之间在研究领域方面的多样性，并可能反映了各国不同的科学研究重点和需求。在综合分析中通常看不到这种差异（例如，将海洋科学只分为3个或4个类型），因此这种分类方法有助于清楚地了解各国开展的不同活动和各国的研究概况，并进行国际比较。面临的挑战是如何借助于科学共同语言、文化相似性或地理邻近性等沟通优势，运用这些信息来传播知识和技术，并创造新能力。

5.3.2 各国在按照类型划分的海洋科学中的位置分析

为了更清楚地展示各国的综合实力，我们采用了位置分析方式，这种分析方式将三种独立的指标［论文数量，专业化指数（SI）和相对引用的平均值（ARC）］进行结合，用于解释并比较各国在海洋科学各个类型中的优势和劣势。横坐标（横轴）对应于SI，纵坐标（纵轴）对应于ARC，图中气泡的大小与出版物的数量成正比。世界水平位于轴线上，第二和第三象限中的气泡的专业性低于世界平均水平，而第三和第四象限中的气泡的ARC分值低于世界ARC（有关统计方法的详细说明，请参阅第2章第2.3.2节）。我们对表5.2对照组中40个国家的海洋科学整体表现进行了比较，结果见图5.4。此外，为了使不同类型之间的

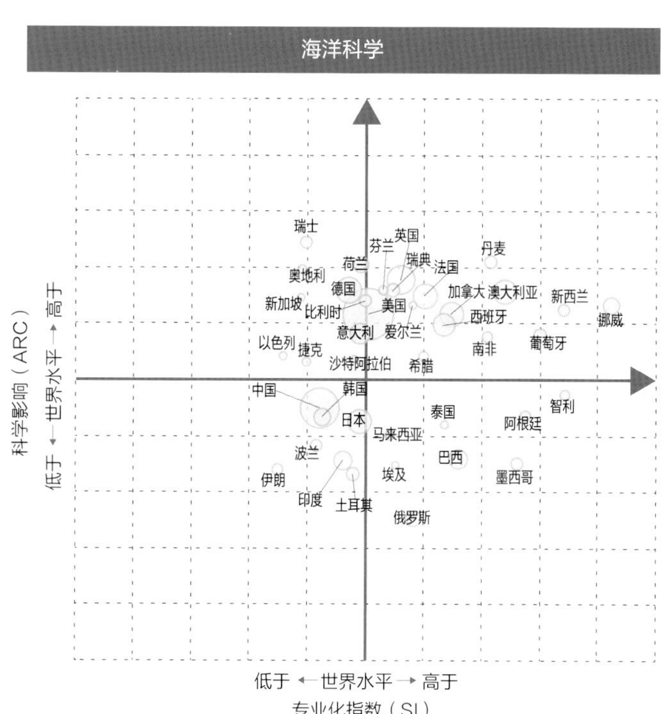

图5.4　2010—2014年海洋科学产出比较组40个国家的位置分析
气泡的大小与研究期间该国的出版物数量成正比（国家代码按照ISO 3166三字母代码显示，αlpha-3标注；附录6）

比较更加丰富，我们选用的是在每个类型中出版物排名最高的前40个国家，结果如图5.5所示（整个分析中一共对比了45个国家）。

总体而言，根据各国海洋科学的位置分析，各国的分布并未显示有多大的分散性，因为大多数国家都靠近这两个轴的中心（图5.4）。这是因为本图表明的是国家的平均位置，因此无法看出每个国家的贡献以及每个海洋主题类型的专业化程度。该图对比较图5.5所示的各国的相对位置非常有帮助。

“海洋生态系统功能和变化过程”类型可能是海洋科学中最经典的研究课题，各国在图中的分布表明，第一象限被北美和欧洲以及澳大利亚、新西兰和南非等有着悠久海洋科学传统的国家占据（图5.5）；第二象限主要由拉丁美洲国家（巴西、阿根廷、智利和墨西哥）组成，这些国家在专业化方面表现优异，但引用率较低；在第三象限，可以发现大多数是亚洲和阿拉伯国家。

尽管“海洋与气候”和“海洋生态系统功能和变化过程”之间的研究主题具有相似性，可能会在分析中产生很高的自相关，但这些图表显示，各国在相对位置上几乎没有重合度，它支持了《全球海洋科学报告》对海洋科学类型的描述。在“海洋与气候”这一类型中，40个被分析的国家中，大多数分布在第一和第三象限之间（图5.5）。根据调查结果，金砖四国（巴西、俄罗斯、印度和中国）没有一个国家在全球范围内对“海洋与气候”的研究具有特别的影响力。此外，从该研究类型的位置分析中可以看出，伊朗、埃及和土耳其表现较差。

关于“海洋健康”这一类型，40个被分析的国家中，有30个国家的专业化水平高于世界平均水平，在污染、外来物种和人类活动造成的其他影响等研究领域表现良好。然而，SI值最高的国家，出版物数量适中，在图中显示的气泡尺寸较小（图5.5）。大多数工业化国家，都是重要的化学工业所在地（如德国、荷兰、英国、瑞士、美国、日本和中国），尽管文献众多，并且就文献影响率来说，其中一些国家还是最有影响力的国家之一，但是在这一类型中排名低于世界平均水平。

“人类健康与福祉”这一类型的位置分析显示，40个国家中有39个国家的SI值高于或接近世界平均水平。事实上，各国的分布向右偏移，第三和第四象限里的这一类型的气泡比任何其他类型更接近Y轴的中心（图5.5）。肯尼亚的SI得分最高，突尼斯、埃及和沙特阿拉伯的SI得分也很高，肯尼亚在这一类型的引用率方面也具有相当不错的影响力。

就“蓝色增长”这一类型来说，第一象限和第二象限由小型和中型气泡组成，可能因为这是一个新兴的领域，或者因为蓝色增长是跨越多个领域的广泛概念。由于旅游、水产养殖和渔业是“蓝色增长”的一部分，因此作为内陆国家，瑞士和奥地利这两个发达国家在这一类型中SI最低（图5.5）是可以理解的。另一方面，罗马尼亚的ARC表现最差。

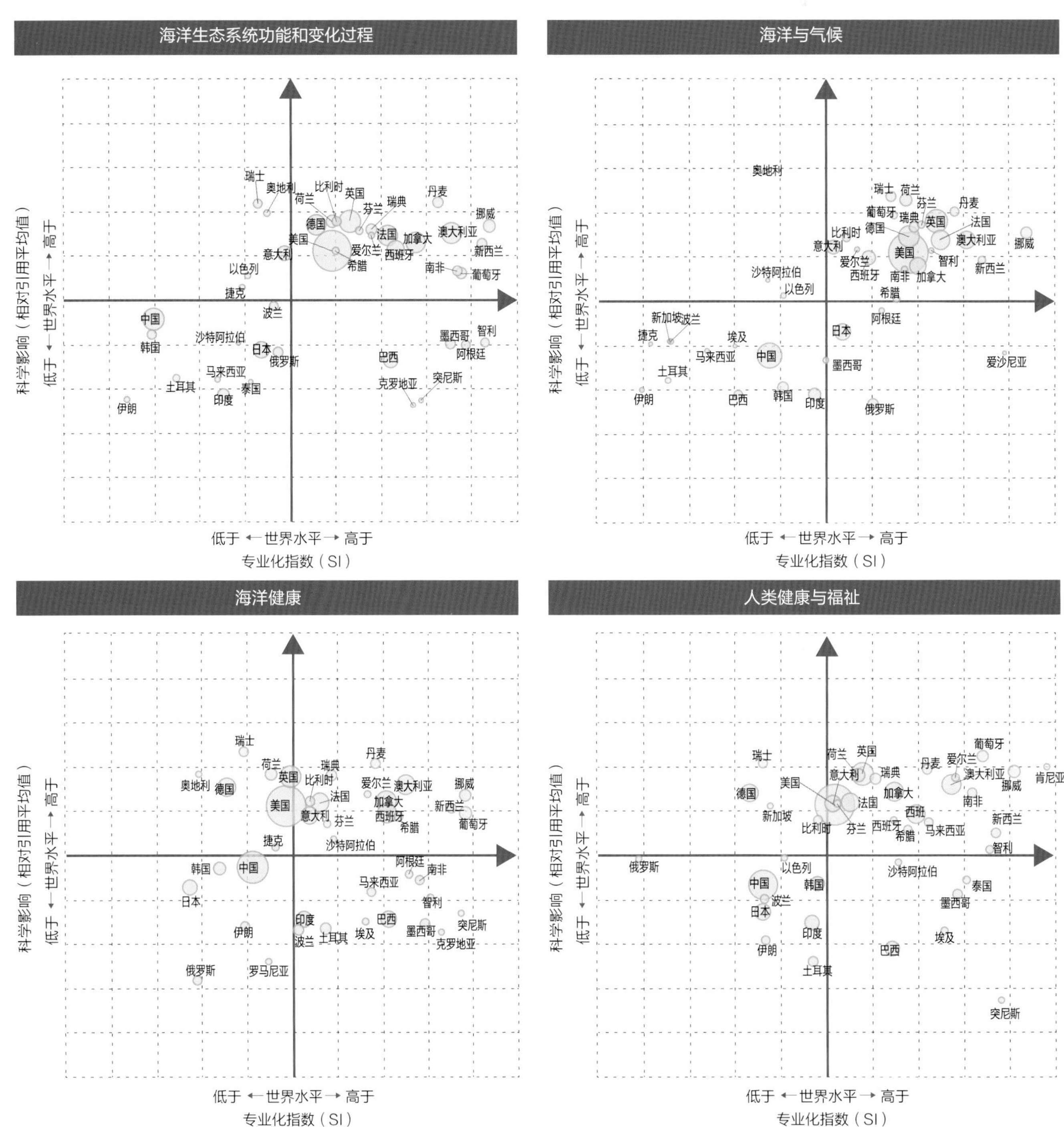

图5.5　8个海洋科学类型的位置分析

气泡的大小与该国在研究期间的出版物数量成正比（国家代码按照ISO 3166三字母代码、αlpha-3标注；附录6）

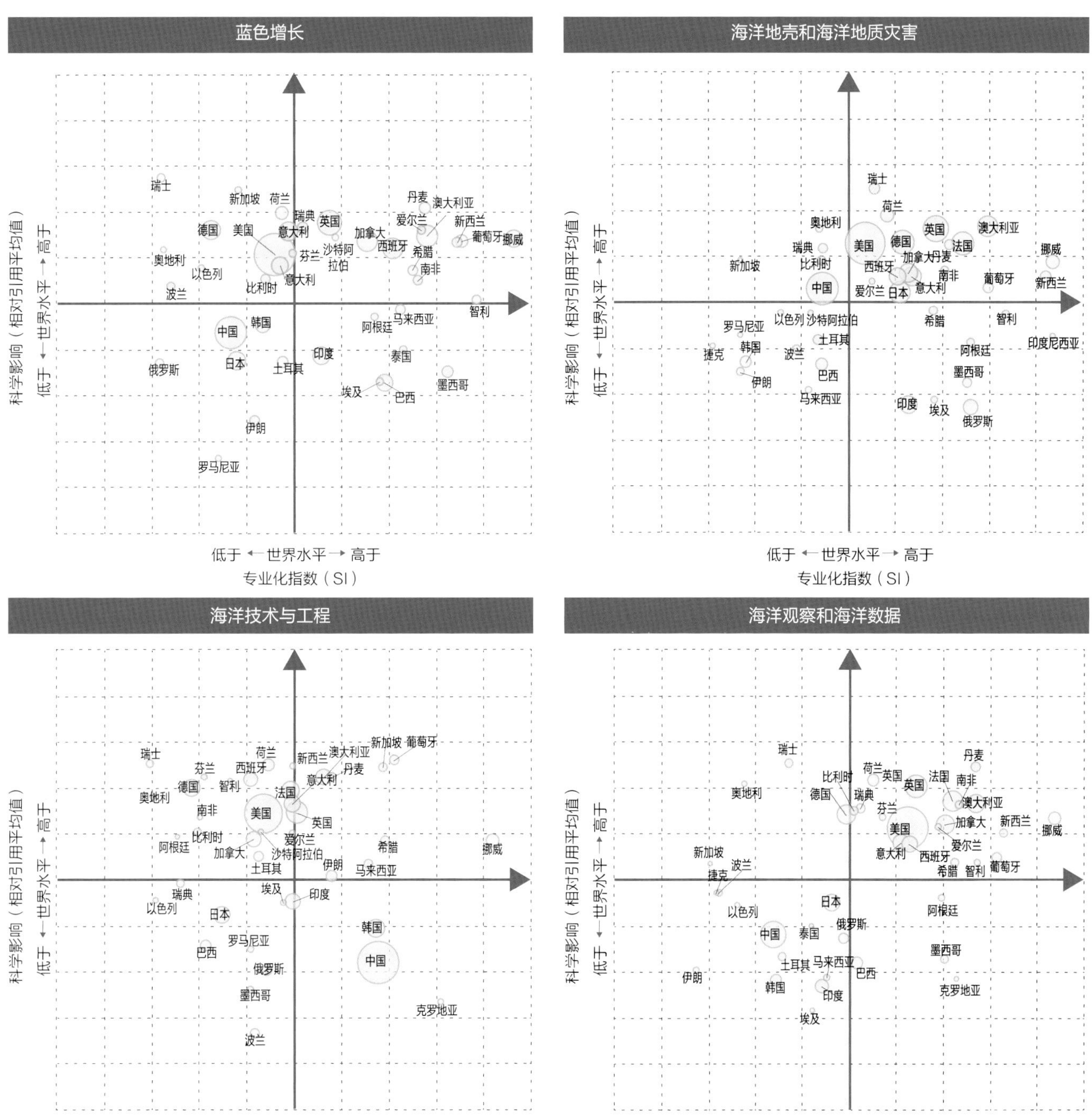
蓝色增长
科学影响（相对引用平均值）
低于 ← 世界水平 → 高于
瑞士
新加坡
荷兰
瑞典
英国
丹麦
澳大利亚
爱尔兰
新西兰
德国
美国
意大利
加拿大
葡萄牙
挪威
西班牙
奥地利
芬兰
沙特阿拉伯
希腊
以色列
南非
意大利
比利时
波兰
智利
马来西亚
中国
韩国
阿根廷
印度
泰国
俄罗斯
日本
土耳其
埃及
巴西
墨西哥
伊朗
罗马尼亚
低于 ← 世界水平 → 高于
专业化指数（SI）
海洋地壳和海洋地质灾害
科学影响（相对引用平均值）
低于 ← 世界水平 → 高于
瑞士
荷兰
奥地利
英国
澳大利亚
美国
德国
瑞典
法国
挪威
新加坡
比利时
加拿大丹麦
西班牙
南非
葡萄牙
新西兰
中国
爱尔兰
日本
意大利
罗马尼亚
以色列
沙特阿拉伯
希腊
智利
土耳其
印度尼西亚
捷克
韩国
波兰
阿根廷
伊朗
巴西
墨西哥
马来西亚
印度
埃及
俄罗斯
低于 ← 世界水平 → 高于
专业化指数（SI）
海洋技术与工程
科学影响（相对引用平均值）
低于 ← 世界水平 → 高于
瑞士
荷兰
新西兰
澳大利亚
新加坡
葡萄牙
芬兰
西班牙
丹麦
意大利
德国
智利
法国
奥地利
南非
美国
英国
阿根廷
比利时
爱尔兰
希腊
挪威
加拿大
沙特阿拉伯
伊朗
土耳其
马来西亚
瑞典
埃及
印度
以色列
日本
韩国
罗马尼亚
巴西
中国
俄罗斯
墨西哥
克罗地亚
波兰
低于 ← 世界水平 → 高于
专业化指数（SI）
海洋观察和海洋数据
科学影响（相对引用平均值）
低于 ← 世界水平 → 高于
瑞士
丹麦
比利时
荷兰
英国
法国
英国
南非
奥地利
德国
瑞典
澳大利亚
芬兰
加拿大
新西兰
美国
挪威
爱尔兰
新加坡
意大利
西班牙
波兰
希腊
智利
葡萄牙
捷克
日本
以色列
阿根廷
中国
泰国
俄罗斯
墨西哥
土耳其
马来西亚
巴西
伊朗
韩国
印度
克罗地亚
埃及
低于 ← 世界水平 → 高于
专业化指数（SI）

5

与前一类型相比，“海洋地壳和海洋地质灾害”的第一象限气泡尺寸较大，表明出版物总数较高。印度尼西亚是SI第二高的国家，智利、日本和印度也高于世界平均水平，具有悠久地质传统的俄罗斯在此类型中的SI也远远高于世界平均水平。值得注意的是，就引用率来说，中国在这一主题得分最高（图5.5）。所有主要的科学研究国家以及受海啸事件影响的大多数国家，在SI和引用影响方面都高于世界平均水平，这也表明了这些国家对该研究领域的高度关注。

人们对“海洋技术与工程”这一研究类型开发的新设备和装备寄予厚望，许多国家在这一类型中的平均相对引用率得分都很高，然而，它们在SI方面的表现相当低，例如，有18个国家出现在第二象限（图5.5），使得该图表在本分析中明显有别于其他8个类型。在反映科学和社会的其他领域方面，中国和韩国的SI得分较高，挪威和其他国家的SI也均高于世界平均水平。

“海洋观察和海洋数据”包含所有海洋科学类型，并且对所有海洋科学类型都非常必要。在该图表中，40个国家的分布类似于它们在“海洋与气候”图表中的分布，这可能是因为观察网络和大数据集对气候变化科学十分重要。共享设备（如卫星、Argo浮标或科学考察船）并提供免费访问它们所收集的数据服务的国家，出现在第一象限（见第3章），因此，作为内陆国家，奥地利、瑞士和捷克等在此类型中SI的得分较低（图5.5）是可以理解的，但它们仍高于或接近世界平均相对引用指数。

以上分析表明各国是如何专攻特定类型研究的，并说明了本报告中使用的分类既不虚假也不重叠，因为结果中没有自相关的证据。不过仍然有些因素需要反思，例如，挪威在第一象限中位置稳定，8个类型中的每一个类型的SI和ARC得分都很高，此外，瑞士的位置也相对稳定，ARC得分较高，尽管其SI得分低于世界平均水平（大多数出现在第二象限的较高位置，在8个类型中有6个是如此）；同样有趣的是，美国（在本次分析中气泡最大）如何逐渐从第一象限（“海洋观察和海洋数据”“海洋与气候”“海洋生态系统功能和变化过程”）移动到第二象限（“人类健康与福祉”“海洋健康”“蓝色增长”）。

该分析显示，中国、韩国、日本、巴西和俄罗斯所处的位置较弱（经常出现在第三象限），能够解释的原因是，在这些国家全部出版物中，超过70%是来自国家研究人员（英国皇家学会，2011），对引用影响来说，国内合作不如国际合作更加有利（见第5.4节）。

5.4 协作模式和能力发展

如今，越来越多的科学论文都是由来自不同国家的研究人员共同撰写的，这使得合作的比率和途径能够被追踪和量化。这种协作颇有裨益，因为协作可以带来更多的可用想法（智力协同）、方法和资源，并通过分工实现成本分摊并节省时间（Katz，Martin，1997；Leimu，Koricheva，2005a）。在进行融资、招聘和晋升决策时，合作程度也常常被考虑在内（Herbertz，1995；Katz，Martin，1997），因此，科学合作通常被认为是高质量研究的先决条件。在联合国框架下建立的全球计划和由国际委员会资助的国际项目，有利于增加计划或者项目之间的联系和多样性，把来自世界不同地区，探究共同科学问题或者有着共同研究兴趣的研究人员凝聚在一起，促进了国际合作。

5.4.1 科学合作至关重要

合作的净值是一个仍在探讨的问题，因为其潜在裨益可能取决于合作的类型、学科、某个国家或所涉及的诸多国家。例如，国际合作通常被认为比国内合作能够更多地提高引用率（Narin et al.，1991；Leimu，Koricheva，2005b；Jaric et al.，2012）。

尽管人们越来越重视科学研究中的合作，但对于合作的程度以及合作程度与研究影响之间是否存在关系，则知之甚少（Figg et al.，2006）。为了说明科学合作在海洋科学中的重要性，我们进行了两次比较。首先，我们确定了单个作者与多个作者发表的论文的相对影响因素平均值（ARIF）；其次，我们将合作分类为国内合作（所有作者均来自同一国家）与国际合作（作者来自不止一个国家）。

两种比较显示，合作对科学影响的效果似乎都是积极的（图5.6），因为用蓝柱表示的多个作者和多个国家（国际合作）的分数，都分布于右侧，而用灰柱表示的单个作者和同一国家，则在图的左侧积聚了较高的分数。

尽管可以认为生态科学合作研究的预期效益相对较小（Leimu，Koricheva，2005a，2005b），但我们的分析表明，海洋科学论文的引用率受到作者数量及其国际化的影响。多名作者署名的论文获得的引用率较高，可以反映这些论文多学科性的真正益处或分工的优势。此外，作者数量越多，科学家网络就可能越大，这个网络中的科学家总会有人知道其中的一个作者，通过私人接触，此类论文获得引用人关注的可能性就会增加（Bornmann et al.，2012），或者，作者数量带来的引用率的增加，可能与多名作者论文中自我引用的频率增加有关（Herbertz，1995）。

科学的国际化程度因地区和国家而异。根据英国皇家学会（2011）资料，在中国、土耳其、印度、韩国和巴西这些国家中，70％以上的出版物来自国家研究人员，相比之下，小国家和欠发达国家的合作率要高得多，2004—2008年期间，比利时，荷兰和丹麦发表的研究中，有一半以上是多国作者的产物。

综上所述，合作是一种手段，将工作分散到不同的个人和机构，增强智力协同作用，并允许资源共享。合作被认为是提高科学研究效率和生产力的一种非常有效的工具，因为：①多名作者合著的论文很可能是多学科论文，因此可以预期被各个学科引用；②一篇论文的作者数量越多，其通过私人联系而为人所知的网络就越大；③每增加一位作者，都会增加自我引用的概率（Bornmann et al.，2012）。我们的研究结果可以鼓励海洋科学家在国际研究项目中进行更多的合作，并制定出版战略，在不影响科学研究质量的情况下，提高其引用率。

5.4.2 研究邻域

了解科学相互作用如何随着地区和距离的变化而变化，极具实际价值。对于研究人员而言，这些内容可能表明如何选择合作者，以优化研究的影响力度，提高研究的关注程度。对于机构和政府而言，这些内容可能会为地区和国际项目的资金分配提供建议，以便提高一定数量资源范围内的科学成果（Pan et al.，2012）。

图5.7显示了在海洋科学领域出版物最多的前40个国家建立的绝对合作网络［图5.7（a）］及其与出版物最多的前40大机构网络之间的关系［图5.7（b）］。欧洲集群主导着国家网络的中心［图5.7（a）］，与美国、加拿大（通过法国）和澳大利亚（通过英国）相连。美国与加拿大和中国有很强的联系，与澳大利亚也有联系，但程度较轻。在外围，可以观察到来自不同大陆的国家之间建立起的较弱联系。

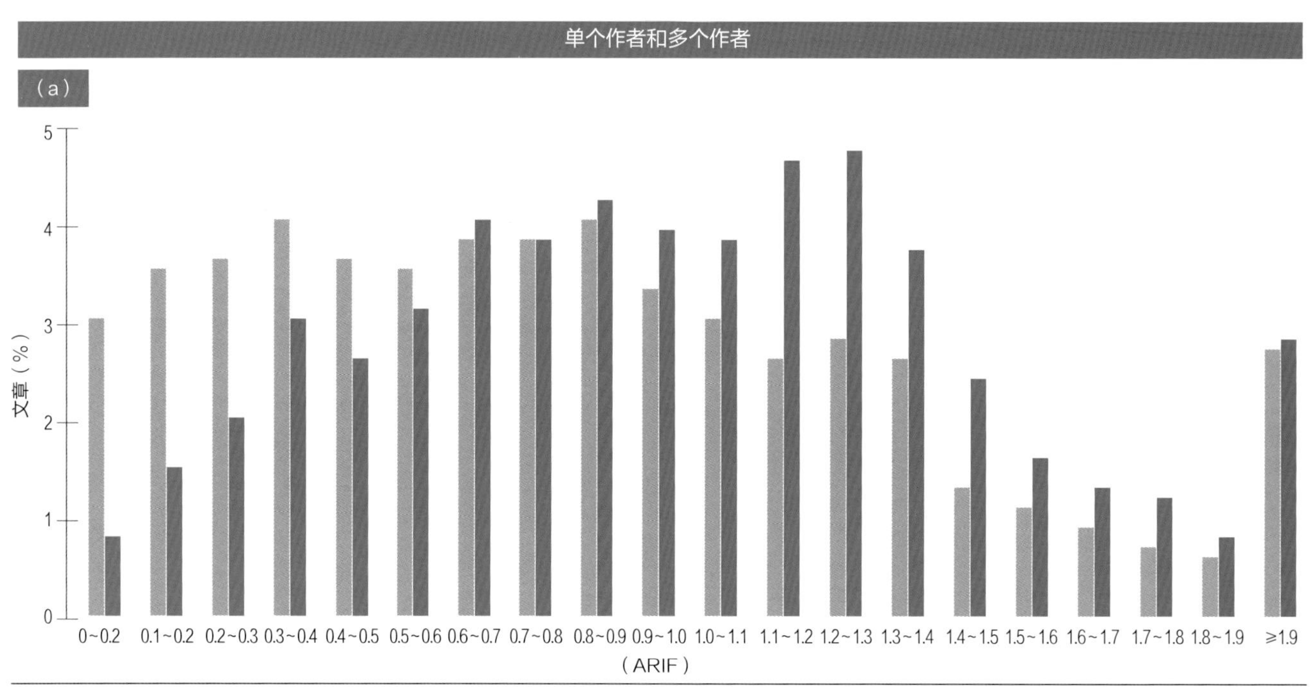

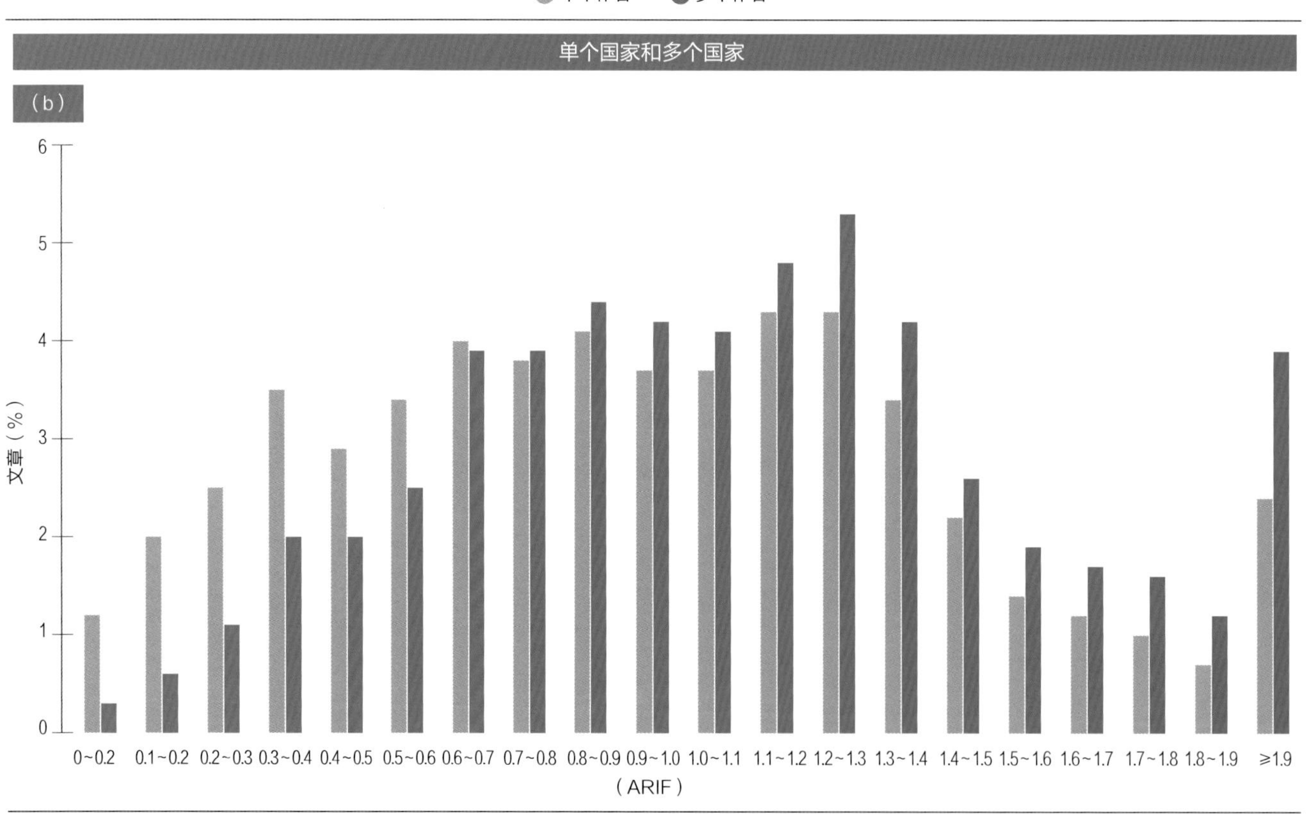

图5.6　相对影响因素平均值（ARIF）的分数比较

（a）单个作者撰写的文章（灰色条）与多个作者的撰写的文章（蓝色条）；（b）同一国家作者合著的文章（国内，灰柱）与多个国家作者合著的文章（国际，蓝柱）（附录6）

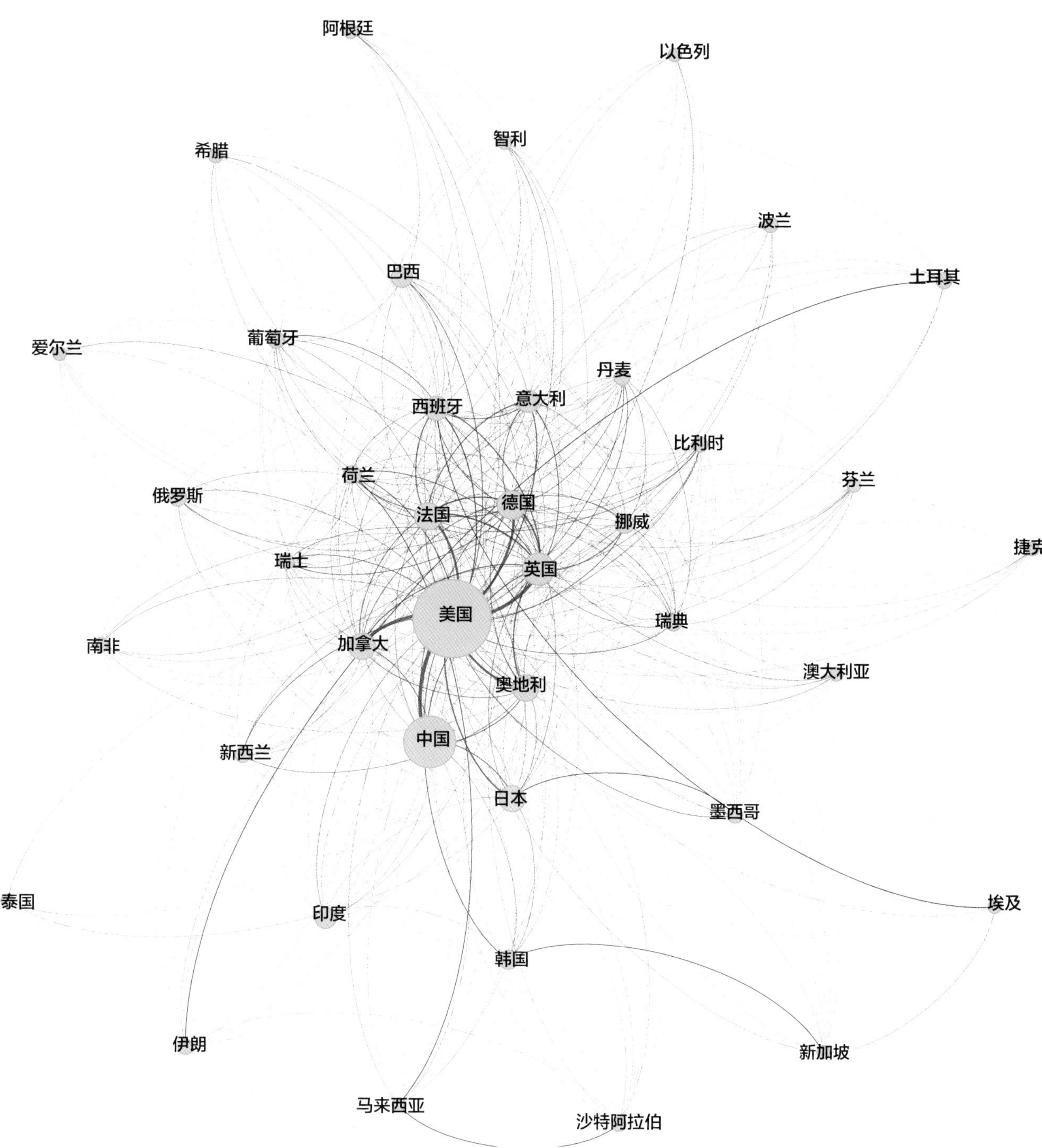

图5.7 （a）海洋科学领域出版物最多的前40个国家的国际合作网络；（b）海洋科学领域出版物最多的前40个机构的国际合作网络（2010—2014年）。节点的大小与海洋科学的出版物数量成正比，线条的粗细与合作的数量成正比（合著论文）。用算法对节点进行排列，其中链接的节点相互吸引，而未链接的节点则相互排斥（附录6）

（b）

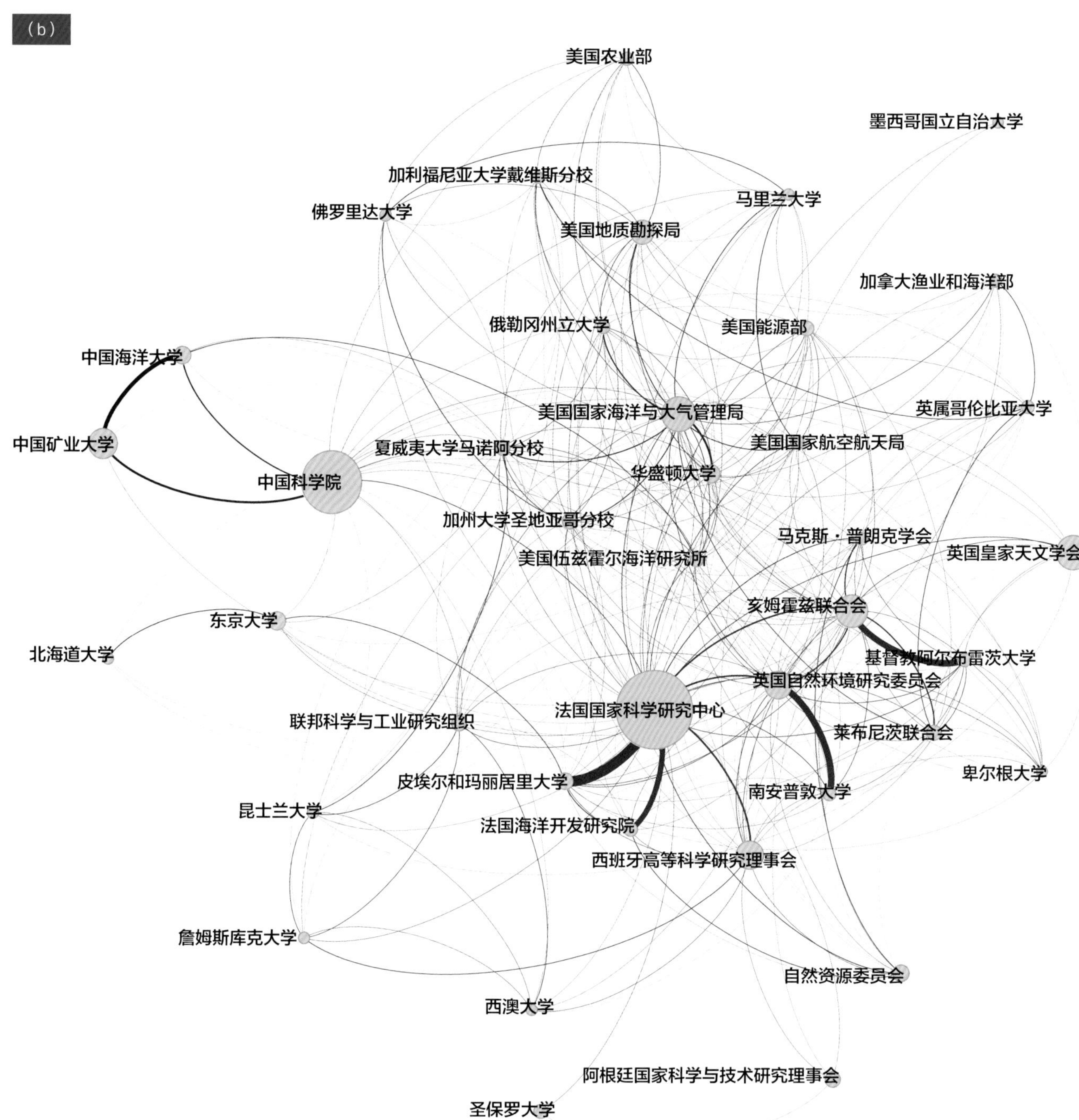
美国农业部
墨西哥国立自治大学
加利福尼亚大学戴维斯分校
马里兰大学
佛罗里达大学
美国地质勘探局
加拿大渔业和海洋部
俄勒冈州立大学
美国能源部
中国海洋大学
美国国家海洋与大气管理局
英属哥伦比亚大学
中国矿业大学
夏威夷大学马诺阿分校
美国国家航空航天局
华盛顿大学
中国科学院
加州大学圣地亚哥分校
马克斯·普朗克学会
美国伍兹霍尔海洋研究所
英国皇家天文学会
亥姆霍兹联合会
东京大学
北海道大学
基督教阿尔布雷茨大学
英国自然环境研究委员会
法国国家科学研究中心
联邦科学与工业研究组织
莱布尼茨联合会
卑尔根大学
皮埃尔和玛丽居里大学
南安普敦大学
昆士兰大学
法国海洋开发研究院
西班牙高等科学研究理事会
詹姆斯库克大学
自然资源委员会
西澳大学
阿根廷国家科学与技术研究理事会
圣保罗大学

续图5.7

在机构合作方面，可能由于不同的研究模式，这一格局由最大的国家资助机构主导［图5.7（b）］。该图的中心被欧洲集群占据，如法国国家科学研究中心（CNRS）、法国海洋开发研究院（IFREMER）和皮埃尔和玛丽居里大学（UPMC）等法国机构，西班牙高等科学研究理事会（CSIC），英国自然环境研究委员会（NERC）（以上所有都是集中模式的实例）以及几个德国组织（作为分散模式的例子）。第二集群由美国国家海洋与大气管理局（NOAA）、几所大学和其他研究机构组成，包括与欧洲机构有明确联系的伍兹霍尔海洋研究所（WHOI）。第三集群由几个中国机构组成，不过这些机构与该地区的邻国（即日本、韩国）之间并没有保持特别密切的联系。第四集群由澳大利亚和新西兰的机构组成，这些机构与英国和美国的机构有联系。加拿大的研究机构是分散式的（由小型机构组成），主要的协作中心是加拿大渔业和海洋部（DFO）以及英属哥伦比亚大学。显然，来自阿根廷国家科学与技术研究理事会（CONICET），巴西（圣保罗大学）和墨西哥（墨西哥国立自治大学）等拉丁美洲机构在国际联系方面相对较弱。

5.4.3 抓住机遇、促进合作、推动科学发展

多位作者合作对于海洋科学来说至关重要，合作可以整合各种能力和技能，解决棘手问题并提高成功率（Pan et al.，2012）。实际上，过去的几十年见证了更大型的研究小组的形成，这些研究小组获得了联合国国际项目或国际委员会的支持（更多信息见第7章）。多机构合作更有可能产生影响力更高的出版物，如果这些出版物涉及不同国家的参与，情况尤其如此。

就某个人的成果（论文引用）来说，地理位置接近也可能有利于对成果进行表彰或者接受表彰。对于大多数论文而言，随着距离的增加，引用的概率会逐渐降低，因为新的科学发现通常在作者工作的地区影响更明显（Van Noorden，2010，2012）。此外，合作模式很可能会受到成果的影响：在合作过程中，科学家会更加熟悉其共同作者的科学成果，然后建立更稳定的合作，未来文章被引用的概率可能性也会更大。另一方面，经常引用彼此研究成果的科学家，他们的研究兴趣点会有更多的重叠，并且未来会有更大的可能成为共同作者。因此，不同地区作者的相互引用与合作高度相关，对于提高科学研究质量，促进知识交流技术转让是一种良好的做法。

国际合作不仅促进了知识的流动，还有助于获得不同地理区域科学界所认可的新成果；另一方面，也有助于揭示新的科学范式如何传播和建立的。

随着全球网络的扩展，世界科学的架构正在发生变化，这些网络涉及个人的、实践社区的和团体的，有时是由国际上或联合国或欧盟等跨国组织协调和资助的（Van Noorden，2012）。这些全球网络日益对全世界的科学行为产生重大影响，并为合作和促进优秀科学研究创造了新的机遇。

在考虑国际合作的动机和利益时，也需要反思政治和外交层面的因素。第7章和第8章将就科学合作的潜力展开更为详细的探讨。

参考文献

Aksnes, D. W. and Browman, H. I. 2015. An overview of global research effort in fisheries science. ICES Journal of Marine Science, Vol. 73, No. 4, pp. 1044-11.Bell, J., Frater,

B., Butterfield, L., Cunningham, S., Dodgson, M., Fox, K., Spurling, T. and Webster, E. 2014. The role of science, research and technology in lifting Australian productivity. Report for the Australian Council of Learned Academies. www.acola.org.au. (Accessed 8 June 2017)

Bornmann, L., Schier, H., Marx, W. and Daniel, H. D. 2012. What factors determine citation counts of publications in chemistry besides their quality? Journal of Informetrics, Vol. 6, pp. 11–18.

Figg, W., Dunn, L., Liewehr, D. J., Steinberg, S. M., Thurman, P. W., Barrett, J. C. and Birkinshaw, J. 2006. Scientific collaboration results in higher citation rates of published articles. Pharmacotherapy, Vol. 6, pp. 759–67.

Herbertz, H. 1995. Does it pay to cooperate? A bibliometric case study in molecular biology. Scientometrics, Vol. 33, pp. 117–22.

Jarić, I., Cvijanović, G., Knežević-Jarić, J. and Lenhardt, M. 2012. Trends in fisheries science from 2000 to 2009: a bibliometric study. Reviews in Fisheries Science, Vol. 20, No. 2, 70-79.

Katz, J. S. and Martin, B. R. 1997.What is research collaboration? Research Policy, Vol. 26, pp. 1–18.

Leimu, R. and Koricheva, J. 2005a. Does scientific collaboration increase the impact of ecological articles? BioScience, Vol. 55, No. 5, pp. 438-43.

Leimu, R. and Koricheva, J. 2005b. What determines the citation frequency of ecological papers? Trends in Ecology and Evolution, Vol. 20, pp. 28–32.

Martin, B. R. 1996. The use of multiple indicators in the assessment of basic research. Scientometrics, Vol. 36, No. 3, pp.343-62.

Narin, F., Stevens, K. and Whitlow, E. S. 1991. Scientific co-operation in Europe and the citation of multinationally authored papers. Scientometrics, Vol. 21, pp. 313–23.

OECD. 2002. Frascati Manual: Proposed Standard Practice for Surveys on Research and Experimental Development. Paris, OECD.

OECD. 2010. OECD Science, Technology and Industry Outlook 2010. Paris, OECD..

OECD. 2014. Main Science and Technology Indicators. Volume 2013, Issue 1. Paris, OECD.

Pan, R. K., Kaski, K. and Fortunato, S. 2012. World citation and collaboration networks: uncovering the role of geography in science. Scientific Reports, Vol. 2.

Pritchard, A. 1969. Statistical bibliography or bibliometrics? Journal of Documentation, Vol. 25, No. 4, pp. 348-49.

Royal Society. 2011. Knowledge, Networks and Nations: Global Scientific Collaboration in the 21st Century. Policy document 3/11. London, The Royal Society.

UNESCO. 2010. UNESCO Science Report 2010: The Current Status of Science Around the World. Paris, UNESCO. UNESCO. 2015. UNESCO Science Report 2015: Towards 2030. Paris, UNESCO.

UNGA. 2015. Transforming Our World: The 2030 Agenda for Sustainable Development. A/RES/70/1. UNGA.

Van Leeuwen, T. N., Visser, M. S., Moed, H. F., Nederhof, T. J. and

Van Raan, A. F. J. 2003. Holy Grail of science policy: Exploring and combining bibliometric tools in search of scientific excellence. Scientometrics, Vol. 57, No. 2, pp. 257-80.

Van Noorden, R. 2010. Cities: Building the best cities for science. Nature, Vol. 467, No. 7318, p. 906.

Van Noorden, R. 2012. Global mobility: Science on the move. Nature, Vol. 490, No. 7420, pp. 326–29.

Wilsdon, J. 2008. The new geography of science. Physics World, Vol. 21, no.10, pp. 51-53.

第6章 海洋学数据、信息管理与交换

第6章
海洋学数据、信息管理与交换

Hernan E. Garcia[1], Ariel H. Troisi[2], Bob Keeley[3], Greg Reed[4], Linda Pikula[5], Lisa Raymond[6], Henrik Enevoldsen[7], Peter Pissierssens[7]

1 美国国家海洋与大气管理局（NOAA），国家环境卫星数据和信息服务中心（NESDIS），国家环境信息中心（NCEI）
2 阿根廷海军水文服务处
3 加拿大渔业和海洋部
4 国际海洋学数据和信息交换计划
5 美国国家海洋与大气管理局中心图书馆
6 美国伍兹霍尔海洋研究所（WHOI）图书馆海洋生物实验室（MBL）
7 联合国教科文组织政府间海洋学委员会

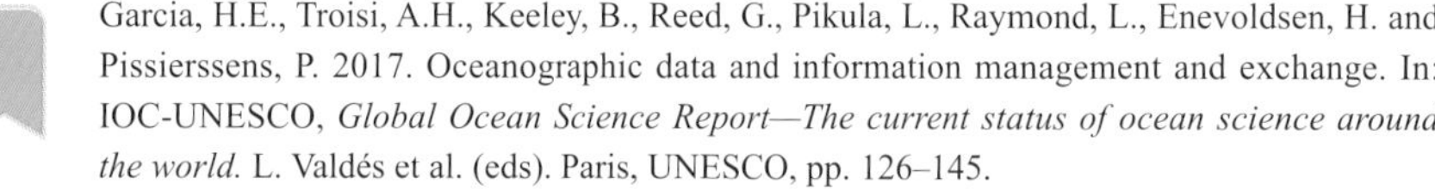

Garcia, H.E., Troisi, A.H., Keeley, B., Reed, G., Pikula, L., Raymond, L., Enevoldsen, H. and Pissierssens, P. 2017. Oceanographic data and information management and exchange. In: IOC-UNESCO, *Global Ocean Science Report—The current status of ocean science around the world.* L. Valdés et al. (eds). Paris, UNESCO, pp. 126–145.

6.1 引言

为了记录和了解世界海洋在地球气候系统中的动态变化和相互作用，获得相关及时的海洋观测数据和信息十分必要。记录海洋平均状态及其变异性一直是海洋科学的一个长期目标。以科学为基础的综合方法，将观测与适当的数据合成以及建模工作相结合，有助于我们做出明智的决策，以应对和减轻环境变化带来的影响，提高环境的复原力。

全球社区已制定了《2030年可持续发展议程》，在这一框架内，联合国通过了可持续发展目标（SDG），其中包括一个独立针对海洋的可持续发展的目标，即可持续发展目标14（SDG 14）——“保护和可持续利用海洋及海洋资源”以及气候变化目标（SDG13）——“采取紧急行动应对气候变化及其影响”。其他相关协议包括《2015—2030年仙台减少灾害风险框架》《小岛屿发展中国家加速行动方式（SAMOA）途径》以及1992年《联合国气候变化框架公约》通过的决定，如2015年《巴黎协定》。以上协议强调各国需要采取科学、合理和知情的决策，从而提高收集、控制、提供和保存数据和信息的必要性以及交流和实施数据管理的最佳做法。

此外，根据1982年《联合国海洋法公约》（UNCLOS）关于保护和可持续利用国家管辖范围以外区域海洋生物多样性的规定，联合国大会通过了制定一项具有法律约束力的新国际文书的第69/292号决议，该决议促成了在国际层面上讨论获取和使用海洋数据的有效方法和手段，包括海洋生物多样性数据、信息和产品。在这一背景下，各国已经认识到海洋生物地理信息系统（OBIS）是实现各种计划目标的关键要素，是解决迫在眉睫的沿海和世界海洋问题所需要的最全面的世界海洋生物多样性和生物地理数据的信息门户。

为了描述海洋变异性，国际科学界需要获取最完整可靠的历史上的物理、化学、地质和生物海洋观测数据的科学数据库。以上数据库中的海洋学数据，由不同的观察系统出于不同的目的，常年不断收集而成。自20世纪初以来，开展了许多全球范围及地区范围的各种调查，并对各种水柱变量进行了时间序列分析。国际海洋观测计划包括世界海洋环流实验（WOCE）、Argo计划、气候变率及可预测性变化（CLIVAR）等。

虽然通过海洋观测之类的系统可以获取大量的原位数据，但由于以上项目只是针对某些变量进行抽样，根据全球气候观察系统（GCOS）所定义的基本气候变量（ECV），所测量的海洋数据差异仍然很大[1]。其中某些变量是全球海洋观察系统定义的基本海洋变量（EOV）的一部分。某些关键的EOV包括原位温度、盐度、洋流、营养盐、溶解的无机和有机碳、无机碳和溶解气体如溶解氧、瞬态示踪剂、浮游生物等[2]。当这些EOV和其他数据被整合成通用数据格式和质量控制数据库时，就会对增值科学产品的开发产生重大的影响。这些数据库被积极用于解决许多问题，从对海洋变异性进行多时空诊断研究，到为了解决世界问题而对海洋数据进行同化输入所做出的数值努力。

从各地区和全球来看，各种组织、伙伴关系和计划都在利用数据和信息的编纂、共享和管理进行工作。表6.1中所列出的各种组织、伙伴关系和计划，它们公开读取数据的方法和程度各不相同，但反映了人们对海洋数据和信息管理的重要性及其需求的普遍认可。

联合国教科文组织政府间海洋学委员会的国际海洋学数据和信息交换计划（IODE），在支持国际公认的数据库和项目中发挥了关键作用，如世界海洋数据库（WOD）、全球海洋数据考古与救援（GODAR）、全球温度和盐度剖面计划（GTSPP）、海底海表盐度数据存档项目（GOSUD）、国际质量控制海洋数据库（IODE-IQuOD）和海洋生物地理信息系统（OBIS）。这些国际项目和相关数据库促进了古今海洋学数据的交流。此外，上述项目促进了协同增效，加快了质量控制程序的开发以及研究质量数据在地方、区域和全球范围内的整合，从而不断增加了数据库中储存的海洋数据（图6.1）。

1 GCOS见 http://www.wmo.int/pages/prog/gcos/index. php?name=EssentialClimateVariables。

2 GOOS EVOs见http://goosocean.org/eov。

表 6.1 部分从事海洋数据和信息管理的组织，伙伴关系和计划（其中有些组织也在全球范围内开展业务）
资料来源：IODE，2017年

地区	实例
非洲	非洲物理海洋学区域方案（PROPAO）、印度洋全球海洋观测系统（OGOOS）、非洲监测环境与安全（MESA）、非洲全球海洋观测系统（GOOSAfrica）、非洲海洋数据和信息网（ODINAERICA）、马达加斯加生物多样性信息设施（MadaBIF）、西印度洋海洋科学协会（WIOMSA）、联合国环境规划署信息交换中心机制（UNEPclearinghouse mechanism）、热带大西洋系泊阵列试点研究（PIRATA）、观测西非海岸的任务（MOLOA）、西非地区非洲联盟（AWA）、撒哈拉以南非洲海洋生物地理信息系统（AfrOBIS）
南美，包括加勒比地区	加勒比海海洋图集（CMA）、加勒比海大型海洋生态系统（CLME）、支持沿海地区综合管理的东南太平洋数据和信息网络（SPINCAM）、加勒比和南美洲地区海洋数据和信息网（ODINCARSA）、 加勒比海洋生物地理信息系统（Caribbean OBIS）、南太平洋常设委员会-海洋生物地理信息系统（CPPS-OBIS）
欧洲	国际海洋勘探理事会（ICES）、《保护波罗的海区域海洋环境赫尔辛基公约》（HELCOM）、海洋数据网（SraDataNet）、欧洲海洋观测和数据网络（EMODNet）、哥白尼（Copernius）、杰里科（Jerico）、北极动植物保护（CAFF）、欧洲运营商选定的科学考察船巡航方案可搜索数据库（Eurofleets）、风险（HAZARD）、以政策为导向的南欧海洋环境研究（PERSEUS）、海洋环境数据和信息网（MEDIN）、海洋总测深图（GEBCO）、微量元素及其同位素的海洋生物地球化学循环的国际研究（GEOTRACES）、全球海平面观测系统（GLOSS）、阿尔戈（Argo）、大西洋观测系统（AtlantOS）、欧洲多学科海底和水柱观测台（EMSO）、国际质量控制海洋数据库（IQUOD）、全球长期深水基准站系统（OceanSites）、爱尔兰-比斯开湾-伊比利亚区域海洋学操作系统（IBI-ROOS）、 海岸至海岸的海洋保护区网络（CoCoNet）、黑海环境监测（EMBLAS）、黑海科学网（Black Sea SCENE）、 大西洋研究联盟（AORA）、里海环境和工业数据信息服务（Caspinfo）、 世界海洋物种登记（WoRMS）、 海洋跟踪网络（OTN）、长期生态研究（LTER）、 欧洲生物多样性与生态系统研究电子科学基础设施（LIFEWATCH）、欧洲海洋生物资源中心（EMBRC）、北大西洋海洋哺乳动物委员会（NAMMCO）、国际大西洋金枪鱼保护委员会（ICCAT）、泛欧海洋监测和预报能力（MyOcean）、南大洋观测系统（SOOS）、欧洲全球海洋观测系统（EuroGOOS）、地中海全球海洋观测系统（MEDGOOS）、欧洲海洋生物信息系统（EurOBIS），海洋生物地理信息系统地中海节点（MedOBIS）
亚太地区，包括北美和大洋洲	联合国环境规划署/西北太平洋行动计划（UNEP/NOWPAP）、微量元素及其同位素的海洋生物地球化学循环的国际研究（GEOTRACES）、 海洋数据互操作性平台（ODIP）、全球海洋观测系统（GOOS）、 东北亚地区全球海洋观测系统（NEAR-GOOS）、 西太平洋区域海洋数据和信息网（ODINWESTPAC）、政府间海洋学委员会西太平洋分委会（WESTPAC）、季风起始监测及其社会和生态系统影响（MOMSEI）、世界气象组织（WMO）、国际水文学组织（IHO）、北太平洋海洋科学组织（PICES）、国际海洋勘探理事会（ICES）、 海洋生物地理信息系统东南亚区域节点（SEAOBIS）、日本海洋生物地理信息系统中心（J-OBIS）、海洋生物地理信息系统美国节点（OBIS-USA）

当前，对数据和信息的获取、管理和交换所面临的主要挑战和潜在差距是：①维持包含基本海洋变量（EOV）在内的强大海洋观测系统；②通过使用通用数据格式和元数据最佳做法的强大数据库，来确保由不同国家收集的数据能以公开及时的方式得以访问，同时确保使用可互操作的数据传输系统提供服务。只有在一个综合开放的数据访问框架中，才能记录地区和全球与气候相关的事件，并为社会和决策者提供信

图6.1 增加的海洋数据集、储存在世界海洋数据库中的温度和盐度剖面图示例
资料来源：IODE，2017年

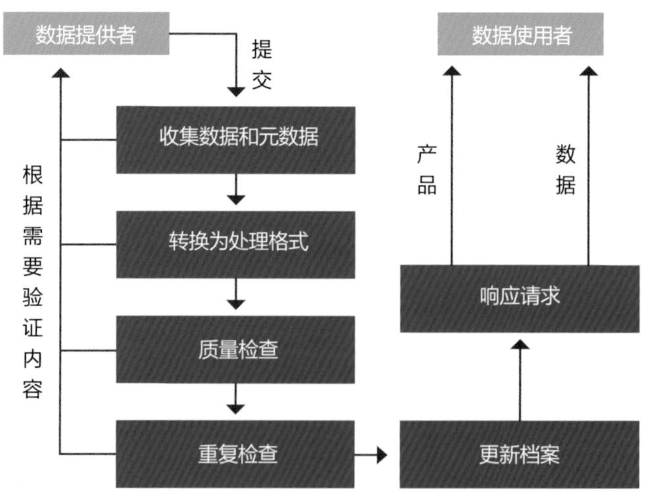

图6.2 数据管理处理链
资料来源：国际海洋学数据和信息交换计划（IODE），2017年

息。目前，海洋气候数据系统（MCDS）和全球数据汇编中心（GDAC）正利用数据流机制，通过加强协调，整合海洋学数据流。

6.2 数据管理

“数据管理”一词涵盖的活动范围十分广泛，包括数据收集、对数据质量和完整性的评估、将数据进行安全可靠的长期存档以及将存档数据发布给寻求这些数据的人等活动（图6.2；Austin et al.，2016）。

原始数据本身，如对海洋表面水温的科学测量，不足以确保这些数据适用于某一特定问题。数据管理人员还需要记录数据是如何收集的，例如仪器的使用信息，包括仪器的精确度、数据收集过程和数据收集的时间，这些信息都非常重要，它们通常被称为元数据，在数据管理过程中至关重要。数据和元数据的汇编需要数据收集者和数据管理者强力合作。

一旦数据和元数据汇集到数据管理人员那里，数据管理人员就开始进行存档处理。处理过程包含许多步骤，如验证所有数据和元数据是否完整，同时需要回答以下类似问题，“所有数字单位是否已如数上报？”“数据文件格式是否已完全解释？”以及“所有所需的元数据是否存在并且与相应数据明确关联？”上述问题解决后，处理过程开始，通常是将数据和元数据重新组合成与建档方式兼容的数据结构。尤为重要的是，要确保任何单位转换都要考虑测量值精准度的变化，所有操作过程必须慎之又慎，确保没有任何信息丢失或损坏。

此后，通常会进行一系列的数据质量检查，以便识别和标记因仪器错误或操作不当而导致的数据错误。该检查旨在利用使用仪器测量的属性的已知特征，如，极地区域的水温不可能超过某些值，报告中小数的有效数字取决于仪器分辨率。质量检查通常贯穿在一系列测试中，从简单检查（如温度必须在特定范围内）到复杂比较（如与海洋气候学相对比）[1]。

一个重要的考虑因素是验证早期存档的数据是否以相同或近似相同的形式加以存储。出现此种情况的原因包括：数据提供者对数据进行了再处理；更高质量、延时模式数据与实时等效数据对比的出现；发送数据集时出现错误。确定所接收数据是否提前到达这一过程并不简单，特别是因为新获取数据的值可能已经发生改变。通常解决这个问题需要依靠数据提供者的建议，对数据和元数据的验证有时必须返回数据收集者那里才能解决问题，这是确保存档中数据准确性的重要步骤。

一旦解决了上述所有问题，数据存档这一过程就变得简单多了。但存档的数据结构较为复杂，虽然原则上希望将数据储存在单个档案中，但鉴于所收集数据和元数据的范围较广，上述方式十分具有挑战性。通常情况下，数据被分成不同类型，被存储在不同类型特征的数据档案中。但是矛盾出现了，因为在向用户提供任何数据时，理想的方式是使用单一格式或尽可能少的格式类型，目的是尽可能简化数据的处理过程。

数据管理的主要目的是确保数据和元数据的安全和长期（即永久）存储，以便当前和未来的用户能够使用收集到的所有数据，因此，数据和元数据的传输至关重要。存档档案馆必须能对其所存储数据和信息的使用请求予以及时响应，并以适当方式传输给用户，这是一项极大的挑战。当今所收集的数据和元数据极为多样化，因此对多学科研究的要求也越来越高。此外，档案的用户群体不仅仅是提供数据者，相反，其范围包括科学家、工程师以及来自公共（如政策制定者）和私营部门的各种用户。这些不同群体处理数字数据，尤其是复杂数据结构的能力也各不相同。数据档案馆致力于为所有用户提供支持，因此，设施必须具备既能向具有完全数据处理能力的用户提供完整和全面的数据集，也能向处理能力较低的用户传输经过过滤的数据集。其所使用的任何过滤方式都

1 海洋气候学被定义为某些变量的长期平均值，通常是20～30年。

必须保持数据的精准度和其他特性，并且确保与数据和元数据相关的任何不确定性也被保留，这一点至关重要，以便所有用户都有机会判断所收到的数据是否适用于他们正在解决的问题。

除了以数字形式传输的数据外，数据档案馆还经常提供其他产品，如数据可用性地图、测量图（如海面温度）、档案内容统计分析（如处理过程中检测到的错误率）等。产品类型通常取决于对此类产品的请求次数以及数据档案馆的操作报告程序（针对用户和档案管理机构）。

有效的数据管理团队需要具备与数据提供者和用户都能进行良好沟通的专业人员。理想情况下，与数据提供者合作的人员应具有与所接收数据相关学科的实践经验，因此被称为学科专家。鉴于数据的多样性，不可能要求数据管理团队成员具备所有的数据专业知识，因此，数据管理团队需要与数据提供者建立牢固关系，从中汲取经验，确保数据管理过程适用于所收集的数据类型。数据管理员必须擅长与用户沟通，了解他们正在解决的问题，并解释存档内容可能受到的影响。有时用户需要数据时，一个简单的数据产品就可以满足其需求，因此在开始工作前与用户进行对话，有助于调整并提供数据或产品，有效地满足用户需求。

当然，数据管理团队必须包括计算机专家，他们负责维护数据处理系统并编写必要的程序软件，因此将计算机专业知识与学科专业知识相结合，在数据管理系统的设计和建设中至关重要。

“数据管理”作为一个术语，是对其所需内容的简洁描述。但是，有效的数据管理还包含许多其他要素以及大量的专业知识，没有稳定的人力和财力资源环境以及有效的数据管理就无从实现。根据定义，长期存档需要档案在整个生命周期都处于可用状态，完善的数据管理和存档系统为人们对气候和趋势进行分析提供了基准测量数据。

6.3 海洋学数据/信息管理与交流国际合作

6.3.1 国际海洋学数据和信息交换计划委员会（IODE）

政府间海洋学委员会（IOC）成立于1960年[1]，旨在促进国际合作，协调海洋研究、服务、观测系统、减灾及能力发展等计划，以便了解和有效管理海洋以及沿海地区资源。如今，IOC是公认的联合国海洋研究全球合作机制［联合国海洋事务和海洋法司（DOALOS），2010］。IOC成立后不久，IODE随之于1961年成立，旨在“通过促进参与成员国之间的海洋数据和信息交流，满足用户对数据和信息产品的需求，加强海洋研究、开发和发展。”

IODE的主要目标包括：①通过使用国际标准，遵守IOC为海洋研究和观测团体及其他利益攸关方制定的海洋学数据交换政策，辅助并促进海洋数据和信息的发现、交换和获取，包括实时、近实时和延时模式的元数据、产品和信息；②鼓励对所有海洋数据、数据产品和信息进行长期存档、记录、管理和服务；③开发或使用现有的最佳做法，以发现、管理、交换和获取海洋数据和信息，包括国际标准、质量控制和适当的信息技术；④协助成员国获得管理海洋研究与观测数据和信息的必要能力，成为IODE网络的合作伙伴；⑤支持国际海洋科学和作业计划，包括海洋观测框架，以造福广大用户。

IODE网络已成功地对数百万海洋观测数据进行收集、质量控制和存档，并将其提供给成员国，其数据中心的任务是管理所有与海洋相关的数据变量，包括物理海洋学、化学、生物等。该计划还与其他IOC及相关计划密切合作并提供服务，包括海洋科学、全球海洋观测系统（GOOS）、海洋空间规划（MSP）、沿海地区综合管理（ICAM）以及海委会世界气象组织

1　IODE见http://www.iode.org/index.php?option=com_ content&view=category&id=5&Itemid=89（2016年11月20日获取）。

（WMO-IOC）的海洋学和海洋气象学联合技术委员会（JCOMM）等。该计划的另一项重要的任务是长期获取海洋数据、元数据和信息，并对其进行存档，以保护现有及未来的资产免受损失或削减。

从一开始，IODE就致力于打造一个以由各国数据中心组成的全球社区，各国的数据中心由IOC成员国建立并维护。自1961年以来，该类国家海洋学数据中心（NODC）的数量稳步增长，目前总数为65个。除了NODC的数据管理设施外，可以进行自我数据管理并提供（通常是在线）数据服务的研究组、项目、计划和机构的数量也在增加。IODE网络吸纳这些新的数据中心作为关联数据单元（ADU），其中自2013年以来就建立了20个。50多年来，该计划不仅建立了数据中心网络，还建成了多种专业数据库。

还应指出的是，目前没有任何与海洋学数据管理相关的正规教育。IODE在过去的几十年中制订了一套积极的培训计划以弥补这一不足。今天，该计划的海洋教师全球学院项目正在运营中，为与该计划网络相关的数据中心的员工提供持续的专业发展教育。

除了在IODE主持下建立的政府间全球海洋数据中心网络外，地区和国家数据中心也开发了自己的网络。以下章节讲述了其中的两个网络：海洋数据网（欧洲国家数据中心网络，详见第6.3.2节）和澳大利亚海洋数据网（详见第6.3.3节），同时还简要回顾了海洋数据互操作平台（详见第6.3.4节）。该平台促进了海洋数据管理共同框架的开发，以便通过国家、地区或国际上分布的海洋观测和数据管理基础设施，促进海洋数据的发现和读取。

6.3.2 海洋数据网

海洋数据网是一个分布在欧洲的基础设施，由国家海洋学数据中心（NODC）和来自欧洲海域34个沿海国家的主要研究机构的海洋信息服务部门运营。海洋数据网基础设施提供统一的探索服务以及可供访问的海洋和海洋环境数据集，由100多个分布式的数据中心以及欧洲广泛采用的各种元数据服务、工具和标准进行管理。海洋数据网已开发并维护了一套海洋领域的通用标准，包括：

- ISO 19115国际标准的数据集和研究巡航的元数据配置文件；
- 数据收集、研究项目、监测方案、网络和组织的元数据格式；
- 海洋领域的受控词汇表，国际治理、用户界面和网络服务；
- 下载服务的标准数据交换格式；
- 标准质量控制程序。

海洋数据网基础设施包括一个互联数据中心网络和一个中央门户网站，为用户提供统一透明的元数据信息，用户可以对互连数据中心管理的大量数据集进行受控访问。通过请求访问门户界面，公共数据索引（CDI）[1]数据发现和访问服务提供了100多万个数据集的在线获取，如果被授权，还可以从分布式数据中心网络下载数据集。该网还开发了一套专用软件工具和在线服务，用于在其基础架构中共享元数据和数据资源。数据管理员和最终用户可以免费使用通用软件工具进行数据和元数据的编辑、转换、分析和插值。

海洋数据网制定了一项数据政策，旨在通过数据、元数据和数据产品间的免费无限共享和交换，在调查人员权利和广泛访问需求之间取得平衡[2]。该政策的最终目标是为科学界、公共组织和环境机构提供服务，并通过说明数据提交、读取和使用的条件，促进建议性和现状报告的生成。该政策适用于海洋数据网合作伙伴管辖下的数据，以便对跨分布式系统所管理的数据进行访问，该数据政策符合国家和国际政策与

1 http://seadatanet.maris2.nl/v_cdi_v3/search.asp。

2 http://www.seadatanet.org/Data-Access/Data-policy。

法律，旨在与欧洲激发（INSPIRE）指令完全兼容[1]。

下一阶段是海洋数据云项目，该项目旨在推进海洋数据网服务，提高其使用率，采用云技术和高性能计算（HPC）技术，通过与欧洲数据基础设施（EUDAT）合作获取更佳效果。EUDAT是一个网络计算基础设施，开发和运行一个用于管理整个欧洲科学数据的通用框架。

6.3.3 澳大利亚海洋数据网

澳大利亚海洋数据网（AODN）是一个可互操作的海洋与气候数据资源在线网络，由综合海洋观测系统（IMOS）管理[2]，是澳大利亚政府支持、塔斯马尼亚大学领导的国家合作研究基础设施，并与澳大利亚海洋与气候科学界建立了伙伴关系。AODN的目标是通过互联网，免费获取公共资助项目的海洋数据以及私营企业和非营利组织的数据，这些数据包含广泛的海洋环境参数（物理、生物地球化学和生物等），包括从远洋船舶、无人驾驶交通工具、系泊设备和其他平台等收集的数据，观测的地理范围涵盖澳大利亚沿海、大陆架和公海。

AODN的目标是：

- 用公共资助的数据充实AODN，并使这些数据可供广大社区访问；
- 鼓励和发展澳大利亚海洋科学界的数据共享文化。

澳大利亚海洋数据网的门户网站是对澳大利亚海洋社区所收集数据进行搜索、发现、访问和下载的主要访问点，它是该数据网的贡献者发布海洋数据的单一访问点[3]。该数据网门户网站发布的海洋数据集范围广泛，所有数据集都可以通过用户界面下载，并向公众免费开放。门户的基础设施遵循数据与元数据格式、检索与共享的国际标准和协议，包含一个元数据目录，一个由受控词汇表术语驱动的搜索界面以及一个可以与澳大利亚海洋数据网数据集交互，并提供多种格式数据下载的地图界面。

澳大利亚海洋数据网制定了一项数据政策，旨在通过该数据网门户网站提供海洋数据。该数据网本身不生成任何原始数据，只专注于发布第三方数据，参与该数据网的条件之一是，所提供的所有数据必须供第三方免费访问，不收取任何费用。向该数据网提供的所有数据必须同时包含元数据，并由托管组织或替代组织妥善管理，以便长期使用。根据数据政策，所有数据应该获得适当开放获取的知识共享（creative commons）协议的特许，最好是“知识共享署名许可协议”（CCBY）的特许。知识共享协议是一个非营利组织。数据产品是根据澳大利亚海洋数据网合作伙伴提供的观测数据开发的，产品之一是澳大利亚大陆架海域地图集[4]，包含一个涵盖澳大利亚沿海和大陆架水域原位盐度和温度观测数据的校勘过的数据库，所有数据于1995—2014年的20年间收集而成，已汇编成一个单一数据集，来自全球海洋数据库的数据也对此进行了补充。

6.3.4 海洋数据互操作平台

海洋数据网、澳大利亚海洋数据网和国际海洋学数据和信息交换计划（IODE）一起与海洋数据互操作平台（ODIP）建立了伙伴关系[5]，旨在促进海洋数据管理通用框架的开发，通过国家、地区或国际分布式的海洋观测和数据管理基础设施的发展、实施、增加数据和运行，促进海洋数据的发现和获取。ODIP的目标是利用现有的海洋数据基础设施，建立一个共同的全球数据管理框架，克服海洋数据共享中的众多障碍。

1 http://inspire.ec.europa.eu/。

2 http://imos.org.au/。

3 https://portal.aodn.org.au/。

4 https://imos.aodn.org.au/imos123/home?uuid=f9b50e93-df47-4317-8f1f-f3ed2fed7093；https://imos.aodn.org.au/imos123/home?uuid=0a21e0b9-8acb-4dc2-8c82-57c3ea94dd85。

5 http://www.odip.eu/。

该平台旨在与合作伙伴达成共识、建立信任与合作，以便采用协调一致的方法，统一海洋数据管理基础设施，使其能够在全球范围内应用和采用。

总之，地区和国家网络对其各自的社区做出了重要贡献，并通过国家海洋数据中心的国际海洋学数据和信息交换计划网络，同样为更广泛的国际社区做出了贡献。

6.4 海洋信息管理

6.4.1 从数据到研究知识

国际海洋学数据和信息交换计划（IODE）的海洋信息管理人员（MIM），是研究管理和学术交流生命周期中必不可少的合作伙伴，与数据采集者和管理者发挥着越来越重要的协同作用。信息管理过程中出现的许多重要趋势，都可以为数据管理者和科学作者提供知识创造这方面的支持。IODE主持项目并开发产品，通过海洋信息管理员协助这一过程实施新技术和工具的应用。IODE的国家海洋信息协调员的职权范围已获得IODE委员会的批准[1]。

许多海洋信息管理员参与了数据研究，其他人则需要数据素养方面的指导。他们收集，组织和利用组织内部的信息、数据、专业知识和其他知识资产，确保这些资产可供将来使用。海洋信息管理中心网络在国际范围内合作生产产品，提供服务，以加强我们对全球海洋变化过程和情况的了解。海洋信息管理是海洋知识循环中的一个重要环节。

海洋信息的用户包括各级科学家、政策制定者和学生、教育工作者以及工商业。海洋信息管理员与海洋数据管理员交互合作，提供各种在线媒体格式的信息产品。数据被重新包装为不同形式，如网站、存储和可获取的科学研究出版物的区域存储库、图像、数据、专业馆藏在线目录、数字化的科研馆藏（否则很难查找）、电子引用数据库和互联网文献等。海洋信息管理员制定了信息传播的国家和国际标准，建立了网络化的个人和专业团体，在新产品开发、培训课程和技术方面进行合作，以提供海洋和大气信息。

过去，图书馆藏书主要指书架上的实物书本，电子出版物的出现极大地增加了科学文献的使用广度，但剧增的订阅成本使许多图书馆无法满足研究人员的需求。IODE计划编制了开放科学目录（Open Science Directory）[2]，为发展中国家提供免费或低价的电子期刊，并为一些成员国提供资助。国际水生和海洋科学图书馆及信息中心协会（IAMSLIC）支持Z39.50分布式图书馆和馆际互借计划，从而扩大了其成员及时获取科学出版物的机会。

国际“开放读取”运动加快了海洋图书馆从模拟到数字化的进程。开放读取是指免费、即时、在线的读取研究文章，并在数字环境中充分使用文章的权利。开放读取是研究交流急需的现代化更新，它充分利用了互联网建立的初衷，即加速研究，并免受众多限制（版权和许可限制）。开放读取可以应用于所有已发表的研究成果。尽管电子期刊和在线图书馆目录已在海洋科学图书馆存在多年，但“开放读取存储库”或“机构知识库”（IR）现已被指定为一种由政府、资助者和国家授权，可以公开免费获取资助研究成果的方法。主题存储库，如海洋文件（OceanDocs）[3]以及由成员国开发的其他机构存储库，在出版物开放访问过程中发挥了辅助作用。IODE已经制定了数据发布的最佳实践标准以及数据中心和电子存储库的图书馆员准则（Leadbetter et al.，2013）。

海洋信息管理的总趋势包括开放获得、系统互操作性、加强国际合作和网络发展。协作网络的发展一直被公认为对于加快学术研究的步伐和进步十分重要，而学术研究的进步一直是IOC尤其是IODE的目

1 http://www.iode.org/nc-mim。

2 http://www.opensciencedirectory.net/。

3 http://www.oceandocs.org/。

图6.3　引用海洋生物地理信息系统（OBIS）并记录在科学网上的约500种出版物中合著作品者所属国家之间的关联（超过1 000篇引用OBIS的论文列在http://www.iobis.org/library上，由佛兰德斯海洋研究所图书馆提供支持）

没有关联的数据点表示单个作者论文

资料来源：OBIS，2017年文献计量数据集，网址：http://www.iobis.org/图书馆和科学网

标。海洋专家（Ocean Expert）[1]提供了一种利用个人永久性标识符的网络工具，可以与科学家职业生涯的出版物、活动、科学事件和机构相关联。永久性标识符和关联数据的广泛使用，可能会对海洋信息管理员未来提供的服务类型产生重大影响。IODE还参与了诸如研究数据联盟（RDA）等计划，以确保海洋科学界与国际数据标准和海洋信息管理员的最佳实践相关联。

新技术使研究成果的分析更加复杂。研究数据和出版物的绩效指标（如文献计量学）可以衡量科学研究对个人、机构、国家和国际产生的影响（详见第5章），上述研究通常由高级学术和研究机构的图书馆完成，国际上已出现利用可视化技术的协作网络。图6.3表明相互合作的科学家之间的众多关联，因而发表了许多引用OBIS的科学文章，值得注意的是，它不仅包含北-北关联，还有南-北和南-南关联。通过开放获取数据，OBIS为科学研究提供了公平的数据获取途径和研究优势，增强了国际合作[2]。

学科之间和学科内部最佳实践与标准之间的巨大差异，是一个重要障碍。为了解决这一问题，IODE开发了海洋数据实践（OceanDataPractices）平台[3]和海洋知识（OceanKnowledge）平台试点项目[4]。这都是IODE试图将互操作性和标准应用于产品和项目的典范。UNESCO、IOC和IODE的项目和产品，使公众能够公开自由地获取海洋信息。

海洋教师全球学院（Ocean Teacher Global Academy）利用开源软件存储海洋数据和信息管理课程以及其他海洋科学专题，这些资源可以帮助海洋信息管理员和数据管理员减少对传统采集服务的依赖，更看重知识创造和新信息产品。

一方面需要资源支持数据素养，另一方面图书馆员不愿意参与数据活动，两者之间存在一个潜在鸿沟。图书馆和信息科学领域的原则和价值观为不断发展的数据科学学科提供了独特而必要的视角。学习资源，如“23件事：研究数据图书馆——无障碍共享研究数据”[5]可以帮助海洋信息管理员将数据管理纳入信息服务实践中，因此建议加强与数据管理员的协作。

1　http://www.oceanexpert.net/。
2　OBIS对海洋科学研究的贡献已得到联合国大会认可（实例见：A/RES/69/245）。
3　http://www.oceandatapractices.net/。
4　http://www.iode.org/okn。
5　https://www.rd-alliance.org/23-things-libraries-research-data-rdas libraries-research-data-interest-group.html。

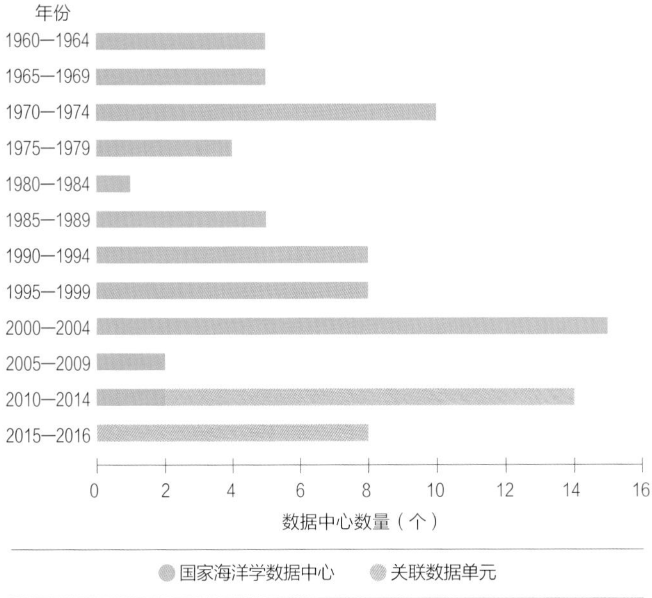

图6.4　1960—2016年间创建的IODE的国家海洋学数据中心/关联数据单元数量

蓝色表示国家海洋学数据中心；灰色表示关联数据单元

资料来源：IODE，2017年

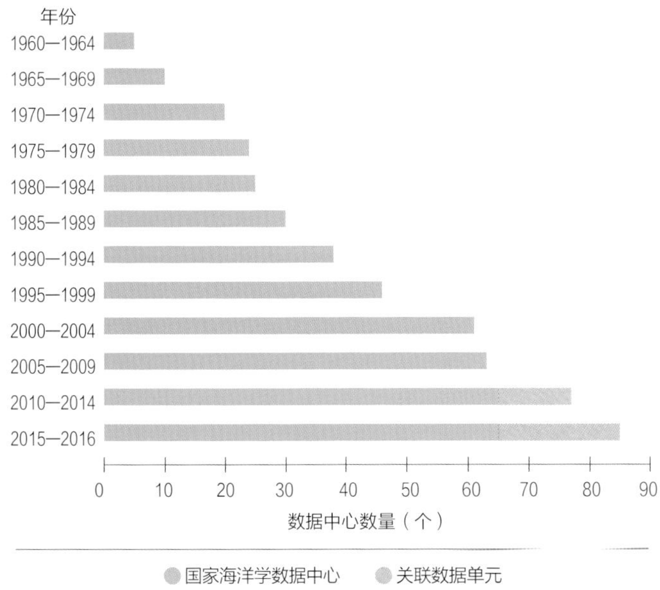

图6.5　1960—2016年间创建的IODE的国家海洋学数据中心/关联数据单元的累计数量

蓝色表示国家海洋学数据中心；灰色表示关联数据单元

资料来源：IODE，2017年

6.5　国家数据和信息管理能力评估

国际海洋学数据和信息交换计划（IODE），是一个仅处理海洋数据管理和交换的全球数据中心网络，然而，海洋学研究中心、项目和研究小组正加强对自有数据的管理和传播，因此，IODE网络已经开始邀请上述机构作为关联数据单元，加入其交换计划当中。

6.5.1　政府间海洋学委员会（IOC）成员国参与国际海洋学数据交换

为了实现国际海洋学数据和信息交换计划（IODE）的目标，IOC成员国在该交换计划下建立了一个各国海洋学数据中心的全球网络，并自2013年起建立了关联数据单元（包括OBIS节点）。

图6.4和图6.5表明各国海洋学数据中心的建立有两个高峰期：分别是1970—1974年和2000—2004年。后者由非洲海洋数据和信息网络（ODINAFRICA）统计，该项目由佛兰德斯政府（比利时王国）资助，于1997—2014年间开展，在促进非洲海洋学数据与信息能力发展的过程中发挥了重要作用。自2013年起，由于很多项目、计划、机构或组织都可以建立关联数据单元，因而数据中心的数量增加了30%（从65个增加到85个），从而表明，除了国家海洋数据中心以外，其他实体管理海洋数据的能力日益增强。

这里提供的数据基于2016年6月24日至9月19日期间，在IODE社区（该交换计划的国家数据管理协调员、国家海洋信息管理协调员和相关数据单位联络点）进行的在线调查答复。在114个联络人中，共有76人（67%）做出了答复。答复者中的47人属于国家海洋学数据中心，17人属于关联数据单元或OBIS区域节点，17人为海洋图书馆员。需要注意的是，有些机构既有数据中心又有海洋图书馆。

为了区分地域差异，所提供的结果将国家海洋学数据中心与关联数据单元（$n = 57$）的答复相结合，并将其分为4个区域（详见附录7）。需要注意的是，有些国家的受访者不止一位。

6.5.2 与其他数据中心和政府间海洋学委员会（IOC）计划的合作

全球大多数数据中心都参与了国家、地区和全球合作活动（图6.6）。拉美地区涉及数据与信息管理合作的主要区域活动包括加勒比海海洋图集（CMA）、加勒比大型海洋生态系统（CLME）、支持沿海地区综合管理的东南太平洋数据和信息网络（SPINCAM）以及加勒比和南美洲地区海洋数据和信息网（ODINCARSA）。

在非洲，通过南美洲地区海洋数据和信息网以及如几内亚洋流大型海洋生态系统（GCLME）和加那利洋流大型海洋生态系统（CCLME）等区域大型海洋生态系统（LME）开展区域合作的比例很高。非洲地区的具体举措还包括非洲物理海洋学区域方案（PROPAO）、印度洋全球海洋观测系统（IOGOOS）、非洲监测环境与安全（MESA）、非洲全球海洋观测系统（GOOS-Africa）、马达加斯加生物多样性信息设施（MadaBIF）、西印度洋海洋科学协会（WIOMSA）、联合国环境规划署（UNEP）信息交换中心机制、热带大西洋系泊阵列试点研究（PIRATA）、观测西非海岸的任务（MOLOA）和西非地区非洲联盟（AWA）。

亚太地区也有许多参与数据与信息管理合作的特别组织和行动，如联合国环境规划署/西北太平洋行动计划（UNEP / NOWPAP）、微量元素及其同位素的海洋生物地球化学循环的国际研究（GEOTRACES）、海洋数据互操作性平台（ODIP）、全球海洋观测系统（GOOS）、东北亚地区全球海洋观测系统（NEAR-GOOS）、西太平洋区域海洋数据和信息网（ODINWESTPAC）、政府间海洋学委员会西太平洋分委会（WESTPAC）、季风起始监测及其社会和生态系统影响（MOMSEI）、世界气象组织（WMO）、国际水文学组织（IHO）、北太平洋海洋科学组织（PICES）和国际海洋勘探理事会（ICES）。

欧洲委员会对泛欧海洋和海洋数据管理基础设施（SeaDataNet）、欧洲海洋观测和数据网络（EMODNet）和海洋数据互操作性平台（ODIP）等区域海洋数据项目的投资，以及与国际海洋勘探理事会（ICES）、《保护波罗的海区域海洋环境赫尔辛基公约》（HELCOM）、欧洲全球海洋观测系统（EuroGOOS）和地中海全球海洋观测系统（MedGOOS）的合作，在区域合作中所占比例

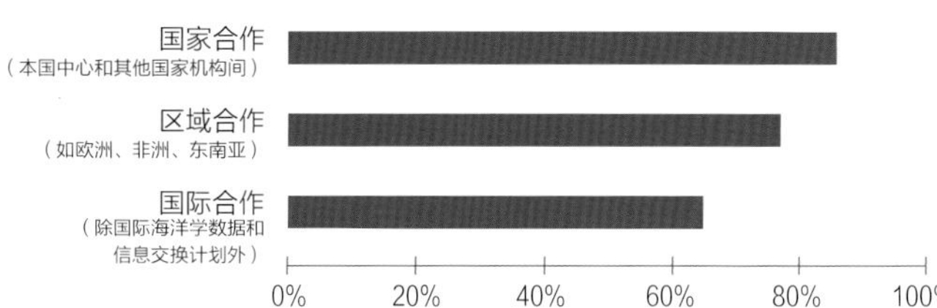

图6.6 参与国家、地区和国际三种合作类型的国家数据中心比例
资料来源：IODE调查，2016年（来自57个联络中心的回复）

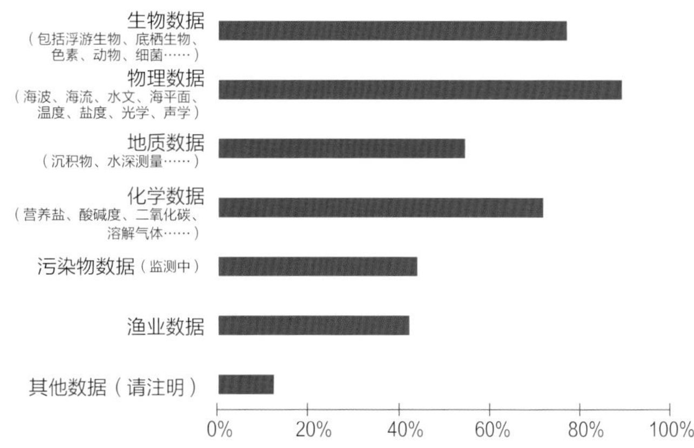

图6.7 国家数据中心定期收集和管理的观测数据类型占受访者的百分比
资料来源：IODE调查，2016年（来自57个联络中心的回复）

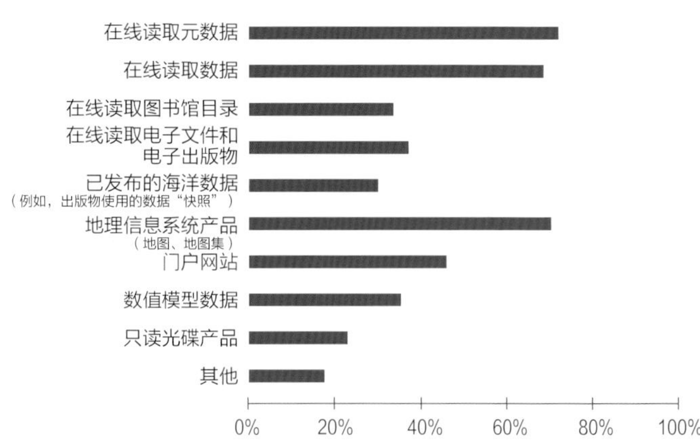

图6.8 各数据中心向客户提供的数据和信息产品占答复者的百分比
资料来源：国际海洋学数据和信息交换计划调查，2016年（来自57个联络中心的回复）

很高。欧洲地区的其他主要倡议举措包括哥白尼（Copernicus）、杰里科（Jerico）、北极动植物保护（CAFF）、欧洲运营商选定的科学考察船巡航方案可搜索数据库（Eurofleets）、风险（HAZADR）、以政策为导向的南欧海洋环境研究（PERSEUS）、海洋环境数据和信息网（MEDIN）、海洋总测深图（GEBCO）、微量元素及其同位素的海洋生物地球化学循环的国际研究（GEOTRACES）、全球海平面观测系统（GLOSS）、阿尔戈（Argo）、大西洋观测系统（AtlantOS）、欧洲多学科海底和水柱观测台（EMSO）、国际质量控制海洋数据库（IQuOD）、全球长期深水基准站系统（OceanSites）、爱尔兰-比斯开湾-伊比利亚区域海洋学操作系统（IBI-ROOS）、海岸至海岸的海洋保护区网络（CoCoNet）、黑海环境监测（EMBLAS）、黑海科学网（Black Sea SCENE）、大西洋研究联盟（AORA）、里海环境和工业数据信息服务（Caspinfo）、世界海洋物种登记（WoRMS）、海洋跟踪网络（OTN）、长期生态研究（LTER）、欧洲生物多样性与生态系统研究电子科学基础设施（LIFEWATCH）、欧洲海洋生物资源中心（EMBRC）、北大西洋海洋哺乳动物委员会（NAMMCO）、国际大西洋金枪鱼保护委员会（ICCAT）、泛欧海洋监测和预报能力（MyOcean）和南大洋观测系统（SOOS）。

6.5.3 国家海洋学数据中心管理的海洋学数据类型

总体而言，国际海洋学数据和信息交换计划（IODE）数据中心主要管理物理数据，其次是生物数据和化学数据（图6.7）。只有不到半数的数据中心收集有关海洋污染物和渔业的数据。

然而，国家海洋学数据中心或关联数据单元处理的数据类型存在区域差异。拉丁美洲、欧洲（包括俄罗斯）和亚洲/太平洋地区，物理、生物和化学数据的覆盖率相当，而地质和地球物理数据的覆盖率较低，亚太地区除外。在非洲，生物、物理和渔业数据是数据中心管理的主要类型，而地质、化学和污染物数据则不很重要。同样，拉丁美洲的数据中心也报告说，在处理污染数据方面几乎没做什么工作。

6.5.4 国家海洋学数据中心（NODC）和关联数据单元（ADU）提供的服务

NODC和ADU的各数据中心提供给用户的数据和信息产品也存在差异，排名全球前三位的产品是：①在线获取元数据；②地理信息系统（GIS）产品；③在线获取数据（图6.8）。从区域上来看，所有地区提供的在线地理信息系统产品所占比例最高。允许访问元数据和数据是欧洲（包括俄罗斯）和亚洲/太平洋地区数据中心提供的最大服务之一。一般而言，开放海洋学/海洋数据访问服务正在成为惯例，但在拉丁美洲和非洲，只有少数数据中心重视该项活动。在数字模型数据中也可以观察到类似模式，它反映出只有非洲强烈依赖只读光碟传播数据。

在全球范围内，各数据中心向客户提供的三大服务包括：①数据存档；②数据可视化；③数据质量控制工具（图6.9）。提供数量最少的服务是虚拟实验室、云计算空间和为数据集提供数字对象唯一标识。

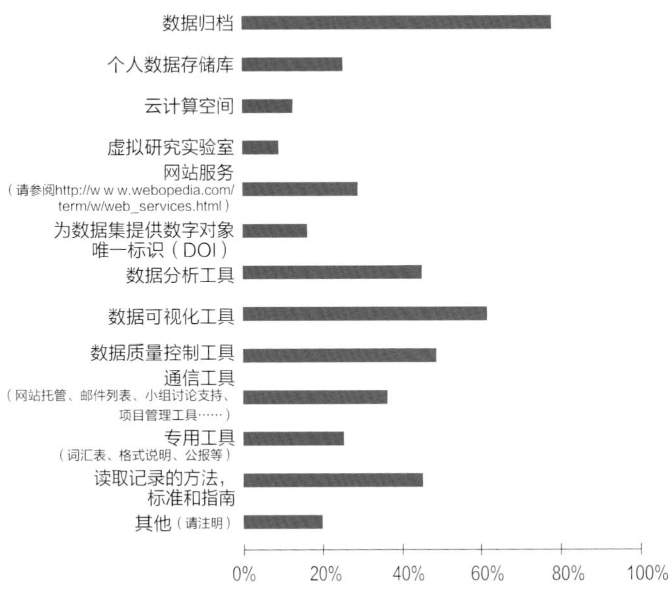

图6.9 各数据中心向客户提供的服务占答复者的百分比

资料来源：IODE调查，2016年（来自57个联络中心的回复）

从地域上讲，所有四个区域的NODC和AUD都报告称，提供数据存档服务是其主要的数据管理活动之一，只有拉丁美洲的该项服务比率略低于平均水平（图6.10）。然而，100%的拉丁美洲数据中心提供数据可视化服务，而非洲数据中心则很少提供该类服务，同样，非洲数据中心提供的数据质量控制工具也低于其他地区。

各数据中心提供的数据、产品或服务的客户和终端用户形形色色，代表了不同的社会部门，尤其反映出海洋学数据和信息与经济、研究、公共管理和商业的广泛相关性。根据国际海洋学数据和信息交换计划（IODE）的调查结果，在全球范围内，

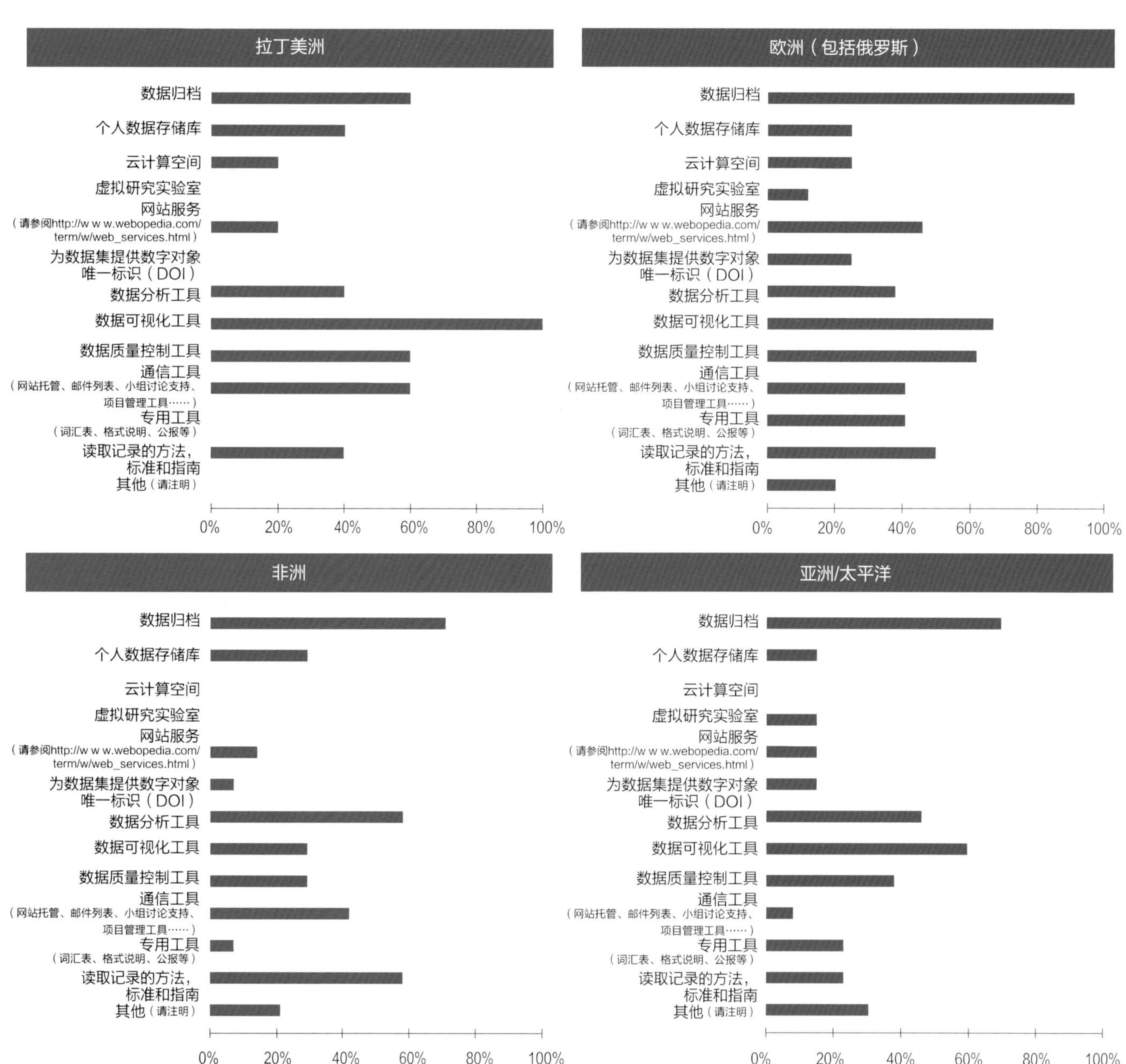

图6.10 各数据中心向客户提供的服务占每个地区答复者的百分比

资料来源：IODE 调查，2016年（来自57个联络中心的回复）

数据、产品或服务的核心用户，首先是国内和国际研究人员以及公众，其次是政策制定者和私营部门（图6.11）。区域分析未揭示用户受众因地区不同而存在显著差异，只有在亚洲/太平洋地区，国家研究人员是最大的客户。

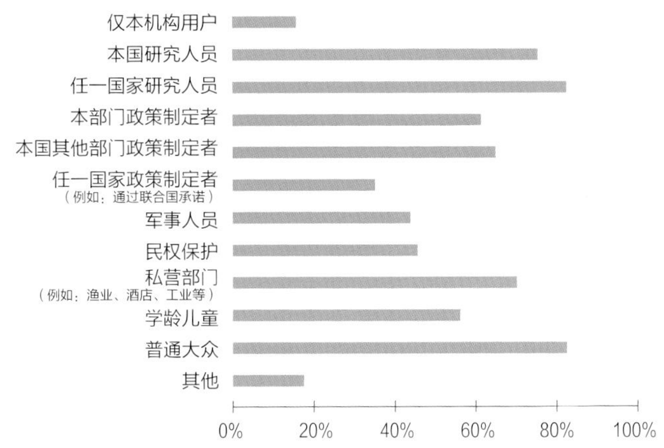

图6.11　数据中心提供的数据、产品或服务的客户和最终用户
资料来源：IODE 调查，2016年（来自57个联络中心的回复）

6.5.5　数据政策和数据访问限制

明确的国家数据存储和共享政策，是确保海洋学数据和信息存储、共享和使用的优先事项之一（详见第6.1节）。全球范围内，在实行或不实行国家数据共享政策的国家之间存在一种平衡。

然而，区域分析却呈现出显著差异，69%的亚太区域成员国制定了国家数据共享政策，而非洲只有31%的成员国制定了该政策（图6.12）。

总体而言，数据共享和开放数据访问是国际和区域海洋学数据和信息管理系统的核心组成部分。对于图6.11中显示的大多数社会群体来说，能够获取和使用数据、数据产品和服务是一个先决条件，这种可能性的大小，取决于国家对数据分享的限制程度（很少或者无限制）。在全球范围内，63%的数据中心对“某些”数据类型的获取实行限制，40%的数据中心在某一时间段实行限制（图6.13）。

区域分析显示，所有做出答复的拉丁美洲数据中心都对数据访问实行限制，而不设置任何限制的数据中心从10%（欧洲，包括俄罗斯）至35%（非洲，图6.14）不等。亚太和拉美的数据中心主要实施的是地理限制，在某一时段设置限制的做法在亚太地区也很常见。

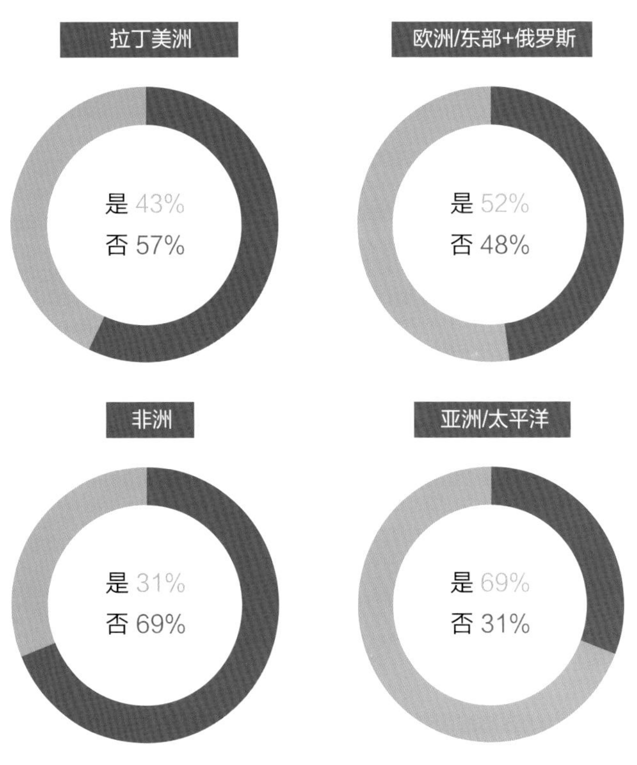

图6.12　所调查的数据中心中有多少具有关于数据管理和共享的国家数据政策示例
资料来源：IODE 调查，2016年（来自56个联络中心的回复）

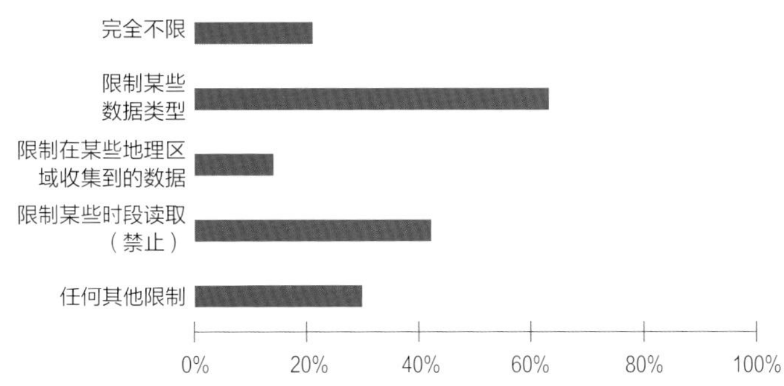

图6.13　限制/不限制数据获取的数据中心百分比
资料来源：IODE调查，2016年（来自57个联络中心的回复）

6

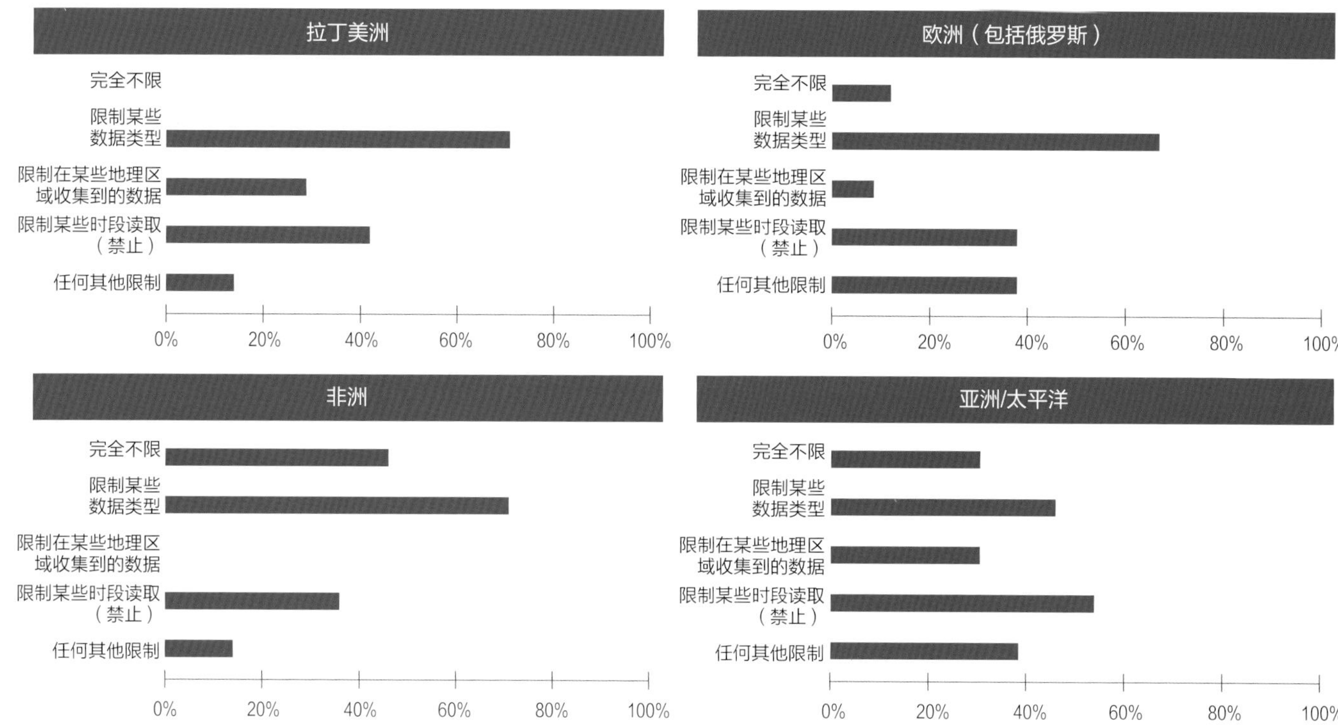

图6.14　按地区划分的限制/不限制获取数据的数据中心百分比
资料来源：IODE调查，2016年（来自56个联络中心的回复）

及时、自由且不受限制的国际海洋学数据交换，对于有效读取、整合和利用世界各国因各种目的而收集的海洋观测数据至关重要，包括天气和气候预测、海洋环境运行预测、保护生命、缓解人为引起的海洋和沿海环境变化以及促进科学理解能力的提升。

认识到上述目标对全人类的重要性以及IOC及其计划在该方面的作用，IOC成员国就海洋学数据及其相关元数据的国际交换政策达成一致意见。在全球范围内，64%的IODE数据中心应用了IOC海洋学数据交换政策，仍有21%的受访对象表示不知道其成员国是否应用了IOC的海洋学数据交换政策（图6.15）。

区域分析显示，欧洲（包括俄罗斯）和亚太地区的数据中心对IOC的数据政策的应用最多，其次是非洲（图6.16）。拉丁美洲数据中心对该政策应用的认识不足。

6.5.6　与其他网络共享数据

说明数据共享程度的另一种方法，是看数据中心提供的数据和信息是否有助于国际系统，例如：看数据能否被主动发送或提供给世界数据中心、全球数据

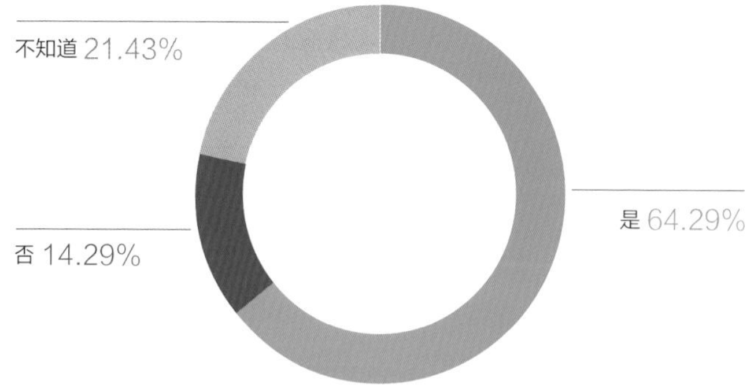

图6.15　应用或不应用第IOC-XXII-6号决议通过的IOC海洋学数据交换政策的数据中心分布图
资料来源：IODE调查，2016年（来自56个联络中心的回复）

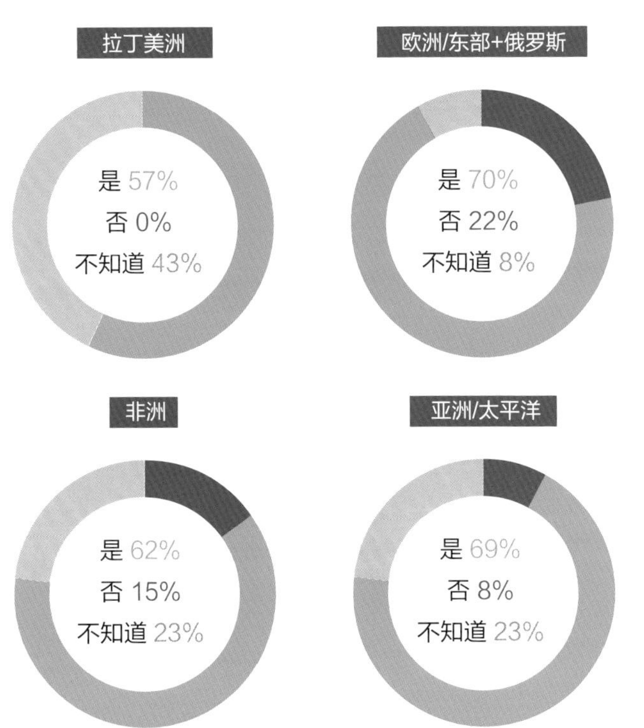

图6.16　按区域划分的应用或不应用IOC海洋学数据交换政策的数据中心分布图

资料来源：IODE调查，2016年（来自56个联络中心的回复）

汇编中心（GDAC）或其他此类国际系统。调查显示，全球大多数（74%）数据中心能积极与其他国际系统和网络合作，进行信息/数据共享（图6.17）。

然而，在是否以及如何在国际或区域数据系统间进行数据和信息共享上，各地区存在显著差异。欧洲数据中心在与其他系统和网络共享数据方面最为活跃。而据报道，非洲很少与大型数据系统共享数据（图6.18）。全球系统，如海洋生物地理信息系统（OBIS）、全球生物多样性信息设施（GBIF）以及阿尔戈（Argo），接收来自世界各地的数据。

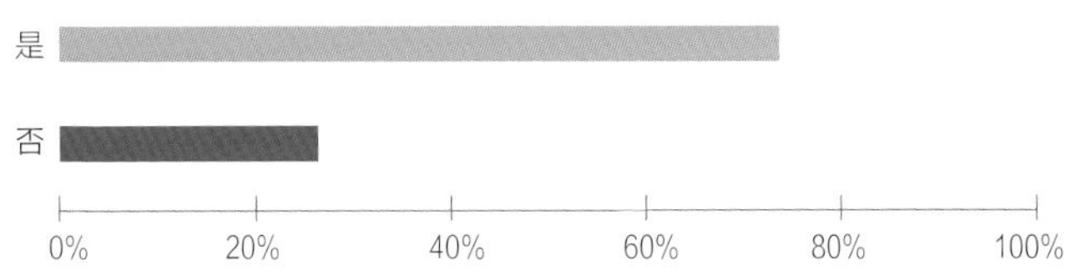

图6.17　数据中心的数据和信息是否有助于国际系统说明图（如将数据积极发送或提供给世界数据中心、全球数据汇编中心或其他此类国际系统）

资料来源：IODE调查，2016年（来自56个联络中心的回复）

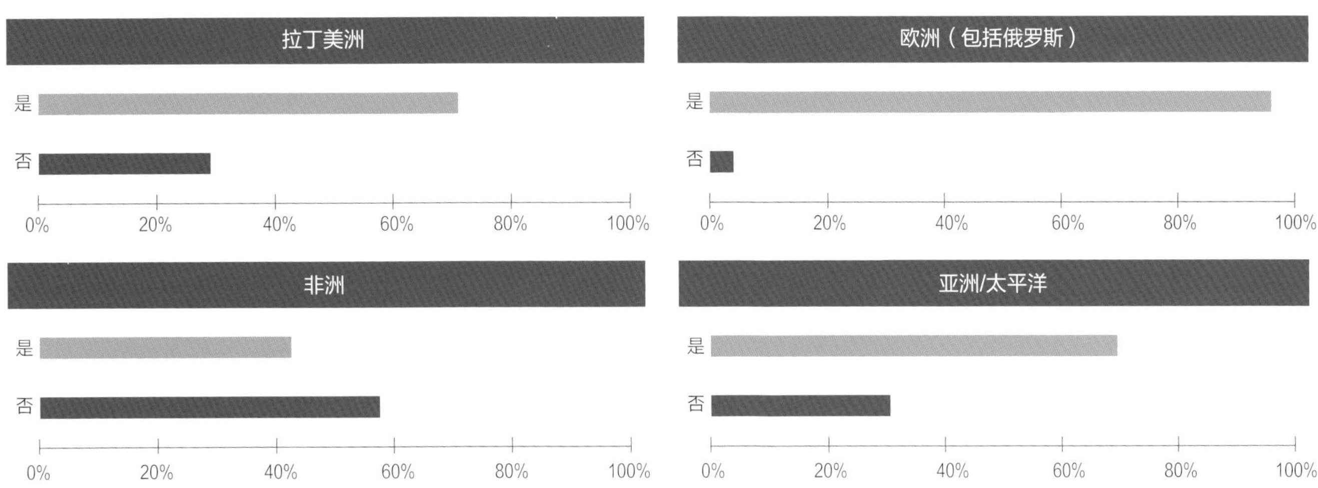

图6.18　按照地区划分的数据中心的数据和信息是否有助于国际系统的说明图（如将数据积极发送或提供给世界数据中心、全球数据汇编中心或其他此类国际系统）

资料来源：IODE调查，2016年（来自56个联络中心的回复）

参考文献

Austin, C. C., Bloom, T., Dallmeier-Tiessen, S., Khodlyar, V. K., Murphy, F., Nurnberger, A., Raymond, L., Stockhause, M., Vardigan, M., Tedds, J. and Whyte, A. 2016. Key components of data publishing: Using current best practices to develop a reference model for data publishing. International Journal of Digital Librarianship, Vol. 18, No. 2, pp. 77-92.

Leadbetter, A., Raymond, L., Chandler, C., Pikula, L., Pissierssens, P. and Urban, E. 2013. Ocean Data Publication Cookbook. Paris, UNESCO.

UN, DOALOS. 2010. Marine Scientific Research. A revised guide to the implementation of the relevant provisions of UNCLOS. New York, UN.

SEMARNAT
NOAA

第7章 国际海洋科学支持组织

第7章
国际海洋科学支持组织

Luis Valdés[1]，Jan Mees[2]，Henrik Oksfeldt Enevoldsen[3]

1　西班牙桑坦德海洋学中心西班牙海洋研究所
2　比利时佛兰德斯海洋研究所
3　联合国教科文组织政府间海洋学委员会

Valdés, L., Mees, J. and Enevoldsen, H. 2017. International organizations supporting ocean science. In: IOC-UNESCO, *Global Ocean Science Report—The current status of ocean science around the world.* L. Valdés et al. (eds). Paris, UNESCO, pp. 146–169.

7.1 引言

在分析海洋科学国际合作的动机与益处时，需要从政策和行政角度进行反思。在20世纪的大部分时间里，海洋科学活动和建议主要集中在少数国家，在20世纪的后几十年中，科学和创新逐渐变得真正全球化（皇家学会，2011）。20世纪许多重大的全球性挑战都来自科学领域（Owen et al.，2012），当前越来越多的人在更多地方开展更多的科学研究，因此管理者和决策者需要开阔视野，不断更新自身的科学知识。不但科学家本身需要如此，参与国际科学或保护主义的民间社会组织的非科学家人士也应如此。

研究人员采用多种方式对科学领域的知识生产进行管理、规范，通过同行评审和复制的方式掌控知识范畴，并运用会议报告和专业出版物等方式管理科学传播（欧洲委员会，2009）。此外，科学家通过同行评审和经费评审小组，对研究资金的审核过程产生极大影响，并制定有关聘用和晋升科学家的决策。

外部管理旨在通过以下方式对科学进行规定、监管和传播：①对某些类型的研究进行上游资助，从而将科学研究引向特定方向；②执行人员和组织标准；③将某些属性（如产权）附加到科学知识和创新产品上；④对新科技的误用和滥用行为进行下游监管或限制；⑤教育公众并鼓励对科学产品和过程进行辩论（欧洲委员会，2009）。此外，科学外交[1]可以促进国际合作，有助于各国之间知识交流和技术转让以及欠发达国家的能力建设。

简而言之，海洋科学政策关注的是科研领域中的优先次序，并指导国内外在环境保护、食品安全、人类健康与福祉以及其他任何部门的知识生产和应用。传统上，海洋管理以部门为导向（如：渔业捕捞和水产养殖、航运、近海石油和天然气以及海上可再生能源等），因而呈分散状。各种政府间、非政府以及多利益攸关方论坛和联盟都对海洋问题进行争论，上述组织受处理各种海洋管理问题的若干双边和多边约束力协议以及非约束性文书的监管，并涉及众多部门，随着干预组织数量的增加，复制、能力重叠、游说、潜在的约束性政治行为或对无作为进行辩护的风险也在增加。事实上，科学与政治“节奏”间的分歧可能对科学政策的努力造成破坏，高速的科技创新为政府和公众带来了挑战，要求他们迅速适应新兴并紧迫的科学和环境问题。

随着对海洋空间和资源利用的日益增多以及民间社会对海洋事务关注的逐渐加强，人们意识到，现有的以部门为导向的区域和国际政策局面无法高效并有效地解决复杂的海洋问题，这些新问题在一定程度上解释了科学外交领域中为什么会出现许多新的参与者，这些新的参与者大多数属于非政府组织（NGO），具有“监察”和快速响应能力。

各地、各国、各区域以及全球都有许多处理海洋问题的机构和倡议，它们经常在地理位置和/或授权或主题议程中有所重叠，因而一致性较差。鉴于此，当前大量参与海洋管理的现有组织在其所认为的客观性和可靠性方面，都面临着挑战。

本章旨在对现有支持[2]海洋科学、管理和相关问题的国际法律和制度框架进行概述，以合乎逻辑和有意义的方式引导读者了解复杂的组织机构、国际法律文书及其治理过程，从而了解组织功能以及组织间如何根据兴趣、授权和政策角色及其他标准进行连接和聚集。本章试图在跨越不同空间尺度的（区域和全球）直接或间接处理海洋问题的机构和框架（国际的、政府间的和非政府的）之间建立联系。

---

1 科学外交是利用各国之间的科学合作，来解决共同问题并建立建设性的国际伙伴关系。

2 就本章目的而言，“支持”一词包括的要素范围很广，例如：提供科学指导、统管、利益、倡导、建议、政策、管理、治理、产品和/或服务规定、信息、游说等。

必须指出的是，尽管本章的目的不是对任何与海洋管理和/或海洋可持续利用有关的机构议程（有时是相互交叉的）提出调和建议，但是本章提供的信息及相关结论可能有助于加强机构协调和/或促使人们做出明智的科学决策。

7.2 与海洋科学和管理有关的国际组织和流程

对人类在海洋中的活动进行有效的管理需要多边和区域管理框架（Campbell et al.，2016；Thrush et al.，2016；Tjossem，2016）。本节主要讨论海洋科学和管理所涉及的各种组织、文书和流程，从短期作业管理到长期政策制定和规划，从传统的行政管理形式到现代的参与决策形式（本章后附录）[1]。

7.2.1 政府间国际组织（IGO）

政府间国际组织或政府间组织（IGO）主要由主权国家（通常称成员国）或其他政府间组织构成。IGO根据条约、公约或其他协议建立，并以此为章程创建该组织，章程一旦获得各成员国批准，该组织即成为国际法人[2]。IGO是国际公法的主要贡献者，它们是众多协议的缔约方，也是科学合作的重要促进者。

政府间组织的职能、成员和成员标准各不相同。通常，条约中会列出其不同的目标、授权、范畴和地理范围。有些组织的覆盖范围较广，如联合国（UN），而其他组织可能只负责某一特定主题的授权和/或地区范围，如区域渔业管理组织（RFMO）或地中海科学委员会（CIESM，其前身为地中海科学勘探国际委员会）等组织。本章主要涉及以下类型的政府间组织：

- 符合特定标准的，包含全世界各国，并向它们开放的全球组织，如联合国及其专门机构；
- 联合国框架下的区域国际文书，包括为促进区域管理结构而设立的联合国附属机构；
- 向来自特定大陆或世界特殊区域成员开放的区域国际组织。

7.2.1.1 联合国海洋科学知识和环境管理系统[3]

联合国系统中的海洋事务被分散在联合国的若干实体部门，包括渔业、航运、采矿、污染、科学等，根据其具体任务，联合国实体部门提供不同的服务，如技术援助和能力开发、研究和数据管理、政府间流程支持、财政援助、方式方法和外联等（Valdés，2017）。此外，联合国系统内的机构有权对作为国际法标志的条约和公约进行谈判。

联合国一系列的机构组织和由条约与公约形式体现的国际法，构成了当今联合国处理海洋科学/知识以及全球环境管理问题的体系基础。该体系还有两个额外支撑：一是全球研究计划以及由联合国系统发起的倡导实施环境管理和治理良好做法的倡议；二是与科学和政策之间相互联系。按照Valdés（2017）提出的四螺旋模型，将该四要素进行组合（图7.1）[4]。

---

1 《全球海洋科学报告》问卷（2015年）包括一个关于“区域和全球支持海洋科学组织”的部分。成员国的答复用于本章机构组织的实例和汇编，本章附录中列出了机构组织和其简称的完整清单。

2 应将法律意义上的政府间组织与国家集团或联盟区分开来，例如7国集团（G7），尚未由一个组成文件建立，而只是作为论坛存在。

3 有关此主题的其他信息，请参阅Valdés在2017年发表的文章。

4 有关螺旋模型的更多信息，请参阅Carayannis和Campbell在2011年发表的文章。

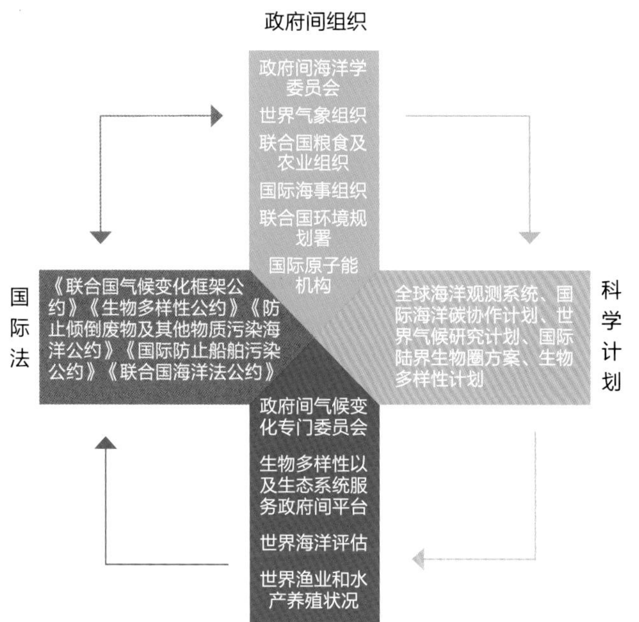

图7.1　四螺旋模型展示了联合国海洋科学知识和环境治理结构（该处显示的组织和机构不够详尽）

资料来源：根据Valdés重绘，2017年

该四螺旋模型的稳健性在于，通过知识的循环，任何一个螺旋子系统中的科学、技能或决策的新发现，可以成为另一个螺旋子系统的知识输入（Carayannis，Campbell，2010）。根据Valdés（2017）提出的四螺旋模型，为了确保该四螺旋模型的稳定性并促进其可持续发展，每一个支柱（螺旋）都有与社会和科学相关的特殊和必要作用：

- 政府间实体：联合国机构和组织是多边政治体系的支柱，为其政治决策提供了合法性。这些组织至关重要，因为它们明确表达了各国的集体需求，并"愿意去付诸行动"，同时进行资源配置，是国际法的推动者（Valdés，2017）。鉴于本研究的目的，以下13个实体被确定为直接参与海洋事务或承担特定海洋事务任务的组织（按字母顺序排列）：联合国粮食及农业组织（粮农组织，FAO）、国际原子能机构（IAEA）、国际劳工组织（ILO）、国际海事组织（IMO）、联合国教科文组织政府间海洋学委员会（IOC-UNESCO）、国际海底管理局（ISA）、联合国经济和社会事务部（UNDESA）、联合国海洋事务和海洋法司（UN-DOALOS）、联合国开发计划署（开发计划署，UNDP）、联合国环境规划署（环境规划署，UNEP）、联合国工业发展组织（UNIDO）、世界银行（WB）和世界气象组织（WMO）。
- 国际自然环境管理法：国际公约和条约对正式批准该公约和条约的国家具有法律约束力，是海洋环境可持续发展和管理的关键推动因素。通过规范人类的活动和影响，它们为保护环境所做的国际努力制定了框架和目标（基于科学知识和社会经济状况）。政府间组织可以促进并参与条约和公约的谈判，其秘书处和成员国可以促进彼此间以及与社会行动者之间的对话，从而调整立法以适应新生问题、新的科学知识和社会经济环境（Valdés，2017）。一些国际海洋条约/公约[1]包括（按字母顺序排列）：《生物多样性公约》（CBD）、《保护野生动物移栖物种公约》（CMS）、《防止倾倒废物及其他物质污染海洋公约》（《伦敦公约》或LDC）、《国际船舶压载水和沉积物控制与管理公约》（BWM公约）、《国际防止船舶造成污染公约》（MARPOL）、《联合国海洋法公约》（UNCLOS）和《联合国气候变化框架公约》（UNFCCC）（本章后附录）。
- 可持续性科学计划：这些计划促进了自然、社会和人文科学为可持续发展而创造的科学知识，包括对生态系统功能的理解以及与人类健康、福利和安全的联系，从而使政治决策建立在坚实的科学证据基础上（Valdés，

7

1　IOC成员国对《全球海洋科学报告》问卷（2015年）的回答中提到了这些公约。

2017）。目前，一些始建于1992年的全球环境变化（GEC）计划和项目，正在转变为一项名为“未来地球”的新的总倡议[1]。这些全球环境变化计划由政府间及非政府间国际组织发起和支持，如国际科学理事会（ICSU）、世界气象组织（WMO）、联合国教科文组织（UNESCO）、联合国教科文组织政府间海洋学委员会（IOC-UNESCO）和联合国环境规划署（UNEP）。

- 科学与政策相互联系：这是指为了可持续性地将科学计划产生的大部分科学知识，消化并转化为与政策相关信息的一系列过程。因此，该螺旋模型提供了国际法和政府间组织所要解决的问题的全面信息，以便使最新的科学发现在高级别政策讨论中有所体现（如缔约方会议、国际公约理事机构和其他治理会议）。联合国体系中有几个专门负责科学与政策相互联系的机构，其中政府间气候变化专门委员会（IPCC）最为公众和政策制定者所熟知，该组织将对气候变化的研究进行提炼和吸收，并将结论发表在著名的《评估报告》上[2]。其他相关科学与政策相互连接计划包括世界渔业和水产养殖状况（SOFIA）、世界海洋评估（WOA）和生物多样性和生态系统政府间科学政策服务平台（IPBES）（Valdés，2017）。

很多时候，在外部观察员看来，两个或多个组织的授权和/或活动有所重叠或重复，有时，这是对某些活动指令/方法的误解，大多数情况下，这些活动是互补的。通常来说，这些组织愿意合作而非竞争（Valdés，2017）。然而，联合国大会（UNGA）在相继的决议中（如56/12、57/141和58/240号决议），要求联合国秘书长确保在联合国秘书处的相关实体以及联合国系统内涉及“海洋和沿海问题”的相关组织之间，建立有效、透明和定期的机构间协调机制（Valdés，2017），由此诞生了联合国海洋这一机构（第7.2节）。

7.2.1.2 联合国框架下的区域文书

“全球化思考，本地化行动”，这一座右铭对联合国系统十分有效，联合国愿意促进区域管理构架，并已在其职权范围内推动或通过了一些区域附属机构，如联合国粮农组织（FAO）区域渔业组织，联合国环境规划署（UNEP）区域海洋方案和政府间海洋学委员会（IOC）区域亚委会等。这些区域行动者提供的信息和分析在解决海洋整体问题时，给全球带来了实际利益，然而，在某些情况下，他们需要付出更多努力，以超越区域的特殊性和取向性。

根据FAO（2012），区域渔业机构（RFB）的作用在于促使各国和组织，为保护、管理和/或发展渔业及解决相关问题而共同努力。有些区域渔业机构具有咨询授权，为其成员提供不具约束力的建议、决策或协调机制，其他区域渔业机构具有管理授权，对其管理区域实施约束性的监管权力。这些区域渔业管理组织（RFMO）和区域渔业管理安排（RFMA）侧重对区域范围内渔业实施管理［图7.2（a）］。目前，全球有50多个区域渔业机构，其中只有约半数是具有管理授权的区域渔业管理组织，只有少数区域渔业管理组织能对国家管辖范围以外的成员采取约束措施。

UNEP区域海洋方案于1974年启动，旨在通过可持续管理和利用海洋和沿海环境，解决世界海洋和沿海地区加速退化的问题。目前，有143个国家参加了由UNEP主持设立的13个区域海洋方案［图7.2（b）］。

IOC区域分委会包括：加勒比及邻近地区（IOCARIBE）、西太平洋地区（WESTPAC）、非洲及邻近岛屿国（IOCAFRICA）。此外，IOC还成立了

1 参见 http://www.futureearth.org/。

2 到目前为止，政府间气候变化专门委员会已发布了5份《评估报告》。

（a）联合国粮农组织主要区域渔业管理组织和公约涵盖的区域海洋

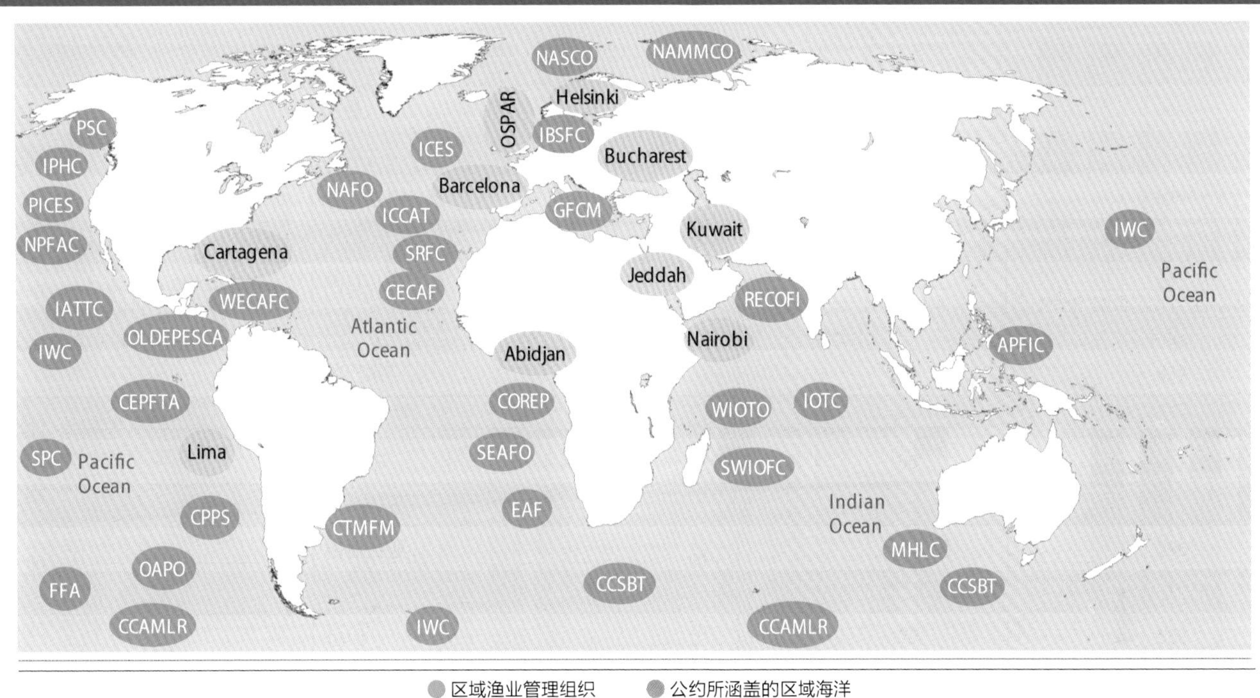

区域渔业管理组织　公约所涵盖的区域海洋

7

（b）联合国环境规划署主要区域海洋方案和倡议

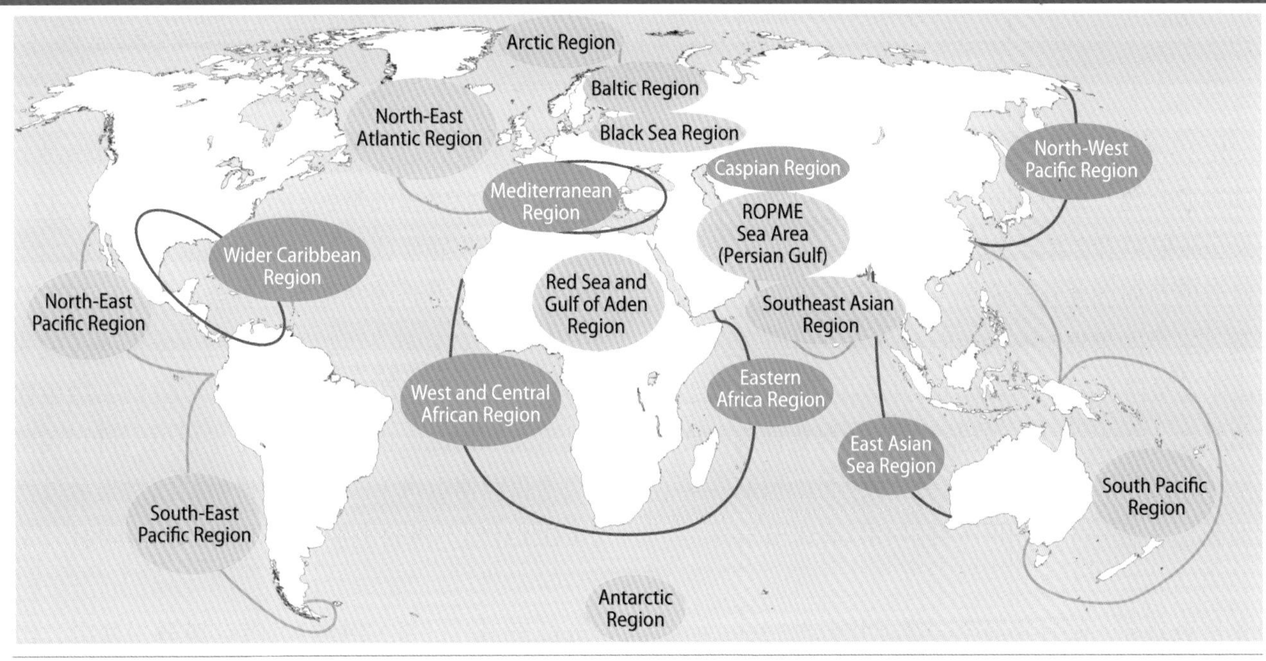

联合国环境规划署管理区域海洋计划　非联合国环境规划署管理区域海洋计划

图7.2 （a）联合国粮农组织主要区域渔业管理组织和公约所涵盖的区域海洋；（b）联合国环境规划署主要区域海洋计划和倡议

资料来源：（a）FAO，2009年和UNEP，1982年（2010年更新）；（b）UNEP，1982年（2017年更新）

区域委员会：中印度洋区域委员会（IOCINDIO）和黑海区域委员会（BSRC），它们是IOC的政府间附属机构，负责协调和监督区域范围内的科学和服务活动。

各种区域科学计划和项目的促进和实施，得到了一些联合国组织的支持，并获得了世界银行和全球环境基金（GEF）的资助。例如，自1998年以来，GEF一直在支持23个大型海洋生态系统（LME）项目，并在一些地区设立了多部门大型海洋生态系统委员会（第8章）。

7.2.1.3 区域国际组织

区域国际组织对来自世界特定大陆、区域或海洋盆地的成员开放，它的起源可以追溯到1902年，当时8个国家（迅速发展到目前的20个成员国）正式通过了国际海洋勘探理事会（ICES）章程。ICES的创立者们设想了一项能够实现知识生产[1]的国际科学合作，其规模程度是任何单一国家的调查都无法达到的（Rozwadowski，2002）。国际海洋勘探理事会（ICES）的成立早于1919年建立的地中海科学委员会（CIESM）和1921年建立的国际水文组织（IHO）[2]。这些组织的愿景很快为其赢得了国际社会认可，并延续至今，即使随后出现了联合国机构。它们在促进科学和管理方面的作用和成就，对于理解这种国际组织类型向其他海洋盆地和区域海洋的扩展至关重要。

对区域海域以及国家管辖范围以外区域的海洋利用和资源开采的管制，需要在国际范围规模上采取集体行动，对这种国际范围规模上的行动管理由国际/政府间组织提供，这也是这些组织成立的主要驱动因素之一（Olson，1965；Ostrom，1990）。

第二次世界大战后，国际科学政策组织得到推广普及，各国政府联盟建立了国际组织，作为政策和法规的国际理事会。20世纪70年代以来，世界各地政府间组织的成立速度不断加快（第7.4节）。

区域机构与潜在的政策接受者[3]相关联，因此这些理事会在世界各地围绕不同的海洋盆地和海洋建立起来。这些理事会大多为多用途组织，有些获得平行区域公约的支持，如《保护东北大西洋地区海洋环境公约》（OSPAR）和《保护波罗的海海域海洋环境公约》（HELCOM）。值得注意的是，尽管区域政府间组织网络大多仍处于分割和区域化状态，但有证据表明世界各地不同理事会和公约间的合作正在日益加强。

完善且享有盛誉的著名的海洋区域组织、委员会和咨询方包括：北极理事会、南极条约体系、黑海委员会、南极海洋生物资源保护委员会（CCAMLR）、地中海科学委员会（CIESM）、东亚海洋协调机构、国际海洋勘探理事会（ICES）、北太平洋海洋科学组织（PICES）、南太平洋常设委员会（CPPS）、红海和亚丁湾环境保护区域组织、保护海洋环境区域组织（ROPME）和南太平洋共同体。其他相关区域组织的成立不以海洋政策为目的，但将海洋事务纳入了关注点，如欧洲委员会和经合组织（OECD）[4]。相关区域公约[5]包括：《保护、管理和发展西非、中非和南部非洲区域大西洋沿岸海洋和沿海环境合作公约》（《阿比让公约》）、《保护海洋环境和地中海沿海区域公约》（《巴塞罗那公约》）、《保护黑海免受污染公

---

1 ICES与成立于1919年的非政府组织国际海洋物理科学协会，在采用20世纪大部分时期使用的“标准海水”方面发挥了重要作用（Culkin and Smed，1979）。

2 IHO是一个几乎拥有全球会员资格的政府间组织；只有少数国家（所有这些国家都在非洲或加勒比地区）尚未签署该组织宪章。

3 例如，欧洲联盟（欧盟）是国际海洋勘探理事会和地中海科学委员会制定的新政策构想的主要接受者。

4 经合组织是一个全球性组织，但其根源于欧洲经济合作组织。该组织成立于1948年，负责管理美国资助的“马歇尔计划”。受到其成功和在全球舞台上推进工作的前景的鼓舞，加拿大和美国于1960年12月14日与欧洲经济合作组织成员一起签署了新的《经合组织公约》。经合组织于1961年9月30日正式诞生，同时《经合组织公约》生效。今天，经合组织在全球范围内吸纳了35个成员国。

5 IOC成员国对《全球海洋科学报告》问卷（2015年）的答复中提到了这些区域性公约。

约》（《布加勒斯特公约》）、《保护和发展大加勒比地区海洋环境公约》（《卡塔赫纳公约》）、《保护波罗的海地区海洋环境公约》（《赫尔辛基公约》）、《保护红海和亚丁湾环境区域公约》（《吉达公约》）、《科威特防止海洋环境污染合作区域公约》（《科威特公约》）、《保护、管理和发展东非地区海洋及沿海环境公约》（《内罗毕公约》）和《保护东北大西洋海洋环境公约》（《奥斯陆公约》）。

7.2.2 非政府组织（NGO）

“非政府组织”一词首次出现于1945年联合国成立之时，当时某些获批的专门的国际非国家机构，被授予联合国“观察员”的身份，参加联合国大会和其他一些会议（Ulleberg，2009）。从形式上讲，NGO是一种独立于国家和国际政府组织的非营利组织，通常由捐赠资助而建，有些则避免由政府提供正式资助。非政府组织高度多样化，从事与海洋科学、教育、环境保护、资助等有关的各种各样的广泛活动。

NGO现在被广泛用作倡导、志愿或慈善组织的同义词，这些组织采取行动保护众多领域的各种公共利益，包括科学、环境保护和养护。NGO的形式、构成、结构、资助和主题覆盖范围各不相同。政府间组织是分等级、有组织的“自上而下”结构，而非政府组织往往是自下而上建立的自组织网络结构，从而将科学家和活动家聚拢在一起，他们之间的合作是建立在自愿的基础上，而非胁迫（Parmentier，2012）。

NGO的海洋科学政策具有更广阔的视角，涵盖形成这些互动的参与者之间的所有互动，无论是正式的还是非正式的互动。跨国非政府组织已成为国际海洋管理架构中的一个组成部分，对多边环境议程的实施做出了贡献。NGO在海洋管理、科学和保护方面的贡献上，几乎与非政府组织本身的性质一样多样化。事实上，将NGO全部列举出来几乎是不可能的，根据其职能（Parmentier，2012；Crosman，2013），可以确定有5种不同类型的非政府组织与海洋环境相关：①以科学为基础的；②倡导/政策制定和议程设置的；③教育、环境意识/保护管理的；④监察和快速响应的；⑤资助和能力建设的。有些NGO只涉及其中一项职能，但大多数NGO涉及两项或多项以上的职能。[1]

7.2.2.1 以科学为基础的非政府组织（NGO）

许多相关的NGO本质上以科学为基础，如国际科学理事会（ICSU）、国际海洋物理科学协会（IAPSO）、全球海洋观测伙伴关系（POGO）、海洋研究科学委员会（SCOR）、南极研究科学委员会（SCAR）和保护国际（CI）。这些NGO受益于内部学术和科学专长，甚至可能由科学家领导，如ICSU、忧思科学家联盟（UCS）和欧洲海事局（EMB）。这些NGO是科学与政策交汇的重要平台，将科学家与政府、国际机构以及某些私营部门联系起来。根据其开展的科学工作的性质，可将它们分为三种不同角色：①审查科学知识以及由此产生的假设；②制定海洋研究议程和促进科学研究计划；③进行实验室和现场科学研究。这些非政府组织的工作成果，经常通过在同行评审的科学期刊和报告/灰色文献中发表的科学文章进行展示。

国际科学理事会（ICSU）等大型以科学为基础的NGO，通过创建和推广随后由联合国系统采用的全球研究计划，如“世界气候研究计划”（WCRP）、“国际地圈-生物圈计划”（IGBP）、“全球环境变化国际人文因素计划”（IHDP）、“多样性和未来地球计划”，都取得了突出成果。海洋研究科学委员会与政府间海洋学委员会一起，促成了第二次“国际印度洋探险”活动的举行。此外，SCOR和全球海洋观测伙伴关系在启动“国际静海实验”（IQOE）中也发挥了重要作用。欧洲

1 可以在<http://www.un.org/depts/los/Links/NGO-links.htm>上找到参与海洋科学和治理的非政府组织名单，名单并不详尽。

海事局《意见书》及相关产品成功地影响了[1]欧洲委员会的框架计划和欧洲国家海洋研究资助计划。

一些NGO的科学能力比其他组织更为发达。如20多年来，绿色和平国际组织在英国埃克塞特大学组建了一个科学小组，这个团队由全职科学家组成，为该组织的活动家提供建议，并开展研究，帮助他们为其活动建立案例。一些科学组织依靠国际科学合作以及自愿贡献时间和专业知识的科学家们（如SCOR和SCAR）来克服能力限制。

7.2.2.2 倡导/政策制定和非政府组织议程设置

许多NGO积极参与公共行政政策的制定和完善，目的是影响地方、国家、区域和全球各级的立法和法规。它们这样做旨在提高自身绩效和有效性，并为它们的要求获得正式认可和取得合法性。它们经常组织活动，旨在为公共行政部门创造互动机会，也可以正式或非正式地参与公共行政部门设立的流程。

绿色和平组织、世界自然基金会（WWF）、深海保护联盟（DSCC）和海洋环保组织等倡导组织在许多国际协议的制定过程中发挥了重要作用，如：暂停商业捕鲸（国际捕鲸委员会联合项目）、《1973年濒危野生动植物种国际贸易公约》（CITES）和《伦敦公约》中的禁止向海洋倾倒废物（包括放射性废物）。此外，它们和其他非政府组织（如全球海洋论坛、全球海洋委员会、世界海洋理事会）已将海洋可持续发展（即蓝色经济）领域确定为可以和必须采取政策行动的领域。

7.2.2.3 教育、环境意识和保护运动

许多NGO就环境意识积极开展宣传活动，提出“热点”环境问题，活动形式可以多种多样，从海上活动到区域或地方规模的教育活动，并加强与利益攸关者（包括政府机构）的互动，以促进保护管理实践有效、文明的进行。

如上所述，NGO可以在制定国际法律文书方面发挥科学宣传作用。为了响应非政府组织对大西洋及其他地区蓝鳍金枪鱼种群未来的担忧，许多零售连锁店和餐馆在更多地方和区域范围内宣传，他们已将该种鱼种从其摊位和菜单中撤除（这一活动由海产品选择联盟倡导）。作为渔业认证计划和海产品的生态标签，海洋管理委员会（MSC）的成立是为了认可和奖励可持续捕捞。其他非政府组织［如地中海海洋保护区管理人员网络（MedPAN）、珊瑚礁联盟、拯救我们的海洋、保护国际］是出于保护管理目的而建，并倡导促进对海洋保护区、海洋自然保护区、海洋公园和禁渔区等实施保护措施。

7.2.2.4 “监察”和快速响应

海洋为NGO提供了无数机会以测试和证明其监督职能的有效性，为其扩大行动规模并获得关注度提供了一种方式。“监察”包括监控、预防或制止某些活动，如非法或与保护议程不相容的活动。

各种NGO在监控南大洋非法、未报告和无管制捕捞活动方面发挥了重要作用。海洋保护协会采取直接行动，而其他一些NGO（如保护法基金会和环境调查机构）则提出诉讼，旨在强制人们遵守现行法律。环境调查机构（EIA）专门从事环境犯罪调查。作为“濒危物种”计划的一部分，EIA记录并设法防止对海豚、鼠海豚和鲸的大规模杀戮。

当环境灾害影响海洋环境时（如在“艾利卡”号和“威望”号油轮石油泄漏，墨西哥湾地区“深水地平线”海上石油平台事故或福岛事故发生后），这些NGO能比公共当局更快地做出反应，因此它们经常得

1　在欧洲社会需求的背景下，欧洲海事局“驾驭未来”系列定期提供关于海洋研究现状、优先事项建议和未来科学挑战的泛欧洲总结。“驾驭未来Ⅳ”旨在根据“欧盟地平线2020”计划，通告欧洲委员会的要求。

到众多民众的支持。

7.2.2.5 资助和能力建设

这一范畴的活动包括能力建设，提供亲自参与管理的机会以及直接向非政府组织及其他参与海洋科学的组织提供资金。一些非政府组织和慈善基金会提供经济专业知识，并经常为其他个人或组织提供资金来源。能力建设包括促进利益相关者参与决策过程、机构建设以及促进协作管理或充当协作管理的核心作用。

资金资助可以有多种形式，如纯研究经费、奖学金或仅靠资助支持无法保障的支持性工作，特别是在发展中国家。如珊瑚礁联盟向加勒比和太平洋非政府组织提供资助，以满足其运作需求；世界自然基金会管理来自各基金会的拨款，并根据需要向当地非政府组织提供资助；埃尔克霍恩·斯洛基金会购买土地和/或土地使用权以保护环境。

在过去几年中，能力开发逐渐成为发展话语的关注焦点。由于发展对话中出现了这种新的“转折点”以及人们认为非政府组织是对环境危机进行快速干预的可靠参与者，非政府组织自愿开展了各种能力开发活动。鉴于此，为创立当地知识库并为保护提供支持，非政府组织提供了环境、社会经济和生态监测所需的知识、便利和指导；如“蓝碳倡议”得到了保护国际、国际自然保护联盟（IUCN）和政府间海洋学委员会的支持。

作为“非营利”组织，慈善基金会可被视为非政府组织，为全球海洋科学项目提供资助（第4章）。例如：皮尤慈善信托基金（其宏大的“全球海洋遗产计划”开发了自己的“海景”项目，并启动了“马尔韦瓦”项目。该项目是一个厄瓜多尔、哥伦比亚、巴拿马和哥斯达黎加政府之间以及在这些国家拥有商业和社会关系的慈善人士之间的公私伙伴关系）、阿尔弗雷德·P. 斯隆基金会（海洋生物普查的捐赠者）和摩纳哥阿尔贝二世亲王基金会（完全致力于海洋学）。

7.2.3 混合型组织

混合型组织代表了一种越来越普遍的形式，旨在促成在科学和政治机构中起调节作用的不同的社会安排、网络和机构之间的合作（Miller，2001）。混合型组织融汇了社会各部门的要素和价值体系，即公共部门、私营部门和志愿部门。这些混合型组织在形式、组成、结构、资助和主题覆盖方面，程度各不相同。典型例子包括由世界银行发起的全球海洋伙伴关系（GPO）、国际自然保护联盟（IUCN）和欧盟共同渔业政策框架下的欧盟区域咨询委员会（RAC）。

全球海洋伙伴关系于2012年在世界银行的赞助下启动，是一个由100多个合作伙伴组成的正在日益壮大的联盟，包括政府、国际组织、民间社会团体和私营部门成员。全球海洋伙伴关系力求借鉴其所有合作伙伴的知识、专业技能和财政支持，以解决对海洋和沿海资源造成的主要威胁，包括全球许多优先保护区域的过度捕捞和栖息地丧失。

国际自然保护联盟成立于1948年，是一个由政府、多边机构、非政府组织、公司和企业基金会组成的会员联盟，它为各级政府和机构在生物多样性、气候变化和可持续发展问题上提供了实现统一目标的动力，其最显著的成就之一是促成了《濒危野生动植物种国际贸易公约》的制定。

欧盟区域咨询委员会被视为一个集科学、社会经济和政治因素为一体的国际边界组织，并在利益攸关方（如科学机构、渔业协会、生产者组织、市场组织、非政府环境组织）及政治之间进行调解，以促进欧盟共同渔业政策下的海洋资源的可持续利用（Aps et al.，2009）。RAC是促进各方达成共识的工具，它依靠科学来证实其知识的可信度，并声称已获得政治机构对其政策取向合法性的批准。例如，在欧洲，持续存在的船队产能过剩问题被认为是RAC面临的一个重要问题。

研究和能力建设计划有时也由混合型组织制定，如，由联合国粮农组织牵头的全球环境基金（GEF）

的国家管辖范围以外地区（ABNJ）计划以及国际海洋生物普查计划（CoML）。该普查计划非常成功，它与政府间/国际组织（如政府间海洋学委员会、联合国粮农组织、联合国环境规划署、北太平洋海洋科学组织），国际非政府组织（如国际科学协会理事会和海洋研究科学委员会）以及私人基金会和公司（如国家地理学会和阿尔弗雷德·P. 斯隆基金会）是伙伴关系。

全球环境基金的国家管辖范围以外地区计划将联合国环境规划署、联合国开发计划署、世界银行、区域渔业管理组织/亚洲（RFMO/As）、私营部门和非政府组织与作为全球方案协调方的粮农组织聚集在一起。GEF的ABNJ计划有一个全球指导委员会和一个技术咨询小组，致力于确保来自政策、技术、科学界以及工业界等关键合作伙伴的参与。ABNJ旨在促进“国家管辖范围以外地区”渔业资源和生物多样性得到有效的保护和进行可持续管理，并实现国际论坛商定的相关全球目标。

国际海洋生物普查计划是一个为期十年的项目，在80多个国家建立了一个广泛的全球研究人员网络，以评估和解释海洋生物的多样性、分布特点和丰富性，最终报告于2010年发布。除了对海洋科学的广泛贡献外，CoML还取得了许多非凡的成就，如建立了海洋生物地理信息系统（OBIS）数据库，世界上最大的开放获取、空间参考海洋生物数据的在线存储库。该数据库在IOC的支持下继续工作，作为其促进参与成员国之间海洋学数据和信息交流任务的一部分（第6章）。

7.3 领导海洋科学和政策评估的联合国海洋和联合国制约因素

令人遗憾的是，海洋和沿海问题在联合国系统中的可见度和优先级都较低（Mounir，Inomata，2012；联合国教科文组织秘书处英国国家委员会，2015）。联合国系统中的许多海洋实体隶属于更高级别的组织，通常以部门为导向（Valdés，2017）。对于许多国家来说，海洋在其整体职权范围内一直是非核心的任务（Holland，Pugh，2010）。

联合国-海洋是由联合国高级别计划委员会于2003年设立的，旨在除其他事务以外，在联合国系统内建立一个有效、透明和定期的机构间协调机制，解决海洋和沿海问题，并酌情为秘书长的海洋和海洋法年度报告以及有关海洋和海洋法问题的开放式的非正式协商进程（ICP）提供便利。该协调机制于2011—2012年进行了评估（Mounir，Inomata，2012），新的职权范围于2013年在第68届联合国大会上获得批准。

联合国-海洋目前由联合国16个相关方案、实体、组织和专门机构以及联合国相关公约秘书处（如《生物多样性公约》《联合国海洋法公约》）组成。联合国-海洋希望加强对海洋管理的评估，并使所有联合国机构采取更加一致的战略性方法。大多数联合国-海洋成员国在2014年对一份调查问卷做出了答复，描述了它们与海洋事务相关的主要工作领域（表7.1）。

图7.3中的散点图，显示了将表7.1转换为0和1的矩阵后不同成员[1]间的统计距离（相似性），尽管这突出了联合国机构在海洋事务上授权/重点领域间潜在的重叠性，但也说明了可以利用协同作用和补充活动以更好应对环境和社会经济挑战的机会。几个具有共同活动计划的专门机构建立合作，参加《联合国气候变化框架公约》缔约方大会就是一个很好的例证（Valdés，2017）。

图7.4展示了根据其技术授权和区域或全球覆盖范围，参与海洋环境问题管理的区域和全球的政府和非政府组织的分布图（左侧面板）。为了便于说明，只绘制了少量的部分组织，但显而易见的是，该图还可以再增添许多其他组织，并由任何利害相关方专门

1　把联合国海洋事务和海洋法司（UN-DOALOS）和国际海底管理局（ISA）、环境规划署（UNEP）与《生物多样性公约》（CBD）、国际海事组织（IMO）与世界海事大学（WMU）放在一起呈现，因为它们是从属或直接相关的组织。

表7.1 2014年联合国–海洋各成员宣布的它们各自的活动领域
改编自Valdés，2017年

	联合国教科文组织政府间海洋学委员会	世界气象组织	联合国粮食及农业组织	联合国环境规划署–生物多样性公约	联合国开发计划署	国际海事组织–世界海事大学	国际原子能机构	联合国难民事务高级专员	联合国贸易和发展会议	海洋事务和海洋法司–国际海底管理局	联合国经济和社会事务部
可持续发展	■	■	■	■	■	■	■	■	■	■	■
科学	■	■	■	■	■	■	■				
海洋环境	■	■	■	■	■	■	■	■			
海洋生物多样	■		■	■	■					■	
渔业	■	■	■	■	■		■				
开发非生物资源					■					■	■
电缆和管道		■								■	
海上安全保障	■	■	■	■		■	■	■	■		
海上人员和教育	■	■	■			■		■	■		
水下文化遗产	■	■									

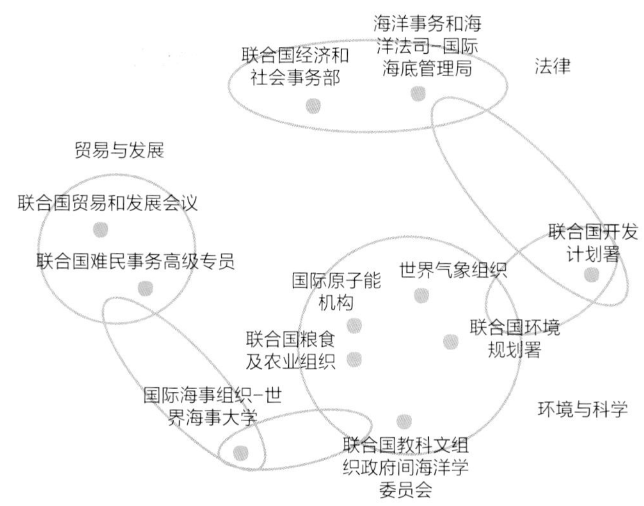

图7.3 以非多维2D距离图表示的联合国–海洋各成员组织（散点图2D距离矩阵1–Pearsonr）
资料来源：改编自Valdés（2017）

绘制，最终目的是要表明，需要一个具有全球技术授权并覆盖全球范围、具有合法性和权威性的政府间组织，能够代表海洋发出同一种声音。似乎联合国–海洋非常适合这个空间或位置（Valdés，2017）。

如果用类似的方式绘制海洋非政府组织分布图（图7.4，右侧面板），我们可以看到，在几个非政府组织占据的空间里实际上没有任何政府间机构（联合国–海洋除外），由此可见，对需要做出相应的大声疾呼捍卫海洋并要求解决新出现的问题，是民间组织的一种自然反应，而对政府间机构来说，这却是一个漫长而复杂的过程（Valdés，2017）。

如今，海洋和沿海问题涉及方方面面，从海洋环境保护（如捕捞渔业和水产养殖、海洋生态系统退化、海洋污染、气候变化、海洋碳）到航运、工人保护、海啸、核事件、海盗和恐怖主义等，这些问题分别由不同的联合国组织管理/监管。就海洋和沿海问题，联合国系统不应再被视为各自分立的权威机构（Mounir，Inomata，2012），当前的分裂状态以及缺乏一个可以发出强大的共同声音的总体运行机构，是这个体系结构的弱点，但是如果有必要的四螺旋元素（即权威、法律、研究和科学政策相互作用；图7.1，Valdés，2017），这个体系结构将会完全不一样。

联合国偏好的按部门管理海洋的方法，已经无法维持整个海洋生态系统（McGinnis，2012），当遇到由哪个机构应在某一特定问题上发挥引领作用的情况时，就不可避免地导致一些混淆（联合国教科文组织英国国家委员会秘书处，2015）。因此可以考虑扩大联合国–海洋的授权和范围，它可以是一个更加以产品为导向的机构，首先将联合国–海洋出版物作为自己的“盖章”产品（Valdés，2017），此外，如果联合国–

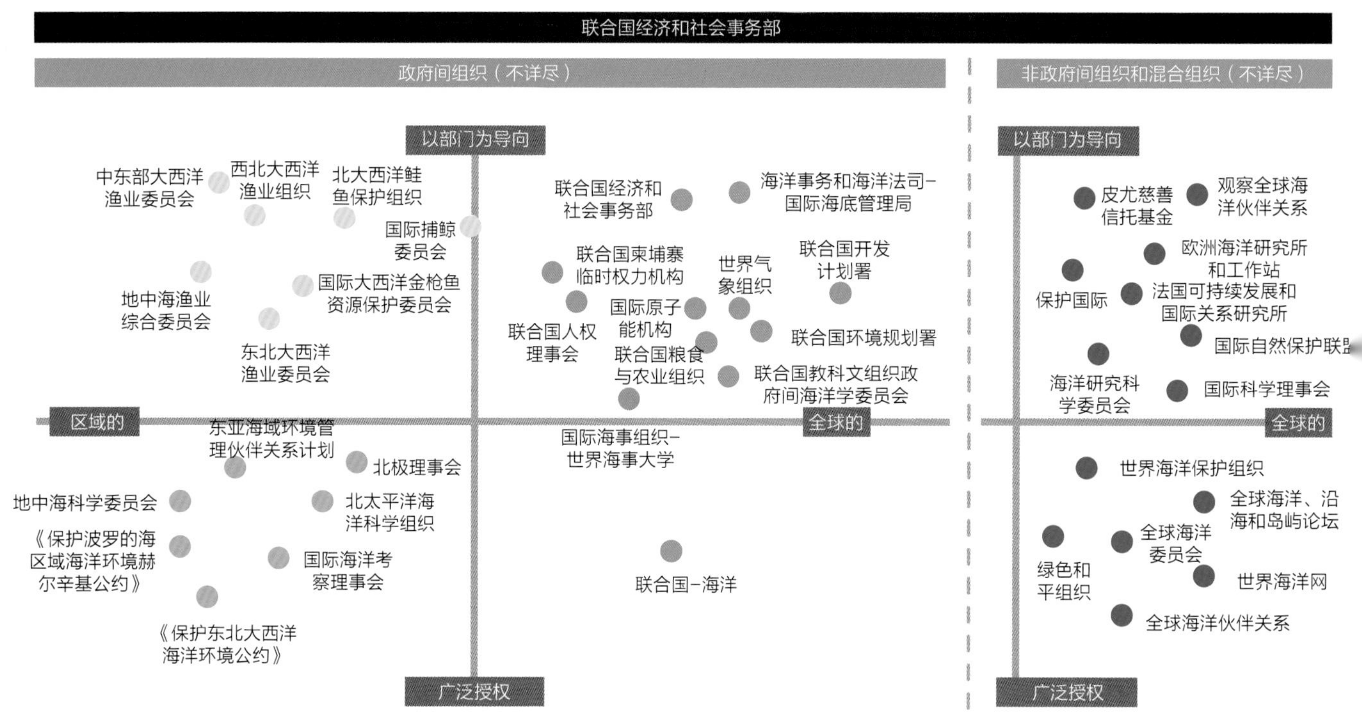

图7.4　根据其技术授权和其区域或全球覆盖范围，干预海洋管理和治理的国际政府和非政府领导组织的分布图（不详尽，首字母缩略词见本章后附录）

资料来源：改编自Valdés（2017）

海洋想成为一个在实施联合国海洋优先事项中发挥整体协调作用的行动实体，一支敬业的员工队伍不可或缺。基于图7.3总结概括的主题活动，似乎一个类似联合国–海洋这样的组织可以尝试协调一系列的主题和活动，而这些主题和活动也只能由一个人员配备齐全和预算充足的多边法律实体来应对（Valdés，2017）。

7.4　非政府组织行动对实现国际目标的重要性

非政府组织（NGO）已经成为各政府无力应对挑战或履行其职责的服务提供者（Ulleberg，2009），并与各国和国际政府组织合作，对国际海洋环境实施保护和养护。国际环境方面的非政府组织已成为国际海洋管理架构的一个组成部分，并为多边环境议程的执行做出了贡献（Crosman，2013）。

在环境科学外交的社会评价中，NGO获得了权力、参与和多元化。科学外交被称为“第二轨道对话”或“第二轨道外交”（Montville，1991；Betsill，Corell，2008），意味着非官方政府成员参与了跨国协调。与政府外交官不同，第二轨道外交由专家、科学家、学者和其他既不参与政府事务，也不代表受领土约束的选区，而是在特定问题上拥有共同价值观、知识和/或关注点的人士组成，因此，第二轨道外交参与者的观点独立于任何国家政府，可以更自由地交换意见并自行达成折中方案（Montville，1991；Betsill，Corell，2008）。

当今的科学界以自组织网络为特征，将自愿合作的科学家聚集在一起，这些科学家聚集在一起，完全是出自对合作的渴求而非迫不得已。这些网络以自下而上的科学见解、知识和技能交流为动力，遍布全球，正在将科学重点从国家层面转移到区域和全球层面［如全球海洋生态系统动力学（GLOBEC）、海洋生物普查（CoML）等］。然而，政策制定者并不总是能认识到这些联系对科学质量和方向的重要性，反而强调，研究投资不利于制定支持和培养这种自组织网络的政策（英国皇家学会，2011；Parmentier，2012）。

有些NGO已成功地实现其目标，或对国际环境谈判产生了一定程度的影响，例如禁止倾倒放射性废物、禁止商业捕鲸和《京都议定书》等谈判（Ringius，1997；Corell，Betsill，2001；Andresen，Skodvin，2008）。虽然有时非政府组织对谈判结果影响甚微，但它们通过幕后工作展开辩论，并对谈判议程中的问题提出关注，也影响了关键国家的立场，从而影响谈判过程。其他作者（如Humphreys，2008）认为，NGO最重要的贡献是随着时间的推移而逐渐显现的，而非在任何具体的谈判中产生的，例如，它们成功地将环境问题从一个浪漫问题重新定义为生态和人权问题。

尽管越来越多的证据表明，NGO在全球环境政治中发挥着重要作用，但NGO在何种条件下发挥影响力这一问题仍未得到解答。虽然NGO的活动、资源和参与的国际谈判活动给出了一些提示，但并未提供有关影响的详细信息，而且可能会混淆相关性和因果关系（Betsill，Corell，2008）。虽然NGO可能会影响许多政策行动，但国际科学评估始终由政府间组织的相关科学家，在一种有质量保证的、独立的程序下进行。

综上所述，许多NGO在其环境议程中有时与政府机构相辅相成，有时互为竞争，但无论其优势如何，第二轨道外交存在几个弱点：①NGO经常以观察员身份参加政策和科学会议，没有正式的投票权，因此NGO参与者难以影响谈判进程，从而限制了其影响政治权力结构的能力；②NGO参与者很少拥有在谈判过程中保持影响力所需的资源；③第二轨道外交在民主社会中更为有效；④在大多数情况下，NGO不会就不良决策对公众负责；⑤由于其多样性，NGO可能缺乏协调和共同的战略和目标。由于大量的NGO在海洋科学的实施、推广、支持和应用方面发挥着不同作用，因此理解这些行动者的不同作用，对于精简海洋科学政策互动和实现效率最大化尤为重要。

7.5 海洋竞赛：国际组织的扩张

国家科学院和皇家科学学会的历史，可以追溯到17世纪，其中许多组织享有很高声誉，但是，一直到第二次世界大战后，国际科学政策组织才得以广泛传播，各国政府联盟建立了合法、永久的政府间组织，作为政策监管国际委员会，自20世纪70年代以来，政府间组织（IGO）和非政府组织（NGO）才迅速地蓬勃发展起来［图7.5（a）］。

工业革命后，人们认识到科学知识可以增加财富、提高安全感和生活水平，各国应该对科学知识加以利用，并把它融入大型经济机构中。20世纪50年代初，联合国教科文组织（UNESCO）和经济合作与发展组织（OECD）这两个国际组织，开始在其成员国宣传科学、制定政策和鼓励创新（Finnemore，1993）。让科学在这些新的多边组织中发挥有目共睹的作用，是认识到科学对第二次世界大战后的世界重要性的一种方式，这些新的多边组织成功地为科学代言，部分原因是现有的加强和促进国际科学界一致性的需要，部分原因是其影响世界事务的能力（英国皇家学会，2011；Karns et al.，2015）。

当时人们认为，只有科学家才能保证科学最高效和有效地进行。当然，这种自下而上的方法是科学社会的态度，并且仍将是大多数科学家专业组织以及积极参与国际研究和创新的个别科学家的态度。UNESCO早期的科学计划旨在为科学和科学家而非国家服务，事实上，《联合国教科文组织宪章》甚至没有提到科学政策和提高成员国科学能力（Finnemore，1993），直到后来又恢复了自上而下的政策方针。那时的UNESCO的会议纪要曾描述过“科学家、教育工作者和作家参与度的下降，以及将自己视为政府发言人的‘政府技术人员’的增加”（Finnemore，1993）。从自下而上到自上而下，政策方针的转变代表了UNESCO在两个群体之间权力平衡的转变，据说这种转变是“财政支持的代价”（Finnemore，1993）。

在过去的50年中，科学决策组织（联合国机构、国际组织和国际公约秘书处）几乎在所有发达国家和大多数发展中国家中如雨后春笋般涌现，这些新国家机器的出现在文献中被解释为需求驱动（Finnemore，1993；Stirling，2008），例如当一个地区意识到某一问题（例如海洋污染）正在影响一些国家时，这些国家便会在科学政策官僚机构中找到一个共同的解决方案（例如，制定一个新的国际公约）。显然，这种国际管理有利于建立与其政策潜在接受者相关的区域性国际机构，因此这些理事会在世界各地，围绕不同的海洋盆地和海洋而建立起来。

在过去的一个世纪里，由于这些组织越来越多地参与国际政治进程，与海洋相关的NGO数量同样激增（Turner，2010）。自20世纪90年代以来，人们发现NGO的成立速度加快［图7.5（a）］：1972年在斯德哥尔摩举行的联合国人类环境会议上有250多个NGO代表参加；1992年在里约热内卢举行的联合国环境与发展会议上，有1 400个NGO获得了认可；3 200多个组织在2002年的约翰内斯堡可持续发展世界峰会上得到认可（Betsill，Corell，2008）。

图7.5（b）所显示的NGO的区域分布情况表明，它们主要在北美和欧洲发展，并显示出大多数国际NGO希望对大多数发达国家的政策领导人（决策者）具有影响力。

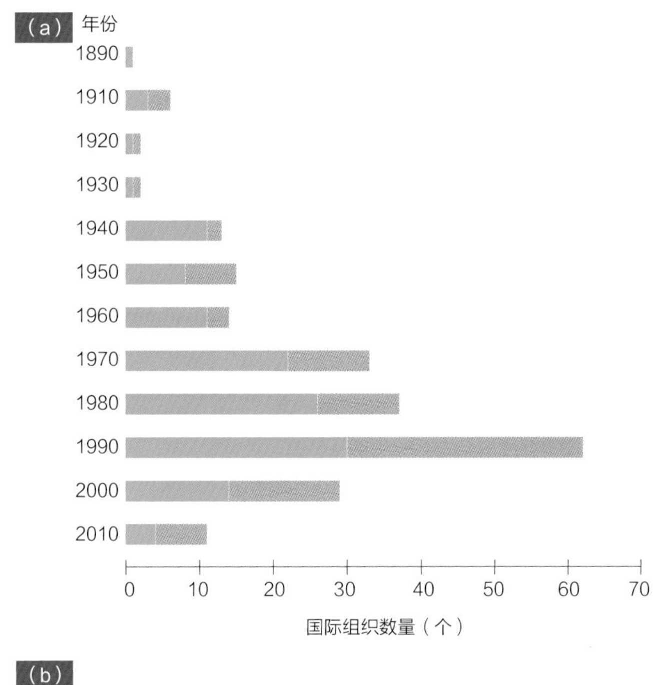

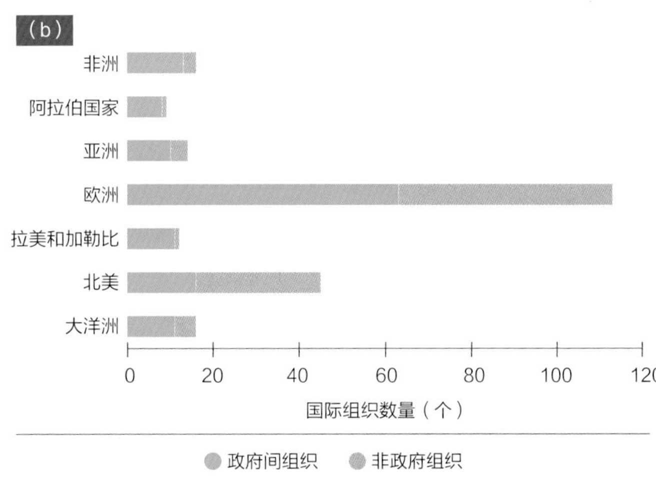

图7.5 （a）以十年为单位自1900年以来创建的国际组织（IGO和NGO）数量；（b）各地区的国际组织数量

7.6 结语

当我们思考多元主义在海洋科学外交中的重要性时，还要牢记科学在社会和人们生活中的力量，因为21世纪许多重大的全球挑战都具有科学维度。这就提出了一个问题，即国际机构如何平衡和协助国家代表传播科学政策模式（例如，通过资助科学和技术能力建设以及促进政策组织和执行机构在全球的公平分配）。

联合国机构和国际论坛最近就海洋问题进行的讨论，反映了海洋管理和治理对海洋的可持续性至关重要这一观点。这些讨论旨在提高机构和利益攸关方之间的协调能力（例如海洋施肥、国家管辖范围以外地区的生物多样性、可持续发展目标14等；见第8章）。尽管通过宣传作用，提供基于科学的建议，或促进国际科学合作，NGO可能对国际海洋环境保护产生影响，但是IGO也可以发挥类似作用，同时还额外具有提供正式科学政策支持的功能。

提高和共享海洋知识，被视为是建立有效海洋管理体系的先决条件。可以就如何协调、整合或执行各种国际承诺以及对海洋科学知识的需求，制定指导方针以支持海洋管理。鉴于全球海洋面临诸多挑战以及参与海洋治理的组织过多，有必要通过多种途径实现海洋科学政策互动，这将会得到更强的协调机制和改革的支持，如实施可持续发展目标（SDG）框架内现有和新的国际条约，以应对新的挑战。

参考文献

Andresen, S. and Skodvin, T. 2008. Non-state influence in the international whaling commission, 1970 to 2006. NGO diplomacy. M. M. Betsill and E. Corell (eds) The Influence of Nongovernmental Organizations in International Environmental Negotiations. Cambridge, MA, MIT Press, pp. 119–47.

Aps, R., Fetissov, M., Kell, L. and Lassen, H. 2009. Baltic Sea regional Advisory Council as a hybrid management framework for sustainable fisheries. WIT Transactions on Ecology and the Environment, Vol.122, pp. 163–72.

Betsill, M. M. and Corell, E. 2008. NGO diplomacy: The influence of nongovernmental organizations in international environmental negotiations. Cambridge, MA, MIT Press.
Campbell, L. M., Gray, N. J., Fairbanks, L., Silver, J. J., Gruby, R. L., Bradford Dubik, B.A. and Basurto, X. 2016. Global oceans governance: New and emerging issues. Annual Review of Environment and Resources, Vol. 41, No.2, pp. 517–543.

Carayannis, E.G. and Campbell, D. F. J. 2010. Triple helix, quadruple helix and quintuple helix and how do knowledge, innovation and the environment relate to each other? A proposed framework for a trans-disciplinary analysis of sustainable development and social ecology. International Journal of Social Ecology and Sustainable Development, Vol. 1, No. 1, pp. 41–69.

Carayannis, E. G. and Campbell, D. F. J. 2011. Open innovation diplomacy and a 21st century fractal research, education and innovation (FREIE) ecosystem: building on the quadruple and quintuple helix innovation concepts and the "Mode 3" knowledge production system. Journal of the Knowledge Economy, Vol. 2, No. 3, pp. 327–72.

Corell, E. and Betsill, M. M. 2001. A comparative look at NGO influence in international environmental negotiations: Desertification and climate change. Global Environmental Politics, Vol. 1, No. 4, pp. 86–107.

Crosman, K. M. 2013. The roles of non-governmental organizations in marine conservation. Master of Science Thesis. University of Michigan. Culkin, F. and Smed, J. 1979. The history of standard seawater. Oceanological Acta, Vol. 2, No. 3, pp. 355–64.

European Commission. 2009. Global Governance of Science. Directorate-General for Research, Science, Economy and Society. Office for Official Publications of the European Communities, Luxembourg.

FAO. 2009. The State of World fisheries and Aquaculture 2008. Rome, FAO.

FAO. 2012. Ocean Governance and the Outcomes of Rio+20. Committee on Fisheries, Thirtieth Session. COFI/2012/6/Rev.1. Rome, FAO.

Finnemore, M. 1993. International organizations as teachers of norms: the United Nations Educational, Scientific and Cultural Organization and science policy. International Organization, Vol. 47, No. 4, pp. 565–97.

Holland, G. and Pugh, D. 2010. Troubled Waters: Ocean Science and Governance. Cambridge (UK), Cambridge University Press.

Humphreys, D. 2008. NGO influence on international policy on forest conservation and the trade in forest products. M. M. Betsill and E. Corell (eds) The Influence of Non governmental Organizations in International Environmental Negotiations, Cambridge, MA, MIT Press, pp. 149–76.

Karns, M. P., Mingst, K. A. and Stiles K. W. 2015. International Organizations: The politics and processes of global governance. Boulder, CO, Lynne Rienner Publishers. McGinnis M. V. 2012. Ocean governance: The New Zealand dimension. A Summary Report. Wellington (New Zealand), School of Government, Victoria University of Wellington.

Miller, C. 2001. Hybrid management: boundary organizations, science policy, and environmental governance in the climate regime. Science, Technology and Human Values, Vol. 26, No. 4, pp. 478–500.

Montville, J. 1991. Track two diplomacy: The arrow and the olive branch: A case for track two diplomacy. V. D. Volkan, J. Montville and D. A. Julius (eds), The Psychodynamics of International Relations: Vol. 2. Unofficial Diplomacy at Work, pp.161-75. Lexington, MA, Lexington Books.

Mounir M.Z. and Inomata T. 2012. Evaluation of UN-Oceans. Geneva, Joint Inspection Unit, United Nations.Olson, M. 1965. The Logic of Collective Action: Public Goods and the Theory of Groups. Cambridge, MA, Harvard University Press.

Ostrom, E. 1990. Governing the Commons: The Evolution of Institutions for Collective Action. New York, Cambridge University Press.

Owen, R., Macnaghten, P. and Stilgoe, J. 2012. Responsible research and innovation: From science in society to science for society, with society. Science and Public Policy, Vol. 39, pp. 751–60.

Parmentier, R. 2012. Role and impact of international NGOs in global ocean governance. Ocean Yearbook, Vol. 26, No. 1, pp. 209–29.

Ringius, L. 1997. Environmental NGOs and regime change: the case of ocean dumping of radioactive waste. European Journal of International Relations, Vol. 3, No. 1, pp. 61–104.

Royal Society. 2011. Knowledge, Networks and Nations: Global Scientific Collaboration in the 21st Century. Policy document 3/1. London, Royal Society.Rozwadowski, H. M. 2002. The Sea Knows No Boundaries. A Century of Marine Science under ICES. Seattle, WA, ICES and University of Washington Press.

Stirling, A. 2008. “Opening up” and “closing down”: Power, participation, and pluralism in the social appraisal of technology. Science, Technology, and Human Values, Vol. 33, No. 2, pp. 262–94.

Thrush, S. F., Lewis, N., Le Heron, R., Fisher, K. T., Lundquist, C. J. and Hewitt, J. 2016. Addressing surprise and uncertain futures in marine science, marine governance, and society. Ecology and Society, Vol. 21, No. 2, p. 44.

Tjossem, S. 2016. Fostering Internationalism through Marine Science. Basel (Switzerland), Springer International Publishing.

Turner, E. A. L. 2010. Why has the number of international non-governmental organizations exploded since 1960? Cliodynamics, Vol. 1, No. 1, pp. 81–91.

UK National Commission for UNESCO Secretariat. 2015. An evaluation of the Intergovernmental Oceanographic Commission's role in global marine science and oceanography. London, UK National Commission for UNESCO, Policy brief 13.

Ulleberg, I. 2009. The Role and Impact of NGOs in Capacity Development: From Replacing the State to Reinvigorating Education. Paris, International Institute for Educational Planning, UNESCO.

UNEP. 1982 (updated 2010). Achievements and Planned Development of UNEP's Regional Seas Programme and Comparable Programmes Sponsored by Other Bodies. UNEP Regional Seas Reports and Studies No. 1. Nairobi, UNEP.

Valdés, L. 2017. The UN architecture for ocean science knowledge and governance. P. A. L. D. Nunes, L. E. Svensson and A. Markandya (eds) Handbook on the Economics and Management for Sustainable Oceans. Cheltenham (UK), UNEP, Edward Elgar Publishing, pp. 381–95.

附录

海洋科学政府间组织、国际文书和机制，按字母顺序排列

条目按字母顺序排列，每一条目后的括号内，含有该组织的标准首字母缩写（如有），其后为创建年份以及秘书处驻地所在城市和国家（如有）。数据下载来源为http://uia.org/ybio?name=（或来自该组织网站）。

A

西北太平洋地区海洋环境保护、开发和管理行动计划（NOWPAP，1991年，釜山/韩国）
合作处理北海石油和其他有害物质污染问题协议（1989年，波恩协定，伦敦/英国）
信天翁和海燕保护协定（ACAP，2001年，霍巴特/澳大利亚）
波罗的海、东北大西洋、爱尔兰和北海小型鲸类保护协定（ASCOBANS，1991年，波恩/德国）
南极条约体系（ATS，1959年，布宜诺斯艾利斯/阿根廷）
阿拉伯鱼类生产者联合会（AFFP，1976年，突尼斯/突尼斯）
北极理事会（AC，1996年，特罗姆瑟/挪威）
亚太渔业委员会（APFIC，1948年，曼谷/泰国）

B

国际船舶压载水和沉积物控制与管理公约（BWM，2004年，伦敦/英国）
波罗的海海洋环境保护委员会（HELCOM，1974年，赫尔辛基/芬兰）
本格拉洋流委员会（BCC，2013年，斯瓦科普蒙德/纳米比亚）
国际展览局（BIE，1931年，巴黎/法国）

C

加勒比环境计划（CEP，1981年，金斯敦/牙买加）
加勒比区域渔业机制（CRFM，2003年，伯利兹/伯利兹）
里海环境计划（CEP，1998年，阿斯塔纳/哈萨克斯坦）
拉丁美洲和加勒比内陆渔业和水产养殖委员会（COPESCAALC，1976年，圣地亚哥/智利）
保护黑海免受污染委员会（黑海委员会BSC，1992年，伊斯坦布尔/土耳其）
西太平洋和中太平洋中高度洄游鱼类种群养护和管理公约（WCPFC，2004年，科洛尼亚/密克罗尼西亚联邦）
保护、管理和发展西非、中非和南部非洲区域大西洋沿岸海洋和沿海环境合作公约（阿比让公约，1984，阿比让/科特迪瓦）
保护和发展大加勒比区域海洋环境公约（卡塔赫纳公约，1983，金斯敦/牙买加）
东非区域海洋和沿海环境保护、管理和发展公约（内罗毕公约，1985年，马埃岛/塞舌尔）
保护东北大西洋海洋环境公约（OSPAR，1998年，伦敦/英国）
生物多样性公约（CBD，1993年，蒙特利尔/加拿大）
保护野生动物移栖物种公约（1979年，CMS或波恩公约，波恩/德国）
濒危野生动植物种国际贸易公约（CITES，1973年，日内瓦/瑞士）
关于持久性有机污染物的斯德哥尔摩公约（POP斯德哥尔摩公约，2001年，日内瓦/瑞士）
防止倾倒废物及其他物质污染海洋公约（LDC，1972年，伦敦/英国）
保护黑海免受污染公约（布加勒斯特公约，1992年，布加勒斯特/罗马尼亚）
关于特别是作为水禽栖息地的国际重要湿地公约（拉姆萨尔公约，1971年，格兰德/瑞士）
东亚海域协调机构（COBSEA，1981年，曼谷/泰国）
东太平洋金枪鱼捕捞协定理事会（CEPTFA，未生效）

E

东非海洋渔业研究组织（EAMFRO，1951年，1977年解体）

欧洲环境署（EEA，1990年，哥本哈根/丹麦）
欧洲渔业管理局（EFCA，2006年，维哥/西班牙）
欧洲海事安全局（EMSA，2002年，里斯本/葡萄牙）
欧洲航天局（ESA，1975年，巴黎/法国）
欧洲联盟（EU，1993年，布鲁塞尔/比利时）

F

阿拉伯科学研究理事会联合会（FASRC，1976年，巴格达/伊拉克）
西南大西洋渔业咨询委员会（CARPAS，1961年，罗马/意大利）
东中大西洋渔业委员会（CECAF，1967年，阿克拉/加纳）
联合国粮食及农业组织（FAO，1945年，罗马/意大利）
保护里海海洋环境框架公约（2003年，日内瓦/瑞士）

G

地中海渔业总委员会（GFCM，1952年，罗马/意大利）
保护海洋环境免受陆基活动影响全球行动纲领（1995年，内罗毕/肯尼亚）
地球观测小组（GEO，2005年，日内瓦/瑞士）

I

印度洋委员会（IOC，1982年，埃本/毛里求斯）
印度洋金枪鱼委员会（IOTC，1993年，维多利亚/塞舌尔）
泛美热带金枪鱼委员会（IATTC，1959年，圣迭戈/美国）
联合国教科文组织政府间海洋学委员会（IOC-UNESCO，1960年，巴黎/法国）
政府间气候变化专门委员会（IPCC，1988年，日内瓦/瑞士）
生物多样性和生态系统服务政府间科学政策平台（IPBES，2007年，内罗毕/肯尼亚）
国际原子能机构（IAEA，1957年，维也纳/奥地利）
国际波罗的海渔业委员会（IBSFC，1973年，华沙/波兰）
国际地中海科学探索委员会，地中海科学委员会（CIESM，1910年，摩纳哥/摩纳哥）
国际东南大西洋渔业委员会（ICSEAF，1969年，由SEAFO取代）
国际防止船舶造成污染公约（MARPOL，1973年，伦敦/英国）
控制船舶有害防污底系统国际公约（IMO AFS，2001年，伦敦/英国）
国际海洋勘探理事会（ICES，1902年，哥本哈根/丹麦）
国际水文组织（IHO，1919年，摩纳哥/摩纳哥）
国际劳工组织（ILO，1919年，日内瓦/瑞士）
国际海事组织（IMO，1948年，伦敦/英国）
国际北太平洋渔业委员会（INPFC，1993年，温哥华/加拿大）
国际太平洋大比目鱼委员会（IPHC，1923年，西雅图/美国）
国际海底管理局（ISA，1994年，金斯敦/牙买加）
国际捕鲸委员会（IWC，1946年，因平顿/英国）
政府间海洋学委员会中印度洋区域委员会（IOCINDIO，1988年，德黑兰/伊朗）
政府间海洋学委员会非洲及邻近岛屿国家分委会（IOCAFRICA，2011年，内罗毕/肯尼亚）
政府间海洋学委员会加勒比及邻近地区分委会（IOCARIBE，1982年，卡塔赫纳/哥伦比亚）
政府间海洋学委员会西太平洋分委会（WESTPAC，1979年，曼谷/泰国）

J

海洋环境保护科学问题联合专家组（GESAMP，1969年，伦敦/英国）

K

科威特保护海洋环境免受污染合作区域公约（科威特公约，1978年，科威特城/科威特）

L

拉丁美洲渔业发展组织（OLDEPESCA，1982年，利马/秘鲁）
防止倾倒废物和其他物质污染海洋伦敦公约（伦敦公

7

约，1972年，伦敦/英国）

N

亚太水产养殖中心网络（NACA，1990年，曼谷/泰国）
北欧科学信息委员会（NORDINFO，1976年，哥本哈根/丹麦）
北大西洋海洋哺乳动物委员会（NAMMCO，1992年，特罗姆瑟/挪威）
北大西洋鲑鱼保护组织（NASCO，1984年，爱丁堡/英国）
东北亚次区域环境合作计划（NEASPEC，1993年，仁川/韩国）
东北大西洋渔业委员会（NEAFC，1980年，伦敦/英国）
北太平洋溯河鱼类委员会（NPAFC，1992年，温哥华/加拿大）
北太平洋海狗委员会（NPFSC，1958年，1988年解散）
北太平洋海洋科学组织（PICES，1992年，悉尼/加拿大）
西北大西洋渔业组织（NAFO，1979年，达特茅斯/加拿大）

O

经济合作与发展组织（OECD，1961年，巴黎/法国）

P

太平洋岛国论坛渔业局（FFA，1977年，霍尼亚拉/所罗门群岛）
太平洋鲑鱼委员会（PSC，1985年，温哥华/加拿大）
东亚海域环境管理伙伴关系（PEMSEA，1994年，奎松市/菲律宾）
南太平洋常设委员会（CPPS，1952年，瓜亚基尔/厄瓜多尔）
北极海洋环境保护（PAME，1993年，阿克雷里/冰岛）

R

区域渔业委员会（RECOFI，1999年，开罗/埃及）
保护红海和亚丁湾环境区域公约（吉达公约，1982年，吉达/沙特阿拉伯）
西南大西洋区域渔业咨询委员会（CARPAS，自1974年以来未再运作）
几内亚湾区域渔业委员会（COREP，1984年，利伯维尔/加蓬）
大加勒比区域海洋污染紧急信息和培训中心（REMP-EITC，1994年，威廉斯塔德/库拉索）
地中海区域海洋污染应急响应中心（REMPEC，1976年，瓦莱塔/马耳他）
红海和亚丁湾环境保护区域组织（PERSGA，1955年，吉达/沙特阿拉伯）
保护海洋环境区域组织（ROPME，1980年，萨法特/科威特）
保护北极海洋环境免受陆基活动影响区域行动纲领（RPA，1998年，奥斯陆/挪威）

S

太平洋区域环境计划秘书处（SPREP，1982年，阿皮亚/萨摩亚）
南亚合作环境计划（SACEP，1982年，科伦坡/斯里兰卡）
东南亚渔业发展中心（SEAFDEC，1967年，曼谷/泰国）
东南大西洋渔业组织（SEAFO，2001年，斯瓦科普蒙德/纳米比亚）
南太平洋社区（SPC，1947年，努美阿/新喀里多尼亚）
南太平洋区域渔业管理组织（SPRFMO，2011年，惠灵顿/新西兰）
西南印度洋渔业委员会（SWIOFC，2004年，马普托/莫桑比克）
次区域渔业委员会（SRFC，1985年，达喀尔/塞内加尔）

U

地中海联盟（UfM，1995年，巴塞罗那/西班牙）
联合国（UN，1945年，纽约/美国）
联合国贸易和发展会议（UNCTAD，1964年，日内瓦/瑞士）
联合国海洋法公约（UNCLOS，1982年，纽约/美国）
联合国开发计划署（UNDP，1965年，纽约/美国）

联合国经济和社会事务部（UNDESA，1948年，纽约/美国）
联合国海洋事务和海洋法司（UN-DOALOS，1982年，纽约/美国）
联合国教育、科学及文化组织（UNESCO，1945年，巴黎/法国）
联合国环境规划署（UNEP，1972年，内罗毕/肯尼亚）
联合国气候变化框架公约（UNFCCC，1992年，波恩/德国）
联合国难民事务高级专员（UNHCR，1951年，日内瓦/瑞士）
联合国工业发展组织（UNIDO，1967年，维也纳/奥地利）
联合国海洋（UN-Oceans，2003年，纽约/美国）

W

中西太平洋渔业委员会（WCPFC，2003年，科洛尼亚/密克罗尼西亚联邦）
世界银行（WB，1944年，华盛顿/美国）
世界卫生组织（WHO，1948年，日内瓦/瑞士）
世界知识产权组织（WIPO，1967年，日内瓦/瑞士）
世界海事大学（WMU，1983年，马尔默/瑞典）
世界气象组织（WMO，1947年，日内瓦/瑞士）
世界旅游组织（UNWTO，1975年，马德里/西班牙）
世界贸易组织（WTO，1995年，日内瓦/瑞士）

跨国非政府组织，按字母顺序排列

条目按组织名称的字母顺序排列，每一条目后的括号内，含有该组织的标准首字母缩写（如有），其后为创建年份以及秘书处驻地所在城市和国家（如有）。

A

保护海洋咨询委员会（ACOPS，1952年，剑桥/英国）
阿尔弗雷德·P. 斯隆基金会（1934年，纽约/美国）
阿拉伯海洋环境基金会（AFME，1995年，亚历山大/埃及）
亚太地区全球变化研究网络（ARCP，1996年，神户/日本）
加勒比海洋实验室协会（AMLC，1957年，克拉伦代克/博奈尔岛/荷兰）

B

黑海沿岸协会（BSCA，1997年，瓦尔纳/保加利亚）
蓝色海洋基金会（2010年，伦敦/英国）

C

地中海研究中心（CMS，1987年，萨格勒布/克罗地亚）
保护国际（CI，1987年，阿灵顿/美国）
海洋领导联盟（2007年，华盛顿/美国）
珊瑚礁联盟（CORAL，1994年，旧金山/美国）
库斯托协会（1973年，汉普顿/美国）

D

深海保护联盟（DSCC，2004年，阿姆斯特丹/荷兰）

E

欧洲保护与发展局（EBCD，1989年，布鲁塞尔/比利时）
欧洲海事局（EMB，1999年，奥斯坦德/比利时）
欧洲海洋生物技术学会（ESMB，1995年，特罗姆瑟/挪威）
环境调查局（EIA，1984年，伦敦/英国）
欧洲海洋研究所和研究站网络（MARS，1995年，耶尔瑟克/荷兰）

F

地球之友（1971年，阿姆斯特丹/荷兰）

G

盖亚基金会（1984年，伦敦/英国）

加拉帕戈斯保护协会（GC，2006年，费尔法克斯/美国）
全球珊瑚礁联盟（GCRA，1990年，剑桥/美国）
全球海洋、沿海和岛屿论坛（GOF，2002年，纽瓦克/美国）
全球海洋委员会（GOC，2013年，牛津/英国）
保护、管理和利用海洋哺乳动物全球行动计划（1977年，内罗毕/肯尼亚）
国际绿色十字组织（CGI，1993年，日内瓦/瑞士）
国际绿色和平组织（1971年，阿姆斯特丹/荷兰）

I

国际生物海洋学协会（IABO，1966年，奥克兰/新西兰）
国际海洋物理科学协会（IAPSO，1919年，里雅斯特/意大利）
国际航运协会（ICS，1921年，伦敦/英国）
国际海洋保护委员会（ICMC，1997年，霍赫海姆/德国）
国际科学理事会（ICSU，1919年，巴黎/法国）
国际可持续发展研究所（IISD，1990年，温尼伯/加拿大）
国际海洋环境保护协会（INTERMEPA，2006年，雅典/希腊）
国际海洋哺乳动物协会（IMMA，1974年，新不伦瑞克/加拿大）
国际海洋矿物学会（IMMS，1987年，火奴鲁鲁/美国）
国际海洋研究所（IOI，1972年，姆西达/ 马耳他）
太平洋国际海洋研究所（IOI-PI，1993年，苏瓦/斐济）
国际海产品可持续发展基金会（ISSF，2008年，麦克莱恩/美国）
国际社会科学理事会（ISSC，1952年，巴黎/法国）
国际大地测量与地球物理联合会（IUGG，1919年，波茨坦/德国）

L

海洋生物协会（1998年，索因图拉/ 加拿大）

M

海洋保护协会（MCS，1977年，瓦伊河畔罗斯/英国）
海洋管理委员会（MSC，1997年，伦敦/英国）
海洋储备联盟（MRC，2011年，伦敦/英国）
地中海咨询委员会（MEDAC，2013年，罗马/意大利）
地中海沿岸基金会（MEDCOAST，1990年，穆拉/土耳其）
地中海湿地倡议（MedWet，1991年，阿尔勒/法国）

N

地中海海洋保护区管理人员网络（MedPAN，1990年，马赛/法国）

O

世界海洋保护组织（1999年，华盛顿特区/美国）
海洋联盟（1971年，格洛斯特/美国）
关爱海洋（1989年，韦登斯维尔/瑞士）
海洋保护组织（1972年，华盛顿特区/美国）
海洋文化与环境行动网（OCEAN，2003年，冲绳/日本）
未来海洋协会（1999年，圣巴巴拉/美国）
海洋观察组织（1989年，皮尔蒙特/澳大利亚）
地中海和中东经济合作办公室（OCEMO，2011年，马赛/法国）
黑海经济合作组织（BSEC，1992年，伊斯坦布尔/土耳其）
地中海地区植物分类学调查组织（OPTIMA，1974年，查贝西/瑞士）

P

太平洋海洋科学研究所（PIMS，2002年，香港特别行政区/中国）
全球海洋观测伙伴关系（POGO，1999年，普利茅斯/英国）
摩纳哥阿尔贝二世亲王基金会（2006年，摩纳哥/摩纳哥）
北极海洋环境保护组织（PAME，1993年，阿克雷里/冰岛）

R

珊瑚礁环境教育基金会（REEF，1990年，基拉戈/美国）
珊瑚礁世界基金会（1999年，安格尔西/英国）

S

拯救海洋基金会（2003年，日内瓦/瑞士）
南极研究科学委员会（SCAR，1958年，剑桥/英国）
海洋研究科学委员会（SCOR，1957年，纽瓦克/美国）
海洋守护协会（1977年，星期五港/美国）
海豹保护协会（1996年，克罗斯加/冰岛）
海洋危机组织（SAR，1986年，布鲁塞尔/比利时）
海龟组织（1996年，北卡罗来纳州/美国）
鲨鱼拯救者（2007年，旧金山/美国）

T

大自然保护协会（TNC，1951年，阿林顿/美国）
海洋基金会（TOF，2003年，华盛顿特区/美国）
皮尤慈善信托基金（Pew，1948年，费城/美国）

U

忧思科学家联盟（UCS，1969年，剑桥/美国）

W

西非海洋环境协会（WAAME，1995年，达喀尔/塞内加尔）
西印度洋海洋科学协会（WIOMSA，1993年，桑给巴尔/坦桑尼亚）
湿地国际（1995年，瓦格宁根/美国）
鲸和海豚保护协会（1987年，切本哈姆/英国）
野生动物保护协会（1985年，纽约/美国）
世界海洋观察站协会（WAMS，2011年，菲斯克贝克基尔/瑞典）
世界海洋理事会（WOC，2009年，火奴鲁鲁/美国）
世界海洋网络（WON，1999年，滨海布洛涅/法国）
世界资源研究所（WRI，1982年，华盛顿特区/美国）
世界水下联合会（CMAS，1959年，罗马/意大利）
世界自然基金会（WWF，1961年，格朗/瑞士）

混合组织，按字母顺序列出

条目按组织名称的字母顺序排列，每一条目后的括号内，含有该组织的标准首字母缩写（如有），其后为创建年份以及秘书处驻地所在城市和国家（如有）。

沿海和海洋联盟（EUCC，1991年，莱顿/荷兰）
全球海洋伙伴关系（GPO，2012年，华盛顿/美国）
地球观测小组（GEO，2005年，日内瓦/瑞士）
可持续发展与国际关系研究所（IDDRI，2001年，巴黎/法国）
国际珊瑚礁倡议（ICRI，1994年，东京/日本）
国际自然保护联盟（IUCN，1948年，格朗/瑞士）
欧盟区域咨询委员会（RAC，分布于欧洲几个地方）

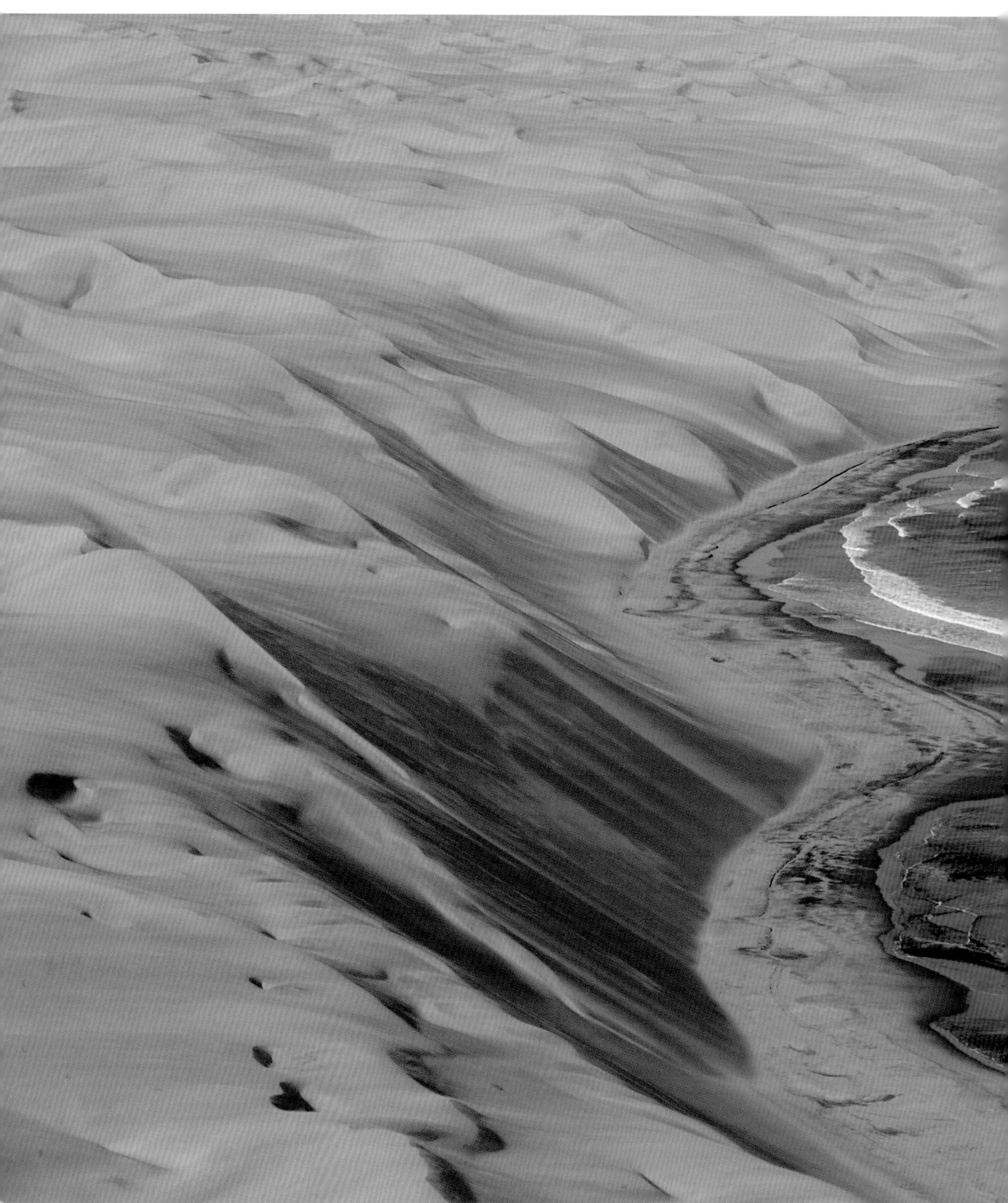

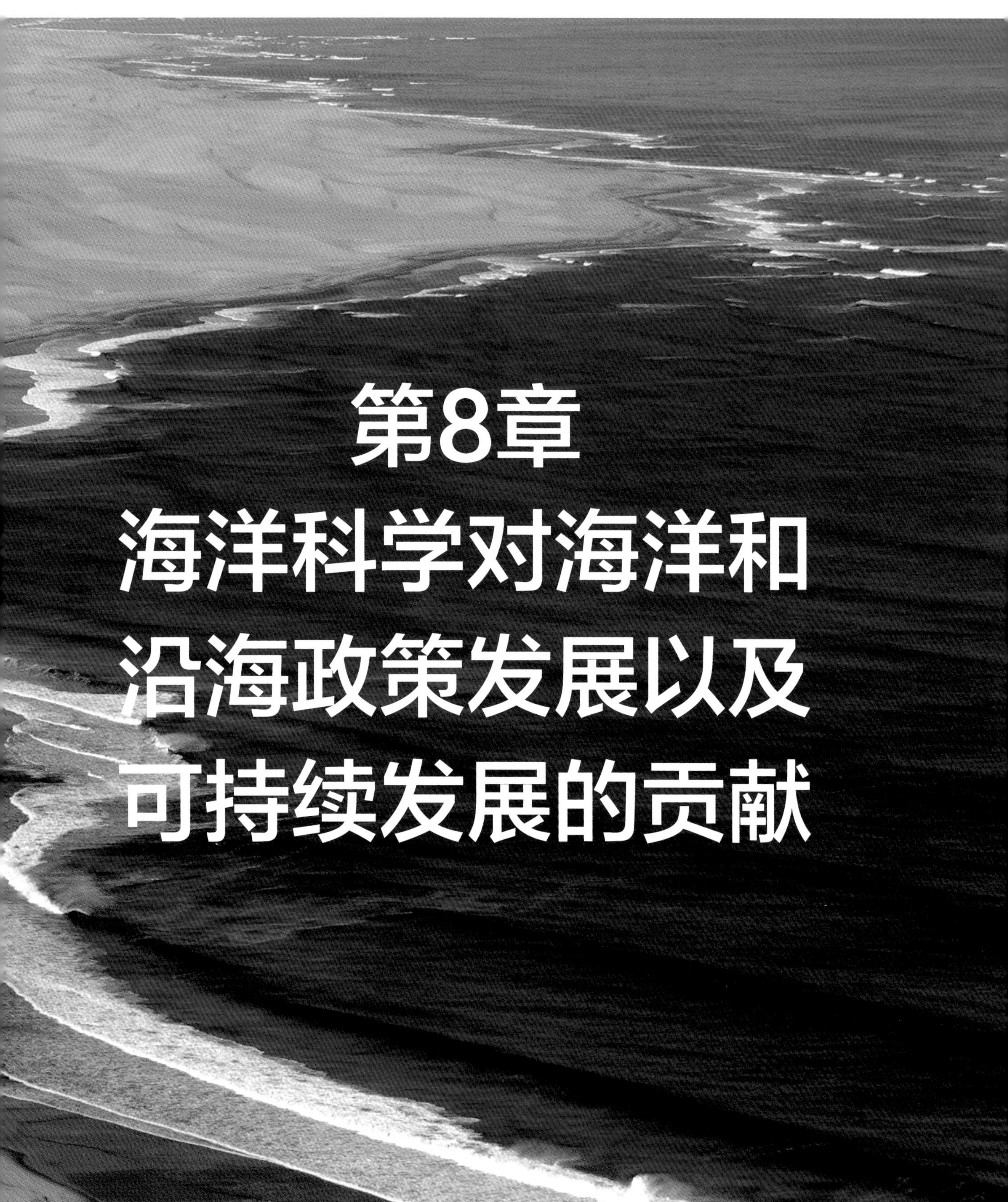

第8章 海洋科学对海洋和沿海政策发展以及可持续发展的贡献

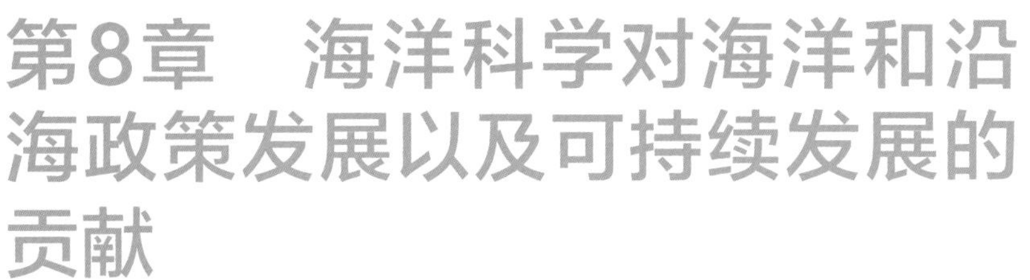

第8章　海洋科学对海洋和沿海政策发展以及可持续发展的贡献

Alan Simcock[1], Lorna Inniss[2], Henrik Enevoldsen[3]

1　联合国常规程序专家组（世界海洋评估）联合协调员（2009年起）
2　联合国环境规划署
3　联合国教科文组织政府间海洋学委员会

Simcock, A., Innis, L. and Enevoldsen, H. 2017. Contribution of marine science to the development of ocean and coastal policies and sustainable development. In: IOC- UNESCO, *Global Ocean Science Report—The current status of ocean science around the world.* L. Valdés et al. (eds). Paris, UNESCO, pp. 170–187.

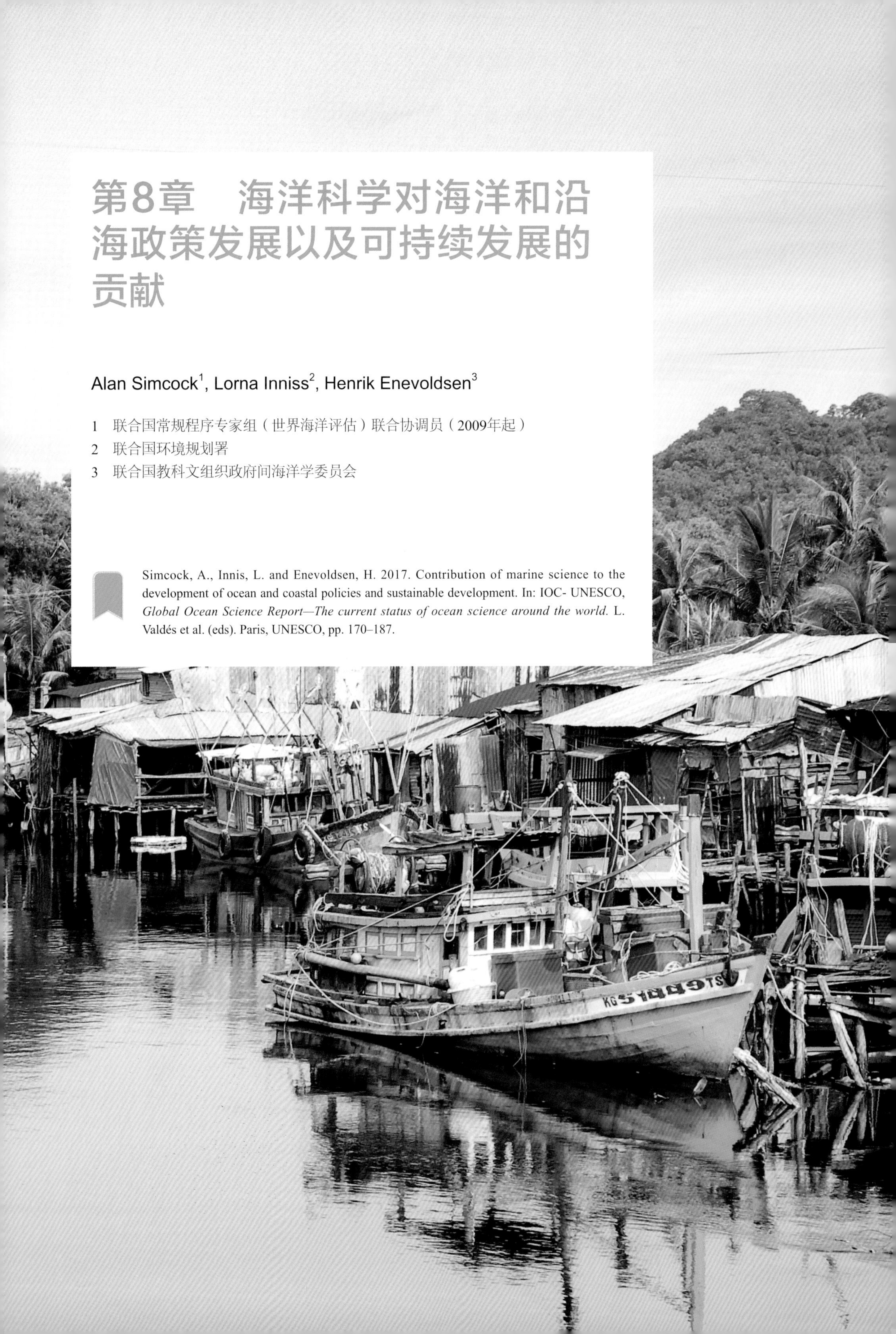

8.1 引言

海洋科学与海洋政策关系的发展，如同一根绑在重物上的绳索，这根绳索由许多股构成，它们绞在一起，形成一个能承受巨大重量的结构。这一巨大重量表明，在管理人类对占地球7/10面积的海洋造成的影响方面，采取正确的政策对人类和其他生物界的福祉至关重要。研究绳索各股之间是如何发展的，有助于理解海洋科学对政策的影响，反之亦然。本章探讨的是科学与政策如何相互作用的不同的组织结构以及组织结构对两者的重大影响。本章继续6个案例的研究，以说明科学与政策的相互联系如何促进海洋保护并支持其资源的可持续管理。本章还描述了基于现有的能力和基础设施（第3章）、投资（第4章）、成果（第5章）和数据管理（第6章），海洋科学是如何影响利益攸关方的。最后，在《2030年可持续发展议程》的背景下，本章着眼于如何需要加强进一步的科学认识，以实现和监测可持续发展目标14（SDG14“保护和可持续利用海洋和海洋资源”）中的10项目标。

8.2 海洋科学与政策之间关系的发展

支撑海洋科学发展的三大要素是：海军的军事需求、科学的好奇心和对海洋工业的支持（最初是捕捞和航运，现在范围更广，包括近海石油和天然气勘探和开采、海底采矿和可再生能源）。

18世纪，欧洲战争的冲突范围逐渐扩大，殃及全球：欧洲海军在大西洋、加勒比海和印度洋相互采取军事行动，因此需要了解海况，特别是水深和海流。早在1720年，法国的海事部长就设立了一个办公室，以集中法国对海图方面的知识（McClellan，Regourd，2000）。随后的18世纪和19世纪，英国、俄罗斯和欧洲其他地区进行了海洋学调查和水文服务（Blewitt，1957；Postnikov，2000；David，2004），1828—1832年，在法国和西班牙海军的支持下，英国皇家海军“尚蒂克利尔”号在南大西洋进行了航行，表明了早期的国际合作（Goodwin，2004；Webb，2010）。

对海洋的科学好奇心与科学本身一样古老，潮汐和洋流等现象不能不引发疑问。科学先驱，如美国的本杰明·富兰克林在1786年调查了墨西哥湾流，因为墨西哥湾流影响了横跨北大西洋邮件包的发送时间（Deacon，1997）。对其他领域的科学探究带来了重大的海上探险活动：英国海军部和英国皇家学会（英国科学院）于1768—1771年组织了一次前往南太平洋的探险，目的是观察金星过境，陪同的专家还对该地区的海洋和海洋生物进行了观察（David，2004）。英国皇家学会与海军部进行了多年合作，并于1873—1876年的“挑战者”号环球航行中达到顶峰。此次航行配有一个科学家团队和特别装备实验室，被认为是现代海洋学的起点（Wyville Thomson，Murray，1880—1995；Rice，1999；Desmond，2004）。

在整个欧洲，人们对海洋科学的兴趣（尤其是对生物科学全面发展产生的海洋生物学的兴趣），使得通过政府或私人倡议的诸多海洋研究机构得以建立，如法国的阿卡雄（1867年），罗斯科夫（1872年）和巴纽尔斯（1881年）；意大利的那不勒斯（1871年）；俄罗斯的塞巴斯托波尔（1871年）；英格兰的普利茅斯（1884年）；西班牙的桑坦德（1886年）；德国的赫里戈兰（1892年）（Desmond，2004；Borja，Collins，2004；Egerton，2014）。同样，在美国的马萨诸塞州伍兹霍尔（1888年）和圣地亚哥（1903年，现在的斯克里普斯海洋学研究所）设立了独立的研究机构（Ritter，1912；Lillie，1944）。同时，物理学和生物海洋学开始被认可为一门大学专业，例如，利物浦大学（英格兰）于1919年设置了第一任海洋学教授职位（Rudmose Brown，Deacon，2004）。

19世纪末，对海洋的纯科学研究变得愈加突出，特别是洋流与鱼类运动的联系成为斯堪的纳维亚半岛科学研究兴趣的主题，这也促成了于1902年成立国际海洋勘探理事会（ICES），这是第一个政府间环境机构。该理事会开展了一项为期5年的合作研究计划，最终成为海洋科学的永久的重要机构（Smed，Ramster，2002；Egerton，2014；第7章）。70年后，也就是1990年，北太平洋成立了一个类似组织：北太平洋海洋科学组织［别称"太平洋国际海洋勘探理事会"（PICES）］（PICES，2016）。

50多年前，联合国教科文组织政府间海洋学委员会成立，由此公认在海洋研究领域开展全球合作的必要性。此后，政府间海洋学委员会充当了组织和支持合作研究的协调中心，为物理海洋学和生物海洋学提供中央信息存储库，并促进海洋研究的能力建设，特别是加勒比和东南亚地区（Scott，Holland，2010）。

对海洋事业的科学支持被认为是从绘制准确的海图和引航手册开始的，这也是国家海军调查工作的副产品。早在1821年，英国海军海图就已商业发行（Andrew，David，2004）。其实，更具体的科学支持开始于19世纪中叶。1843年，鲁汶大学动物学教授范・贝内登（Van Beneden）在比利时奥斯坦德的一个牡蛎养殖场建立了一个研究站，不久，为了改善法国牡蛎的水产养殖，1859年在孔卡尔诺设立了海洋生物站。19世纪最后20几年对海洋渔业发展的担忧，促使了应用科学和捕捞技术的发展，以便更好地了解鱼类种群及其分布，当时北海周边的许多国家都建立了渔业实验室和研究机构，随着渔业研究的价值得到证实，大多数沿海国家也纷纷效仿。

在第一批海洋研究机构成立后的125年里，各机构之间的联系变得更加紧密，大多数机构都能处理各种各样的海洋学问题。所有海洋科学相互关联的性质，不仅包括物理和生物海洋学，还包括社会和环境方面，现已得到联合国大会于2006年设立和组织的全球海洋环境状况报告和评估常规程序的完全认可，包括对社会经济方面的报告和评估（联合国大会第65/37A号决议），并于2016年1月发布了第一次全球海洋综合评估：《世界海洋评估Ⅰ》。海洋与大气之间的重要联系也得到了政府间气候变化专门委员会及其所推动的研究的认可，尤其是将于2019年9月完成的气候变化中的海洋和冰冻圈特别报告。

8.3 海洋科学的体制安排

海洋科学发展的驱动力是多方面的，因此世界各国的海洋科学体制安排同样也多种多样。经常出现的一个关键问题是，负责政策制定的政府部门与研究机构间存在着紧张关系，一方面，所从事的研究必须满足政策需求；另一方面，科学的创新发展依靠基本和广泛的调查。经验表明，当研究独立于政治压力，并接受坚持严格科学立场的同行评议时，才是高质量的科学（Haas，2004；Ruggiero，2010）。各国试图根据其各自组织的历史背景，通过应用海洋科学组织不同的机构模式，实现这些双重目标。

许多国家将大部分海洋科学研究（除了在高等学府内部的研究）集中在一个海洋研究机构，通常是依赖一个在海事和海洋问题上起主导作用的部门。基于各国不同的历史，海洋科学研究经常由该国负责海军（如巴西）或农业和渔业的部门（如秘鲁）承担，或者一个单一的海洋研究机构可以对一系列的部门，如运输、自然资源、农业和渔业等（如爱尔兰）履职尽责。为了保证研究的独立性，该类研究所通常由国家政府整体任命的一个独立董事会在固定任期内管理。

为了保障科学研究的独立性，大多数研究机构都置于科学部的直接监督之下，从而使其免受专业部门的直接政策压力。1915年当英国成立科学和工业研究部时，这种方法得到了大力推广。类似的结构在其他国家也得以推广与继续，例如，澳大利亚（英联邦科学和工业研究组织）、印度（科学和工业研究部）和西班牙（高等科学研究理事会）。但是，这种结构并不排除由相关专业部门直接控制的其他海洋研究机构的存在（例如西班牙的西班牙海洋学研究所）。

各专业部门与海洋研究机构之间的关系是研究计划的重点。通常情况下，科学家们希望从事的研究能在他们所选择的学科中给他们带来关注、尊重和进步，但此类研究可能无法满足政策制定者解决政策问题的需求。为了解决这一困境，人们尝试了各种方法，海洋研究机构愈加认可这种客户/承包商的关系，在这种关系下，海洋研究机构的计划会侧重资助部门或机构的要求，这些部门或机构支付特定的研究费用，但对海洋研究机构没有任何管理控制权。

这种安排可以经常确保一部分研究经费用于“蓝天”研究。所谓“蓝天”研究，指的是与任何特定的政策目标无关，而是出自对研究内在的科学兴趣。作为这种“客户/承包商”关系的一部分，一些国家（如新西兰）正在设立国家研究机构，以便可以在市场上公开竞争研究合同。

当今，海洋科学研究中的“客户”与“承包商”之间的良好平衡至关重要，在未来几年更是如此。随着对海洋的利用日益广泛，对知识的需求以及开展科学研究和相关海洋观测需要的资源，也必将与日俱增。科学界、海洋工业、海洋管理人员和各国政府之间，在国家和国际上进行广泛和富有建设性的对话，对于确保在不损害科学质量的情况下发展必要的知识至关重要，这些知识涵盖有效地为决策提供信息的各种问题。联合国大会之所以同意《世界海洋评估常规程序》的部分任务应包括查明知识和能力建设之间的差距，原因之一就是认识到需要加强研究的协调与合作。

8.4 行动中的科学/政策之间的关系

了解海洋科学与海洋政策如何协同合作，对于海洋科学研究计划的设计以及海洋政策的制定和实施都至关重要，对特定问题的案例研究，可以促进对这方面的了解。本章简要介绍六个案例：北海渔业管理、有害藻华、非原生生物扩散、防污处理、本格拉洋流大型海洋生态系统以及二氧化碳吸收地球工程。

8.4.1 北海渔业管理

19世纪时，北海渔业管理的关注点主要是确定渔业的受益者，而非管理渔业对海洋环境的影响，这种方式可以从托马斯·赫胥黎的一句话得以窥见。托马斯·赫胥黎是查尔斯·达尔文理论的重要支持者，他在1883年的伦敦渔业展览会上说，“就我们当前的捕鱼方式而言，许多重要的海洋渔场……取之不尽，用之不竭。”他还补充说，对鱼类种群数量的自然“破坏性作用”力量如此之伟大，以至于渔业不可能显著提高鱼的死亡率（Huxley，1883）。

赫胥黎关于“当前捕鱼模式”的补充说明很关键。在之后的几十年中，技术将渔民活动转变为比自然力更大的“破坏性作用”，这一过程伴随了整个20世纪。更可靠的推进装置、更大的渔船（以便在返回港口前可以捕获更多）、保存鱼类的冷藏方法、新的渔具、更好的导航设备和鱼类回声定位的使用，所有这些都使得捕获量大幅增加。

20世纪30年代，由于人们对北海国家过度捕捞十分担忧，因此开始采取行动。然而，由于有关鱼类种群的科学知识尚处于早期阶段，监管方面进展甚微。20世纪30年代和40年代，人们对鱼类的生命周期有了更深的认识。第二次世界大战后，渔业科学继续得到发展，在统计并了解鱼群如何应对自然事件和渔业压力方面取得了重大进展（Hardy，1959）。

随着科学的进步，为了保持较高的鱼类捕捞量，并实现各国公平地分享北海捕获量，需要进一步加强监管，但直到大约40年后才慢慢建立了一个体系。1946年达成了一项新公约，但该公约直到1953年才生效。该公约提供了一些保护措施，但对捕捞活动没有做出限制。国际海洋勘探理事会（ICES）建议对保护措施做出进一步规定，还提供了推荐意见，但所有建议都未被采用。因此，由于对国家控制海洋的程度争论不休，一直没有一套行之有效的渔业协定。

1976年，欧洲共同体就共同渔业政策达成了一致意见，实施一项可追溯至1956年的承诺，并规定在将来采用一套欧洲共同体养护措施体系。因此，尽管当时对鱼类种群的表现有了良好的科学认识，但渔业管辖区法律的不确定性以及国家间的利益冲突意味着，将这种科学认识应用于渔业管理几乎没有成功的案例。

在法律和管理结构的整个发展过程中，现实世界发生了一个亟须采取紧急行动的事件。在过度捕捞的压力下，北海鲱鱼种群枯竭了，在缺乏一个达成一致的框架情况下，亟须立即采取行动（Bjørndal，Lindroos，2002），因此一项禁止捕捞鲱鱼的协议达成了，从而使鲱鱼种群数量得到恢复，到了20世纪80年代中期，北海的捕捞逐渐得以恢复。

鲱鱼事件使各国意识到建立一个总体框架的必要性。经过激烈的谈判，1983年，北海国家最终建立了一个基于总可捕数量（TACS）的系统。每年12月，渔业部长根据国际海洋勘探理事会（ICES）的建议，就下一个年度总可捕数量进行协商。部长们面临着艰巨的政治任务：一方面，他们理解遵循科学建议的必要性；另一方面，他们承受着国内政治的强大压力，要为本国捕鱼船队提供潜在的经济机会。毫不奇怪，事实证明这些相互冲突的压力是不可调和的。总可捕数量的设置往往高于科学家建议的水平，这种模式一直持续到21世纪初。2002年，ICES建议完全停止对所有北海地区鳕鱼的捕捞，欧盟委员会建议将鳕鱼总可捕数量减少80%，但最终部长理事会只同意将总可捕数量减少45%，而实际的渔获量对于渔业的可持续发展仍然过于庞大。

渔民们对该系统失去了信心，并开始设法规避。总可捕数量限制带来的压力，导致大量鱼类被丢弃（因为它们可能已超过配额）和被“高等级化”（丢弃经济价值较低的鱼，以保持在配额内），这些被丢弃的垃圾反过来导致以其为食的海鸟数量增加了7倍。与此同时，放任对鱼类捕捞的控制，破坏了科学家评估所依据的数据，导致预测准确性的降低（Daw，Gray，2005）。

20世纪90年代，渔业科学的研究重点逐渐扩大：关注点从最初的对单一种群的管理发展为对整个渔业生态系统实施管理，同时，对不同鱼类物种间的相互作用，鱼类与其他野生动物物种间的关系以及更广泛的环境问题也被纳入研究中，如环境污染（北海中级部长级会议，1997）。此外，20世纪90年代末，阿伯丁郡议会（该地区覆盖了苏格兰渔业的很大一部分）决定试图重建渔民、渔业科学家和渔业管理人员之间的信任。针对北海问题，主要的地方当局组织了一系列会议，邀请了多个利益攸关方（渔民组织、渔业科学家、渔业管理人员、环境管理人员和非政府组织等），讨论渔业科学的不确定性和渔业管理问题。这一系列会议促成了欧盟区域渔业咨询委员会的成立（第7章）。其他领域也采用了新方法，到2014年，欧盟共同渔业政策实现了全面改革，并在接下来的几年内陆续生效，这些做法旨在将欧盟的国际承诺纳入一种生态系统的方法，将捕捞活动限制在最大可持续产量，禁止丢弃捕获的鱼类，调整捕捞能力，使之与捕捞机会相平衡（欧盟，2016）。

从海洋科学与海洋政策相互作用的角度来看，这段历史的主要信息是：①需要对应该加以管制的环境，有一个良好的科学认识；②科学家需向决策者提供清晰的材料，以便他们了解科学成果固有的不确定性；③所有利益攸关方需要共同参与，以了解科学信息；④需要避免产生政治压力可能扭曲科学的情况。

8.4.2 营养过剩和藻华

海藻是一种进行光合作用生物的广泛群体，生长于光可以穿透的海洋区域，海藻的过度生长会造成许多问题。有些问题由藻类产生的毒素引起，其他则由大量的无毒藻类引起。

在无毒藻类大量繁殖的地方，常见的结果之一是“绿潮”。“绿潮”对世界上许多海滩造成破坏，其他结果是出现低氧和死亡（缺氧）区，在这些区域里，细菌在藻类和浮游植物（微观植物）的腐烂过程中发挥作用，导致氧气浓度下降甚至溶解氧的实际缺失。鱼类从这些区域逃离，无法移动的底栖动物死亡，这些问题遍布全球。目前有500多个地区持续或部分时间内面临这些问题，包括波罗的海大部分地区，墨西哥湾，中国几乎所有的主要河口和菲律宾马尼拉湾（Sotto et al.，2014；Goerp，2017）。

海洋科学已经揭示，产生这些问题的主要原因是海洋被输入了过量的营养物质，尤其是氮，它在未受干扰的生态系统中对初级生产（富营养化）发挥调节和限制作用。海洋氮化合物（主要是硝酸盐）主要有4种来源：①内燃机排放的含氮化合物；②工业过程（尤其是酿造和蒸馏）产生的污水（即人类粪便和尿液）以及相关有机物；③农业径流（包括来自用于农业耕种的肥料和家畜饲养的泥浆径流）；④牲畜排放到空气中（主要是甲烷）的废气。人类可以通过各种方式对这些来源的影响加以限制。

这些富营养化问题，对环境、社会和经济造成的影响是多方面的。游客不再踏入受影响的海滩，鱼类和其他海洋生物遭到破坏，生态系统遭到毁坏，从而导致1991年《欧洲共同体硝酸盐和城市废水指令》以及环境保护局的“切萨皮克湾计划”的制订［联合国常规程序专家组（GOERP），2017］。

各学科需要共同合作，以了解和解决营养过剩导致藻类过度生长和随后产生的海洋溶解氧丧失的问题。研究必需并继续，至少将浮游生物和藻类、污水管理、农业和交通、氮化合物化学、贝类毒理学以及低氧和缺氧区联系起来，同时定期监测海洋的物理条件、相关沿海地区状况、海水含量和叶绿素。

除了由无毒藻类过度生长引起的问题外，有毒藻类也会引发问题。一些浮游植物物种含有毒素，毒素通过食物网传递，因此，这些浮游植物的大量繁殖，会导致人类、鱼类、海鸟、海洋哺乳动物和其他海洋生物患病和死亡。6种人体中毒综合征是由于食用被有害藻华毒素污染的海产品引起的，对人类健康产生的其他威胁，是由有毒气溶胶和有毒藻类产生的水性化合物引起的，这些化合物会刺激呼吸和皮肤。

有毒藻华造成的危害，不仅来自中毒引发的疾病和死亡，还来自对为保护人们免受中毒而不得不关闭的贝类和其他渔业养殖场的损害以及由于食用了藻类或者藻类产生的毒素而死亡的鱼类和其他顶级食肉动物而造成的生态系统的破坏。每年都有来自世界各地许多有毒藻华泛滥的报道，而且数量还在不断增加。数量之所以增加，部分原因是观察和记录得到了完善，但可靠证据表明，这一问题实际发生率的有所增加，是许多因素相互作用的结果，包括海水温度上升、向海洋输入的营养物质的增加、通过航运转移非本地物种以及海洋中营养成分平衡的变化。

有毒藻华是一个复杂现象，需要多门学科共同参与，从分子和细胞生物学到大规模的野外调查、数字模拟和遥感，以解决它们引发的问题。在过去的30年间，在政府间海洋学委员会（IOC）、海洋研究科学委员会（SCOR）、联合国粮食及农业组织（FAO）和区域海洋科学组织的领导下，制订了许多重要计划，将了解和管理有害藻华所需要的所有科学的许多分支汇集在一起。20世纪90年代初，IOC成立了一个政府间专门小组，90年代末，在IOC和SCOR的支持下，建立了一个有关有害藻华生态学和海洋学的国际科学协调计划［有害藻华全球生态学和海洋学计划（GEOHAB）］。GEOHAB极大地增加了人们对有害藻华过程的了解，包括与海洋上升流系统、分层和富营养化的关系。现在我们已经可以预测它们的发生时间，更先进的毒素检测技术也增强了对人类健康和市场的保护，与此同时，该计划的能力建设项目正在帮助更多国家建立监测系统，以确保海洋食物不被藻类毒素污染（Anderson et al.，2010）。

这一领域的成功表明，各国之间以及各学科之间合作的重要性。建立跨学科联系与全球监测和报告系统需要大量工作，从发现问题到制定政策和采取行动之间的时间跨度、空间变异性以及调查有害藻华问题所涉及的不同学科，都强调了海洋科学领域长期承诺的重要性。

8.4.3 非本土物种的迁徙

植物和动物的长距离传播已成为进化的一部分。有些物种（例如，椰子—椰子树）可能在没有任何人为干预的情况下，通过海洋传播，尽管椰子当前的分布似乎和史前以及历史时期的人为转移有密切关系（Foale，2003）。长期以来，船舶在将物种从世界的一个地方转移到另一个地方的过程中发挥了作用。然而，最近船舶的运输量大幅增加，1970—2012年期间，通过船舶运输的国际贸易增加了两倍（石油和天然气）至五倍（煤和矿石）（UNCTAD，2014），因此，极大地增加了海洋物种在世界不同地区间转移的可能性。

一方面是压舱水携带物种的可能性，特别是携载压舱水定期返回，进行下一次承重航行的油轮。20世纪80年代末，加拿大和澳大利亚在国际海事组织（IMO）的海洋环境保护委员会（MEPC）上提出了这个问题。1991年，MEPC通过了防止通过船舶压舱水和沉积物排放，引入有害生物和病原体的行动纲领。1993年，IMO大会随后跟进，要求MEPC审查这些行动纲领，并制定一项国际公约。到1997年，IMO邀请各国利用这些行动纲领来解决这一问题。经过14年的谈判，制订了《国际船舶压载水与沉积物控制和管理公约》（《压载水管理公约》，BWM公约，2004年），但是，为了获得充分的批准使公约得以生效，还需要另外13年的时间，预计该公约将于2017年9月生效（IMO，2016b）。

科学证据在赢得该领域的行动论证中，发挥了重要作用，如对非本地物种问题的规模和分布的广泛调查（图8.1）。2000年，一项调查确定，北美洲有295种非本土物种（NIS），并得出结论（尽管不够肯定）：①报道的入侵率在过去200年中呈指数式增长；②大多数非本土物种是甲壳类动物和软体动物，而以小型生物为主的分类群体中的非本土物种很少见；③大多数入侵由航运造成；④太平洋沿岸的非本土物种，比大西洋和墨西哥湾沿岸的多；⑤非本土物种的原生地区和源区，因海岸而异，与贸易模式相对应（Ruiz et al.，2000）。

国际自然保护联盟（IUCN）确定了84种非本土入侵海洋物种，这些物种出现在其自然分布外的海洋栖息地中［全球入侵物种数据库（GISD），2014］。2008年的另一项研究发现了205种物种：其中约39%被认为或者很可能是通过船体污染运输带来的；31%通过压舱水运输；31%通过一种或其他途径运输（Molnar et al.，2008）。一些区域审查也确定了大量非本土物种，如，波罗的海有120种，地中海有300多个物种（Zaiko et al.，2011）。

这些调查建立在对个案进行大量审查工作的基础上，《压载水管理公约》案例就是一个范例，说明需要在全球范围内，对海洋环境进行详细审查，并提供一份其结果可以获取，并用于生成一个综合的非本土入侵海洋物种的全球图景的有效报告，查明物种入侵的原因，希望在不久的将来阻滞或减少入侵物种的数量。

8.4.4 防污处理

从长途海运的一开始，木制船体就遭到蛀船虫（船蛆）的攻击，蛀船虫钻进木头将其毁坏。1760年前后，人们试图通过用薄铜板覆盖船体来防止这种情况的发生，人们还发现通过减少藤壶、海草和其他生物污垢的积累有助于航行，因为这些物质会减缓船舶速度（Rosenberg，Gofas，2010）。即使在钢质船体取代木质船体后，海洋生物附着物对航运业也有着重要影响，由于额外的阻力，生物污垢会降低船速，从而增加燃料消耗和发动机压力。1毫米厚的生物膜可使船体摩擦力增加80%，这意味着速度会损失15%。此外，生物污染增加5%，会使船舶燃料消耗量增加17%，温室气体排放量增加14%。1980年，美国海军估计其18%的燃料消耗是由生物污染造成的（Bixler，Bhushan，2012）。

图8.1　海洋环境中入侵物种感染的主要途径和来源

资料来源：Nelleman等，2008年（全球资源信息数据库GRID-Arendal，H. Ahlenius，http：//www.grida.no/resources/7191）

鉴于这些重大的经济影响，人们投入大量工作寻找有效的防污处理办法也就不足为奇了。20世纪60—70年代，人们发明了将三丁基锡化合物（TBT）（长期以来被称为有效杀菌剂）嵌入树脂基的技术。这种树脂基（在水流的作用下）会缓慢磨损并持续释放三丁基锡，采用该种方法的防污处理被证明十分有效，因此被迅速广泛地加以采用（Piver，1973）。

但不久就检测出采用三丁基锡进行防污处理的不良影响。早在1981年就观察到雌性泥螺中出现了雄性特征，并且注意到这可能是由实验室中非常低的三丁基锡水平（十亿分之几）产生的（Smith，1981）。与此同时，太平洋牡蛎（*Crassostrea gigas*）被引入欧洲，特别是法国的水产养殖业，之后观察到这些牡蛎出现了壳体畸形，而且其畸形率与周围船舶活动量的增加成正比，而如果将受影响的牡蛎重新放置在没有船舶活动的水域，这种影响就会减弱（Alzieu，Portmann，1984）。

科学证据如此充分，因此各国开始禁止在体长25米以下的船只上使用三丁基锡进行防污处理。为了“少数牡蛎养殖者”的利益，大量业余水手被置于不利地位，从而引起了游艇界的强烈抗议和反对运动，然而，许多国家当局仍坚持这一规定/禁令（Corrick，1985）。

内分泌紊乱和其他不良反应（特别是在软体动物中）的科学证据不断增加。1990年，国际海事组织（IMO）建议各国政府取消使用含有三丁基锡的防污涂料，在IMO可能实施更具深远意义的措施之前，该决议旨在用作临时性限制。2008年生效的2001年《控制船舶有害防污系统国际公约》禁止在防污涂料中使用有机锡化合物作为生物杀菌剂（IMO，2016a）。

三丁基锡防污漆案例表明，定期的海洋监测十分重要。由于造成伤害的三丁基锡含量很低，因此当时的化学分析无法检测到，只有观察生物群对存在的化学物质的反应才能检测到它。

8.4.5 本格拉洋流委员会

全球海洋是一个单一的相互关联的系统，为了更好地了解它，并管理人类对它的影响，有必要将其划分为更易于管理的单位。最初由美国国家海洋与大气管理局发起的许多研究结果，确定了一系列大型海洋生态系统（LME）。通常被认可的LME有66个，由大陆架延伸范围等地貌特征、主要洋流等海洋学特征以及产生不同生态系统的生态因素所界定。

本格拉洋流大型海洋生态系统（LME）根据非洲西海岸以外的同名洋流命名，范围从安哥拉和纳米比亚海岸到南非西海岸。在其国际水域组合的背景下，全球环境基金（GEF）强烈支持国家驱动的LME管理战略，通过其国际水域的重点区域，GEF促进将跨学科方法与发展因素相结合，改善海洋资源管理（联合国教科文组织政府间海洋学委员会和联合国环境规划署，2016）。

GEF优先发展战略行动方案（SAP），以应对导致跨界环境问题根源所在的不断变化的部门政策和活动。本格拉洋流LME的战略行动方案于2002—2008年间实施，在此期间，由各种海洋科学机构主持并由GEF通过联合国开发计划署支持的75个项目得到了执行，并全面了解了LME状况，其研究对象包括近海海洋钻石开采的累积影响、河口生物多样性、沿海、近岸和近海环境以及该地区的重要渔业，同时还评估了极端环境事件，包括海洋持续变暖（“本格拉尼诺”）和大规模硫黄喷发。

对有关LME认识的显著提高，致使安哥拉、纳米比亚和南非政府承认，需要做出更好的安排，以协调对LME中人类活动的治理。2013年，本格拉洋流委员会成立，采用区域协调方法促进对LME的长期养护、保护、恢复、提升和可持续利用。这是世界上第一个以LME进行海洋治理理念为基础的政府间委员会（本格拉洋流委员会，2017）。

本格拉洋流委员会的成立过程表明，对海洋区域科学进行彻底的检验，可以创造出改善国际合作所需的知识基础，从而增强达成必要协议的政治意愿。

8.4.6 地球工程封存二氧化碳

由于气候变化，人们对减少温室气体，尤其是二氧化碳排放的可能性进行了大量思考，其中一个建议是通过向地表水添加铁或其他营养物质，对海洋进行大规模施肥，目的是促进海洋微植物大规模的生长，以至于能够显著地增加海洋对大气中二氧化碳的吸收，并长时间将其从大气中移除，改善全球气候。这一建议源于20世纪80年代末提出的科学观点，但该建议存在着争议。2008年，《生物多样性公约》（1992年）缔约方大会第九次会议决定，不管出于什么目的，都不应在非沿海水域开展进一步的海洋施肥活动，除非有强有力的科学依据，并需通过全球监管机制对其进行评估。

同时，管制向海洋倾倒废物的全球文书的缔约方，即《防止倾倒废物及其他物质污染海洋公约》（《伦敦公约》，1972年）和《防止倾倒废物和其他物质污染海洋公约议定书》（《伦敦议定书》，1996年），通过了一项决议，同意这些文书的范围包括海洋施肥活动，人类开展的任何想要刺激海洋初级生产力（不包括普通水产养殖、海水养殖或建立人工鱼礁）的活动都属于这一范畴，他们还就对该结论的深层含义进行更详细的考虑达成了一致意见。

政府间海洋学委员会决定委托撰写有关该问题的科学报告，并将其输入到此问题的辩论中。该报告在表层海洋低层大气研究计划的协助下编写，这是一项重点研究海气相互作用和过程的国际计划，得到了国际地圈-生物圈计划、海洋研究科学委员会（SCOR）、世界气候研究计划以及国际大气化学和全球污染委员会的支持。

报告结论表明，虽然实验显示，在高营养区铁的输入可以极大增加浮游植物和细菌的生物量，从而将二氧化碳吸收到地表水中，但目前还不清楚铁基海洋施肥对浮游动物、鱼类和海底生物群有何影响。此外，报告结论显示，关于低营养区施肥的有效性和效果的信息甚至更少。报告还指出，大规模施肥可能会对当地产生广泛（且难以预测的）影响，并且在空间和时间上也远远做不到，因此报告建议对该问题要进行仔细研究，并对任何实验进行监测（Wallace et al.，2010）。

该报告在帮助根据《伦敦公约》和《伦敦公约议定书》进行的讨论方面具有影响力。2010年，这些文书的缔约方通过了《涉及海洋施肥的科学研究评估框架》，2013年，《伦敦公约议定书》缔约方通过了修正案，并将海洋施肥和其他海洋地球工程活动以及监管规定，纳入议定书［联合国常规程序专家组（GOERP），2017］。

该案例表明，一份组织良好、重点突出的科学报告，如何能够帮助国际谈判，改善对人类活动的管理，并减少对海洋环境的影响。

8.5 展望未来

对于任何研究全球海洋科学的报告来说，重点之一就是确认知识上的差距。第一次全球海洋综合评估报告——《世界海洋评估I》的部分工作，确定了妨碍了解海洋和对影响海洋的人类活动进行管理的知识差距，以便提供服务并维护世界所需的海洋资源［联合国常规程序专家组（GOERP），2017］。如《全球海洋科学报告》所述，填补知识和相关能力缺口，投资海洋科学并跟踪海洋研究的影响，对于维持海洋和人类健康，即实现可持续发展目标14，特别是可持续发展目标14a，十分重要（提高科学知识、发展研究能力和转让海洋技术……）。

国际社会需要了解的海洋信息可分为四大类：①海洋的物理结构；②海洋水域的组成和运动；③海洋生物群落；④人类与海洋的互动方式。总体来说，北大西洋及其邻近海域可能是被研究得最彻底的区域，尽管人们对那里也存在着重大的知识空白。对北半球的大西洋和太平洋部分区域的研究，比对南半球的研究更为深入，人们对北极、南大洋和印度洋了解得最少。

以下实例，从科学视角展示了与可持续发展目标14相关的海洋研究主题。

8.5.1 海洋的物理结构

在过去的25年，区域和全球研究极大丰富了我们对海洋地貌特征的认识，虽然绘制海图的工作在沿海水域已经进行了7个多世纪，在横跨公海的主要航线上也进行了250年，但仍有许多特征需要更为详细的调查。专属经济区（EEZ）的划定使许多国家开展了更为细致的调查，以此作为管理这些区域活动的基础。理想情况下，所有沿海国家都会将此类详细调查，作为管理其专属经济区的基础。国家管辖范围以外的调查将在国际上进行合理的组织［例如海洋总测深图（GEBCO）海底2030项目］，此类调查将有助于实现可持续发展目标14.2（……管理和保护海洋和沿海生态系统……）。

虽然可以描述国家管辖范围以外海域的物理结构，但这种描述的可靠性和详细程度，在不同的海域有很大差异，因此亟须完善这类信息，以了解海洋物理结构与生物群间的相互作用，从而保护生物多样性和管理海洋生物资源。世界不同海域之间的有效比较，需要具有可比性的方法，而这些方法最好是在国际层面上进行组织，这类信息将有助于实现可持续发展目标14.3（尽量减少和解决海洋酸化影响……）和可持续发展目标14.7［……通过可持续利用海洋资源为小岛屿发展中国家（SIDS）和最不发达国家（LDCs）带来更多的经济效益……］。

8.5.2 海洋水体环境

有关海洋温度变化（包括表层和深度）、海平面上升、盐度分布、二氧化碳吸收以及养分分布和循环的知识，仍存在空白。大气和海洋形成了一个单一的联系系统，了解海洋所需的大部分信息，对于了解气候变化也是必需的，因此，确保海洋和大气研究的协调性十分重要。这一信息对可持续发展目标13（采取紧急行动应对气候变化及其影响）以及在《联合国气候变化框架公约》（1992年）和《巴黎协定》（2016年）主持下的工作也十分重要。

海洋酸化是吸收二氧化碳的结果，但想要了解它对海洋的影响，需要的不仅仅是对二氧化碳被吸收过程的一般知识。因为酸化程度因地域而不同，这些变化的原因和影响，对于了解它们对海洋生物群的影响十分重要，此类信息将有助于进一步实现可持续发展目标14.3（海洋酸化）。全球海洋酸化观测网正在建设，涉及许多国家的行政机构、高等学府和海洋研究机构，政府间海洋学委员会和国际原子能机构也参与其中。

为了追踪（绝大多数海洋食物链所依赖的）初级生产的进展情况，有必要在整个海洋对溶解氮和生物活性溶解磷进行常规和持续测量，这种研究涉及卫星观测、滑翔机和浮标（例如Argo浮标；第3章），因此，通常需要进行国际合作，这些信息对实现可持续发展目标14.2（管理和保护海洋和沿海生态系统）和可持续发展目标14.1（……防止并显著减少各种海洋污染……尤其是与养分输入相关的海洋污染）都至关重要。

8.5.3 海洋生物群落

浮游生物是海洋生物的基础，有关其多样性和丰富性的信息具有多种意义，此类信息已通过浮游生物连续记录仪调查和基于船舶的持续时间序列（第3章），在海洋某些区域（如北大西洋）收集了70多年，这些信息对于补充初级生产信息十分重要（第8.5.2节）。有关海洋生物多样性以及许多海洋物种数量和分布的信息，对于了解个体种群的健康和成功繁殖也十分重要，许多物种包含相互独立的种群，彼此之间联系有限。由于许多种群出现在不止一个国家的管辖范围内，某些种群在国家管辖范围内外都存在，因此有效的调查需要国际合作。

鱼类资源评估，对于恰当的渔业管理至关重要。大规模渔业捕捞中的大部分鱼类，是鱼类资源定期评估的对象，然而，许多重要的鱼类资源未被定期评估。更重要的是，对小规模渔业重要的鱼类资源，往往没有被进行过评估，对确保此类渔业资源的可持续供应带来不利影响，是一个有待填补的重要知识空白。同样，大规模渔业与小规模渔业之间相互作用的信息存在差距，两者之间在社会利益和经济利益方面有重叠，休闲渔业和其他一些鱼种的渔业，如一些作为海钓战利品的鱼类（马林鱼、旗鱼等）和其他较小鱼类的信息也存在缺口。

有关海洋物种和鱼类种群的信息，对于实现可持续发展目标14.4（……有效地规范捕捞和结束过度捕捞，实施科学的管理计划……）、可持续发展目标14.2（海洋和沿海生态系统管理和保护）、可持续发展目标14.7［小岛屿发展中国家（SIDS）和最不发达国家（LDCs）的经济利益］和可持续发展目标14.b（为小规模手工渔民/传统渔民提供获取海洋资源和市场的通道）非常重要。根据1982年《联合国海洋法公约》，由于海洋深度不同，国家管辖范围以外的海洋区域，占地球上所有生物所占空间的90%以上，因此，进一步掌握有关国家管辖范围以外区域鱼类资源的信息，对于制定新的国际法律约束文书，保护国家管辖范围以外生物多样性和其可持续利用，也很重要。进一步的新数据将支持通过非法、未报告和不受管制的捕鱼（IUU）条例实施立法，以打击各种问题，如鱼类资源枯竭、海洋栖息地破坏、扭曲竞争、诚实渔民不占优势以及沿海社区的弱化等，特别是发展中国家（联合国粮食及农业组织，2001；联合国可持续发展目标14.6）。

8.5.4 人类与海洋的互动方式

与海洋和海洋生物群落有关的一些问题（例如，

海洋酸化和鱼类种群评估）和人类影响海洋某些方面的方式有关（例如，二氧化碳排放或渔业）。然而，在更多的领域里，对人类活动是如何影响或者与海洋互动，我们尚未充分了解，从而使我们无法能够持续地管理这些活动。

对于航运业，我们有大量关于船舶去向、货物运输和运营经济的信息，然而，我们对其路线和它们的作业如何影响海洋环境的认识，仍存在巨大缺口，这些问题主要包括噪声的产生、持续的石油排放以及入侵物种的运输程度，这类信息对于实现可持续发展目标14.1（预防和减少污染）十分必要。

海洋的陆基输入对人类健康和海洋生态系统的正常运行具有严重影响，世界上某些地方对这些问题已经细致研究了40多年，而其他地方则几乎没有这方面系统性的信息。当前的知识体系有两大重要缺口：第一，如何将测量排泄和排放的不同方式联系起来。从当地输入的信息的研究中，我们可以获得许多信息，但这些信息经常以不同的方式进行测量和分析，从而使信息的比较变得很难或几乎不可能。当然有时，我们有充分的理由使用不同的测量分析技术，但如果要以全球的视角全面了解海洋，就必须实现结果的标准化并进行比较，这两方面能力的提高至关重要，为此，需要了解海洋的连通性，它事关当地和区域沿海及海洋健康。为了有效地针对当地海洋生态系统进行养护和保护，需要做全球性的了解，以提供维持海洋生态系统的服务，例如碳封存和食物供应。第二，世界不同地区制定了不同的方法，对当地水域的整体质量进行评估，尽管各地区有理由使用不同方法，但掌握如何对不同结果进行比较这方面的知识将会十分有益，尤其是在评估不同领域的优先事项时。同样，所有这些，对于实现可持续发展目标14.1（预防和减少污染）十分必要。

另一个很大的知识缺口，是人们（因此也是经济）所患疾病的程度，这些疾病或是水生病原体有毒物质输入的直接结果，或是藻华产生大量毒素的间接结果。此类信息与可持续发展目标3中的目标（确保所有年龄段人的健康生活并促进福祉）以及可持续发展目标14.7（增加SIDS和LDCs的经济利益）相关，例如旅游和娱乐以及制成品，如建筑材料或木炭［全球海洋观测系统（GOOS），2003；全球海洋观测系统（GOOS），2005］。

现有的近海采矿业非常多样化，因此，它们对海洋环境的影响并没有太多共同之处。如果它们发生在沿海地区，那么海岸带综合管理人员必须掌握正在发生的情况，特别是有关尾矿排放和其他干扰海洋环境的信息（Ramirez-Llodra et al.，2015）。随着近海采矿业扩展到更深水域和国家管辖范围以外的地区，确保收集和公布其对海洋环境影响的相关信息必不可少。这些信息对于成功实施可持续发展目标14.2（管理和保护海洋和沿海生态系统）十分有益。

我们对海洋垃圾的了解，也有很多空白，除非我们能更好地了解海洋垃圾的来源、去向和影响，否则我们将无法解决它所带来的问题。尽管目前世界上有几个国家在对海洋垃圾进行监测，但所使用的协议并不一致，因而妨碍了数据的比较性和统一性。由于海洋垃圾较为流动，因此对海洋垃圾知识上存在巨大的缺口，从而需要更多的科学数据来评估海洋垃圾对沿海和海洋物种、栖息地、经济福利、人类健康和安全以及社会价值的影响。海洋食物链被海洋垃圾改变，因此可能影响人类健康。关于塑料微粒和纳米颗粒的起源、去向和影响的更多信息也很重要。海洋环境保护科学专家组（GESAMP——由9个联合国机构和计划赞助的咨询机构）对海洋环境中的微塑料，进行了全球评估。同样，由于二氧化钛纳米颗粒对浮游植物具有潜在的杀灭作用，因此，对紫外线照射下二氧化钛纳米颗粒的认识，也存在空白。所有信息对于实现可持续发展目标14.1（预防和减少海洋污染，包括海洋垃圾）十分必要。

海岸带综合管理的许多方面，仍在开发中。负责管理沿海地区的人员至少需要了解以下信息：海岸侵蚀、填海造地、沿海工程引起的沉积变化和河势变化（如筑坝或增加取水量）、当地港口的工作方式和疏浚方式，旅游活动的发展（及计划发展）方式以及这些发展和计划，可能对当地海洋生态系统（以及就此而言，当地陆地生态系统）产生的影响。这些信息对于实现可持续发展目标14.2（海洋和沿海生态系统管理）十分重要，对于实现可持续发展目标14.7（SIDS和LDCs的经济利益）也很重要，因为SIDS和LDCs在很大程度上依赖于其对沿海地区的有效利用。

填补知识上的这些空白，将会是一项宏伟的研究计划，对需要更多信息的问题的研究工作正在进行中（例如，如何利用海洋的遗传资源以及海底采矿的实际可能性）。协作和共享，对于充分利用稀缺的研究资源，至关重要。

参考文献

Alzieu, C. and Portmann, J. E. 1984. The effect of tributyltin on the culture of C. gigas and other species. British Shellfish Association, Proceedings of the 50th annual shellfish conference I. London, Shellfish Association, pp. 87–104.

Anderson, D. M., Reguera, B., Pitcher, G. C. and Enevoldsen, H.O. 2010. The IOC International Harmful Algal Bloom Program: History and science impacts. Oceanography, Vol. 23, pp. 72– 85.

Andrew, C. and David, F. 2004. Hurd, Thomas Hannaford. Oxford Dictionary of National Biography. Oxford, Oxford University Press.

BCC (Benguela Current Commission). 2017. http://www. benguelacc. org/index.php/en/ (Accessed 31 March 2017).

Bixler, G. D. and Bhushan, B. 2012. Biofouling: lessons from nature. Philosophical Transactions of the Royal Society of London A. Mathematical, Physical and Engineering Sciences, Vol. 370, pp. 2381–417.

Bjørndal, T. and Lindroos, M. 2002. International management of North Sea herring. Discussion paper No. 12/2002. Bergen (Norway), Institute for Research in Economics and Business Administration.

Blewitt, M. 1957. Surveys of the Seas: A Brief History of British Hydrography. London, MacGibbon & Kee.

Borja, Á. and Collins, M. 2004. Oceanography and Marine Environment of the Basque Country. Amsterdam, Elsevier.

Corrick, M. 1985. Killer Yachts. London, The Guardian, 27 July.

David, A. C. F. 2004. Cook, James. Oxford Dictionary of National Biography. Oxford, Oxford University Press.

Daw, T. and Gray, T. 2005. Fisheries science and sustainability in international policy: a study of failure in the European Union's Common Fisheries Policy. Marine Policy, Vol. 29, pp. 189–97.

Deacon, M. 1997. Scientists and the Sea, 1650–1900: A Study of Marine Science. Second edition, reprint. Abingdon (UK), Routledge.

Desmond, A. 2004. Huxley, Thomas Henry. Oxford Dictionary of National Biography. Oxford, Oxford University Press.

Diaz, R. J. and Rosenberg, R. 2008. Spreading dead zones and consequences for marine ecosystems. Science, Vol. 321, pp. 926–29.

Egerton, F. N. 2014. Formalizing marine ecology, 1870s to 1920s. Bulletin of the Ecological Society of America, Vol. 95, pp. 347– 430.

EU (European Union Parliament). 2016. Fact Sheet: The European Common Fisheries Policy: Origins and Development http://www.europarl.europa.eu/atyourservice/en/displayFtu.html?ftuId=FTU_5.3.1.html (Accessed 14 December 2016).

Foale, M. 2003. The Coconut Odyssey: The Bounteous Possibilities of the Tree of Life. Canberra, Australian Centre for International Agricultural Research. FAO. 2001. International Plan of Action to Prevent, Deter and Eliminate Illegal, Unreported and Unregulated Fishing. Rome, FAO.

GISD. 2014. International Union for the Conservation of Nature, Global Invasive Species Database. http://www.issg.org/database/species/search.asp?sts=sss&st=sss&fr=1&x=12&y=9&sn=&rn=&hci=8&ei=-1&lang=EN (Accessed 25 November 2014).

GOERP (Group of Experts of the Regular Process; Innis, L. and Simcock, A., coordinators). 2017. The First Global Integrated Marine Assessment: World Ocean Assessment I. United Nations Regular Process for Global Reporting and Assessment of the State of the Marine Environment, including Socioeconomic Aspects. New York, United Nations and Cambridge (UK) and New York, Cambridge University Press.

Goodwin, G. 2004. Foster, Henry, rev. Elizabeth Baigent. Oxford Dictionary of National Biography. Oxford, Oxford University Press.

GOOS. 2003. The Integrated, Strategic Design Plan for the Coastal Ocean Observations Module of the Global Ocean Observing System. Report No. 125, IOC Information Documents Series N°1183. Paris, UNESCO.

GOOS. 2005. An Implementation Strategy for the Coastal Module of the Global Ocean Observing System. Report No. 148; IOC Information Documents Series N°1217. Paris, UNESCO.

Haas, P. M. 2004. Science policy for multilateral environmental governance. N. Kanie and P. M. Haas (eds) Emerging Forces in Environmental Government, Tokyo, United Nations University Press.

Hardy, A. 1959. The Open Sea: Its Natural History – Part II. Fish and Fisheries. London, Collins.

Huxley, T. H. 1883. Inaugural Address to the Fisheries Exhibition of 1883. Clark University Huxley File http://aleph0.clarku.edu/ huxley/SM5/fish.html (Accessed 10 October 2012).

IMO (International Maritime Organization). 2016a. International Convention on the Control of Harmful Anti-fouling Systems on Ships (http://www.imo.org/en/About/Conventions/ListOfConventions/Pages/International-Convention-on-the-Control-of-Harmful-Anti-fouling-Systems-on-Ships-(AFS).aspx (Accessed 10 December 2016).

IMO (International Maritime Organization). 2016b. Ballast Water Management http://www.imo.org/en/ourwork/Environment/BallastWaterManagement/Pages/Default.aspx (Accessed 14 December 2016).

Lillie, F. R. 1944. The Woods Hole Marine Biological Laboratory. Chicago, Chicago University Press.

McClellan, J. E. III and Regourd, F. 2000. The colonial machine: French science and colonization in the Ancien-Régime. Osiris. Vol. 15, pp. 31–50.

Molnar, J. L., Gamboa, R. L., Revenga, C. and Spalding, M. D. 2008. Assessing the global threat of invasive species to marine biodiversity. Frontiers in Ecology and the Environment, Vol. 6, pp. 485–92.

Nelleman, C., Hain, S. and Alder, J. (eds). 2008. Dead Water – Merging of climate change with pollution, over-harvest, and infestations in the world's fishing grounds. GRID-Arendal, Norway, United Nations Environment Programme.

North Sea Intermediate Ministerial Meeting. 1997. Statement of Conclusions of the Intermediate Ministerial Meeting on the Integration of Fisheries and Environmental Issues 13–14 March 1997. Bergen, Norway (http://www.ospar.org/site/assets/ files/1239/imm97_soc_e.pdf accessed 20 May 2016).

PICES. 2016. The Journey to PICES (http://meetings.pices.int/about/ history accessed 10 December 2016).

Piver, W. T. 1973. Organotin compounds: Industrial applications and biological investigation. Environmental Health Perspectives, Vol. 4, p. 61.

Postnikov, A. V. 2000. The Russian navy as chartmaker in the eighteenth century. Imago Mundi, Vol.52, pp. 79–95.

Ramirez-Llodra, E., Trannum, H. C., Evenset, A., Levin, L. A., Andersson, M., Finne, T. E., Hilario, A., Flem, B., Christensen, G., Schaanning, M. and Vanreusel, A. 2015. Submarine and deep-sea mine tailing placements: A review of current practices, environmental issues, natural analogs and knowledge gaps in Norway and internationally. Marine Pollution Bulletin, Vol. 97, Nos. 1–2, pp. 13–35.

Rice, A. L. 1999. The Challenger Expedition—Understanding the Oceans: Marine Science in the Wake of HMS Challenger. London, Routledge.

Ritter, W. E. 1912. The Marine Biological Station of San Diego. University of California Publications in Zoology, Vol. 9, pp. 137–248.

Rosenberg, G. and Gofas, S. 2010. Teredo navalis Linnaeus, 1758. MolluscaBase. 2016. (Accessed through: World Register of Marine Species at http://www.marinespecies.org/aphia.php?p=taxdetails&id =141607 on 17 December 2016).

Rudmose Brown, R. N., rev. Margaret Deacon. 2004. Sir William Abbott Herdman. Oxford Dictionary of National Biography. Oxford, Oxford University Press.

Ruggiero, L. 2010. Scientific independence and credibility in sociopolitical processes. The Journal of Wildlife Management, Vol. 74, pp. 1179–82.

Ruiz, G. M., Fofonoff, P. W., Carlton, J. T., Wonham, M. J. and Hines, A. H. 2000. Invasion of coastal marine communities in North America: Apparent patterns, processes and biases. Annual Review of Ecology and Systematics, Vol. 31, pp. 481–531.

Scott, D. P. D. and Holland, G. 2010. The early days and evolution of the Intergovernmental Oceanographic Commission. G. Holland and D. Pugh. Troubled Waters. Cambridge (UK), Cambridge University Press, pp. 61–80.

Smed, J. and Ramster, J. W. 2002. Overfishing, science, and politics: the background in the 1890s to the foundation of ICES. ICES Marine Science Symposia, Vol. 215, pp.13–21.

Smith, B. S. 1981. Tributyltin compounds induce male characteristics on female mud snails Nassarius obsoletus = Ilyanassa obsolete. Journal of Applied Toxicology, Vol.1, No. 3, pp. 141–44.

Sotto, L. P. A., Jacinto, G. S., Villanoy, C. L. 2014. Spatiotemporal variability of hypoxia and eutrophication in Manila Bay, Philippines during the northeast and southwest monsoons. Marine Pollution Bulletin, Vol. 85, pp. 446–54.

UNCTAD. 2014. Review of Marine Transport. UNCTAD/RMT/2014, Geneva.

IOC-UNESCO and UNEP. 2016. The Open Ocean: Status and Trends. United Nations Environment Programme (UNEP), Nairobi.

Wallace, D. W. R., Law, C. S., Boyd, P. W., Collos, Y., Croot, P., Denman, K., Lam, P. J., Riebesell, U., Takeda, S. and Williamson, P. 2010. Ocean Fertilization: a Scientific Summary for Policy Makers. IOC Brochure 2010–2. Paris, IOC/UNESCO.

Webb, A. J. 2010. The hydrographer, science and international relations: Captain Parry's contribution to the cruise of M.S. Chanticleer 1828–9. Mariner's Mirror, Vol. 96, pp.62–71.

Wyville Thomson, C. and Murray, J. 1880–1895. Scientific Results of the Voyage of H.M.S. Challenger During the Years 1873–76, Edinburgh (UK), Neil.

Zaiko, A., Lehtiniemi, M., Narščius, A. and Olenin, S. 2011. Assessment of bioinvasion impacts on a regional scale: a comparative approach. Biological Invasions, Vol. 13, No. 8, pp. 1739–65.

附　录

附录1
贡献者

[1] 《全球海洋科学报告》编委会成员

[2] 《全球海洋科学报告》部分作者

Allan Cembella 艾伦·塞贝拉[1]

艾伦·塞贝拉是德国阿尔弗雷德·韦格纳学院极地和海洋研究所生态化学系教授兼系主任。他在不来梅大学任全职教授，同时也担任德国不来梅马克斯·普朗克海洋微生物学研究所的研究生导师。塞贝拉教授是海洋研究科学委员会/政府间海洋学委员会（SCOR/IOC）全球有害藻华生态学与海洋学计划（GEOHAB）科学指导委员的创始成员之一，并主持了峡湾和沿海海湾地区有害藻华的核心研究项目。他曾担任国际有害藻华研究协会（ISSHA）第一任副主席，是国际海洋勘探理事会/政府间海洋学委员会（ICES/IOC）有害藻华动力学工作组（WGHABD）成员；现任政府间海洋学委员会有害藻华政府间专家组（IPHAB）的德国代表，最近再次当选该专家组副主席。

Alexandra Chadid Santamaria 亚历山查拉·查狄·圣玛利亚[1]

亚历山德拉·查狄·圣玛利亚是哥伦比亚海洋委员会（CCO）的一名海洋学家和哥伦比亚海军军官。她拥有达尔豪斯大学海洋管理硕士学位以及航海科学和物理海洋学学士学位。目前，作为哥伦比亚海洋委员会沿海和海洋事务主管，她负责处理海洋科学、海洋治理、海洋教育和国家海洋探险计划等事务。她的工作重点是提出有关海洋和沿海空间的政策，并将这些政策付诸实施，协调来自政府、学术界和私营部门的各种利益攸关者。

Martha Crago 玛莎·克拉戈[1], [2]

玛莎·克拉戈是加拿大达尔豪斯大学的研究副校长。她之前的大学行政职务包括蒙特利尔大学负责国际和政府关系的副校长、麦吉尔大学研究生和博士后研究院学院院长和大学副教务长。她是加拿大海洋研究大学联合会和海洋研究企业研究所的创始人，也是海洋环境观测预测响应卓越中心网络（MEOPAR）和加拿大海洋网络（ONC）董事会的董事。此外，她还是加拿大渔业和海洋部和加拿大国家研究委员会海洋生物科学研究所顾问委员会成员。

Kazuo Inaba 稻叶一男[1], [2]

稻叶一男于1985年获得静冈大学理学院生物学学士学位，1990年获得东京大学理学研究生院博士学位。其职务经历包括：1990—1996年任东京大学（三崎海洋生物站）理学院助理教授，1996年任美国马萨诸塞州伍斯特基金会客座科学家，1996—2004年任东京大学理学研究生院助理教授，2002年任国家基础生物学研究所客座副教授，2004年任日本筑波大学下田海洋研究中心教授和主任。自2009年以来，他一直担任日本海洋生物学协会（JAMBIO）主席。2010年，他应邀成为世界海洋观察站协会（WAMS）指导成员。他一直致力于利用各种海洋生物，包括海洋无脊椎动物和鱼类的精子和胚胎、海洋浮游生物、栉水母门动物和海藻，研究纤毛和鞭毛结构、机制和多样性/进化。

Lorna Veronica Inniss 洛娜·维罗妮卡·因尼斯[2]

洛娜·维罗妮卡·因尼斯是《保护和发展大加勒比区域海洋环境卡塔赫纳公约》联合国环境秘书处的协调员。因尼斯博士是巴巴多斯人，拥有超过25年的加勒比海岸生态系统管理经验，曾担任巴巴多斯海岸带管理部门主管。因尼斯博士拥有西印度群岛大学（UWI）生物学（荣誉）学士学位、环境规划和管理硕士学位以及美国路易斯安那州立大学海洋学和海岸科学博士学位。因尼斯博士曾担任巴巴多斯海岸带管理部门代理主管4年，在此之前曾任副主管十年。2008—2012年，她担任联合国加勒比地区海啸和海岸灾害预警系统政府间协调组当选主席，是联合国大会为进行首次综合世界海洋评估而设立的专家组的两名联合协调员之一。

Youn-Ho Lee 李永浩[1], [2]

李永浩是韩国海洋科学与技术研究所（KIOST）教授和主要研究科学家，目前担任战略发展科科长。自2012年以来，他一直担任西太平洋政府间海洋学委员会分委会副主席。其工作包括海洋生物分子生态学、种群遗传学和分子系统学等。李教授毕业于首尔国立大学，并在加利福尼亚大学圣地亚哥分校斯克里普斯海洋学研究所获得海洋生物学博士学位。

Jan Mees 贾恩 · 梅斯[1], [2]

贾恩·梅斯是比利时佛兰德斯海洋研究所（比利时奥斯坦德）总干事。他接受过海洋生物学家和生态学家的培训，获得了比利时根特大学动物学硕士学位、环境卫生硕士学位和海洋生物学博士学位，还曾兼职该大学教授。其研究兴趣包括海洋生物多样性、生态学和分类学。贾恩·梅斯现任欧洲海事局主席，这是一个泛欧网络，为其成员组织提供了一个平台，发展共同优先领域、推进海洋研究、弥合科学与政策间的差距，从而应对未来海洋科学的挑战，迎接机遇。

Seonghwan Pae 裴成焕[2]

裴成焕拥有韩国首尔京熙大学野生动物生物学博士学位，作为韩国海洋科学与技术推广研究所（KIMST）首席研究员，他一直致力于不同领域研发项目的管理工作，如海洋研究与观测、破冰船（研究船）建造、第二个南极研究站的规划和建设、海洋研究站建设、韩中海洋科学委员会双边合作项目、韩国-拉丁美洲海洋科学技术合作项目、海洋生物资源库和生物技术项目。2014—2016年，他在巴黎联合国教科文组织政府间海洋学委员会担任助理项目专家。

Greg Reed 格雷格 · 瑞德[2]

格雷格·瑞德是国际公认的海洋学数据管理专家，具有在国家、区域和世界范围内开发、实施和运营海洋数据和信息管理基础设施的丰富经验。他对国际合作有着强烈兴趣，并连续两届担任政府间海洋学委员会国际海洋学数据和信息交换计划委员会共同主席。他是国际海洋学数据和信息交换计划海洋学数据和信息管理能力发展系统——《海洋教师》期刊的主编。 他在为该交换计划制定海洋学数据和信息管理能力建设框架中发挥了主导作用，包括作为课程协调员和讲师参加了40多个有关数据管理和地理信息系统的国际培训课程。

Susan Roberts 苏珊 · 罗伯茨[1]

苏珊·罗伯茨是美国国家科学、工程和医学研究院海洋研究委员会主任。她于1998年开始担任海洋研究委员会项目干事，并于2004年成为该委员会董事。罗伯茨博士专长于海洋生物资源的科学与管理，曾担任美国国家科学院18份报告的研究主任，这些报告主题内容广泛，包括海洋科学、海洋资源管理和科学政策。她的研究出版物包括对鱼类生理学和生物化学、海洋细菌共生、细胞和发育生物学的研究。罗伯茨博士在斯克里普斯海洋学研究所获得了海洋生物学博士学位。在担任海洋研究委员会职位前，曾在加利福尼亚大学伯克利分校担任博士后研究员，并在美国国立卫生研究院担任高级研究员。她是美国政府间海洋学委员会全国委员会、美国科学促进会、美国地球物理联盟和湖沼学与海洋学科学协会的成员。罗伯茨博士还是华盛顿科学院当选研究员。

Luis Valdés 路易斯 · 巴尔德斯[2]

路易斯·巴尔德斯于2009—2015年担任联合国

A

教科文组织政府间海洋学委员会海洋科学主任。之前（2000—2008年）他曾任西班牙海洋学研究所希洪海洋学研究中心主任。他有33年以上的海洋研究以及与海洋生态和气候变化相关的实地研究经验，于1990年根据海洋采样点和海洋观测台建立了时间序列方案，该方案由西班牙在北大西洋维护。他有着长期的科学管理经验，并为各国政府、政府间和国际组织以及研究资助机构提供咨询。他还曾担任西班牙在联合国教科文组织政府间海洋学委员会和国际海洋勘探理事会的代表，在这些组织里，他担任包括海洋学委员会在内的不同工作组和委员会主席。

Henrik Oksfeldt Enevoldsen 亨立克 · 奥克斯福特 · 埃内福德森[2]

亨立克·奥克斯福特·埃内福德森拥有丹麦奥尔胡斯大学水生植物学的博士学位。1991年以来，他一直任联合国教科文组织项目专家，特别是在研究和管理能力发展、数据汇编和分享、有害藻华事件、营养物质污染以及海洋科学其他领域都颇有建树。在过去的20年中，他多次担任政府间海洋学委员会秘书处海洋科学部临时部长，最近一次是2015—2016年。他是丹麦哥本哈根大学政府间海洋学委员会有害藻华科学与传播中心负责人。

Hernan E. Garcia 埃尔南 · 加西亚[2]

埃尔南·加西亚主要负责世界海洋数据库（WOD）和世界海洋地图集（WOA）测量的化学海洋学数据的科学管理和质量监控。基于世界海洋数据库和世界海洋地图集中的产品，他还记录化学海洋变异性。他的研究兴趣还包括将基于科学的观测数据和与决策相关的海洋数据产品、服务、战略规划和气候研究相整合。目前，他领导国家环境信息中心（NCEI）北极小组，是国际科学理事会（ICSU）世界海洋学数据服务处（WDS）的负责人，并担任美国国家数据管理协调员，负责与联合国教科文组织政府间海洋学委员会的国际海洋学数据和信息交流中心协调。自加入美国国家海洋与大气管理局（NOAA）以来，他一直致力于国家和国际科学以及科学数据的管理项目。

Lars Horn 拉尔斯 · 霍恩[1, 2]

拉尔斯·霍恩是挪威研究理事会（RCN）特别顾问。他拥有英国纽卡斯尔大学海洋工程学士学位。曾从事船舶公司、航运管理、船舶技术服务、半潜式平台、海洋工程和建筑监督等领域工作。他在挪威研究理事会的职责包括综合管理、工业创新、海洋战略开发、渔业、水产养殖、生态系统。他还担任欧洲海洋委员会主席，负责战略进程管理和海洋科学政策。

Kirsten Isensee 克里斯提 · 伊森[2]

克里斯提·伊森自2012年以来一直是联合国教科文组织政府间海洋学委员会项目专家。她的工作重点是海洋碳源和碳汇，试图区分自然和人类行为对海洋环境的影响。她支持一些活动，并促进科学家、决策者和利益攸关方之间的合作，包括全球海洋酸化观测网络、国际蓝碳倡议、海洋生态时间序列、全球海洋氧气网络等。她获得了德国罗斯托克大学海洋生物学专业的文凭和博士学位。研究期间，她致力于海洋酸化和气候变化对海洋环境的影响。

Claire Jolly 克莱尔 · 乔丽[1]

克莱尔·乔丽是经济合作与发展组织（OECD）的科学、技术和创新董事会的高级政策分析师和单位负责人。她是海洋经济集团和经合组织空间论坛负责人。乔丽女士拥有18年的商业和技术政策分析经验，在2003年加入经合组织前，曾在欧洲和北美的航空航天、能源和国防领域的公共和私营机构工作。她拥有国际经济学（凡尔赛大学和康奈尔大学）和航空航天工程［法国国立高等先进技术学院（ENSTA）］的双重专业背景，是巴黎高等国防研究院（IHEDN）的校友。

Bob Keeley 鲍勃·基利[2]

2010年退休前，鲍勃·基利在加拿大渔业和海洋部海洋数据档案中心为加拿大政府工作了33年。他曾是许多有关数据管理的国家和国际委员会成员和领导人。2009年，他在全球海洋观测（OceanObs'09）大会上发表了一次主旨演讲。他和法国的西尔维·普利康（Silvie Pouliquen）在阿尔戈项目的前三年担任了数据管理小组主席，并曾担任海洋学和海洋气象学联合技术委员会（JCOMM）数据管理方案领域主席4年。退休前以及退休后，他一直是欧洲泛欧海洋和海洋数据管理基础设施项目的顾问委员会成员。他以多种身份协助国际海洋学数据和信息交换计划（IODE），协助组织和运作会议，向国际海洋学数据和信息交流的海洋教师全球学院提供证明文件，并协助培训课程。

Linda Pikula 琳达·皮库拉[2]

琳达·皮库拉是美国国家海洋与大气管理局马里兰州银泉中央图书馆区域图书管理员，其工作地点位于佛罗里达州迈阿密，负责大西洋海洋和气象实验室以及国家飓风中心图书馆服务工作。她向美国国家海洋与大气管理局南北图书馆联盟提供有关合作活动的建议。琳达的专业活动目前集中在机构存储库、数据发布和文献计量学方面。她是美国国家海洋与大气管理局的环境数据管理数据集标识符工作组的成员，也是美国国家海洋与大气管理局大气研究办公室（OAR）向公众提供联邦资助研究结果（PARR）小组的成员。琳达是政府间海洋学委员会、国际海洋学数据和信息交流美国国家海洋与大气管理局海洋信息国家协调员以及政府间海洋学委员会、国际海洋学数据和信息交换计划海洋信息管理专家组主席。

Peter Pissierssens 皮特·皮西森斯[2]

皮特·皮西森斯是政府间海洋学委员会比利时奥斯坦德国际海洋学数据和信息交换计划（IODE）办公室主任，拥有近25年的海洋数据和信息交换项目相关管理经验。他来自比利时，负责管理与海洋学数据管理、信息管理、水深测量和海啸预警及减灾有关的政府间海洋学委员会相关项目。2007年11月，他移居比利时奥斯特德，担任国际海洋学数据和信息交换计划的政府间海洋学委员会项目办公室主任。 该项目办公室是国际海洋学数据和信息交换计划秘书处，也是海洋教师全球学院的全球总部、 海洋数据和信息管理培训中心网络以及海洋生物地理信息系统（OBIS）秘书处。国际海洋学数据和信息交换计划网络联合了100多个海洋学数据中心和海洋图书馆。2015年，他还被赋予政府间海洋学委员会能力发展计划协调职能。

Lisa Raymond 丽莎·雷蒙德[2]

丽莎·雷蒙德是美国伍兹霍尔海洋研究所图书馆海洋生物实验室（MBLWHOI）联合主任以及伍兹霍尔海洋研究所图书馆服务部主任，负责海洋生物实验室/伍兹霍尔海洋研究所图书馆的规划、开发和管理，以及伍兹霍尔海洋研究所科学图书馆方案的协调。她的研究活动主要是数据发布和引用，还负责数据监护、获取和遗产数据的长期保存工作。丽莎是国际水产和海洋科学图书馆及信息中心协会（IAMSLIC）和美国地球物理联盟（AGU）的活跃成员，已在该图书馆工作超过25年。

Martin Schaaper 马丁·沙拜尔[1], [2]

马丁·沙拜尔是荷兰人，是位于加拿大蒙特利尔的联合国教科文组织统计研究所（UIS）的科学、文化和传播部门的负责人。他负责全球数据收集、方法论发展、能力建设和所主管的三个领域的出版物工作。在2009年加入统计研究所之前，马丁在经合组织工作了8年，负责与非经合组织国家在科学技术信息（STI）和信息与通信技术（ICT）统计领域的合作，并以欧盟统计局的合同为基础为若干小公司工作了6年。

Alan Simcock 艾伦·西姆库克[2]

自2009年以来，艾伦·西姆库克一直是联合国海洋全球综合评估专家组联合协调员。他出生于德文郡的普利茅斯，并在那里和牛津大学接受了教育。自1965年起，他在英国环境部从事各种各样问题的研究工作；1969—1972年，他还担任了历任英国首相的私人秘书；1991—2001年，他担任能源部海洋环境司司长。此外，他于1996—2000年担任《保护东北大西洋海洋环境公约》（OSPAR）东北大西洋海洋环境保护组织的委员会主席，并于2000年、2001年和2002年担任联合国海洋和海洋法非正式协商进程（UNICPOLOS）联合主席。2001—2006年，他担任《保护东北大西洋海洋环境公约》委员会执行秘书。

Ariel H. Troisi 阿里埃勒·H. 特洛伊西[2]

阿里埃勒·H. 特洛伊西是阿根廷海军水文服务处（SHN）海洋学主管，也是大陆架外部界限国家委员会（COPLA）技术协调员。他从事了几十年的海洋观测和数据收集工作，于1999年担任国家海洋学数据中心（NODC）主任，2009年担任政府间海洋学委员会/国际海洋学数据和信息交换计划拉丁美洲和加勒比网络数据管理区域协调员。2011—2015年间，他担任政府间海洋学委员会/国际海洋学数据和信息交换计划联合主席。截至2015年6月，阿里埃勒一直担任联合国教科文组织政府间海洋学委员会副主席。阿里埃勒的专业活动目前侧重于科学、制度政策与管理以及区域和全球协调。

附录2

首字母缩略词和缩写词

A

ADU 关联数据单元
AfrOBIS 撒哈拉以南非洲海洋生物地理信息系统
AIMS 澳大利亚海洋科学研究所
AMLC 加勒比海洋实验室协会
AODN 澳大利亚海洋数据网
AORA 大西洋研究联盟
ARC 相关引用平均值
Argo 空间分析浮动
ARIF 相对影响因素平均值
ASTII 非洲科学、技术和创新指标
AtlantOS 大西洋观测系统
AU-NEPAD 非洲联盟-非洲发展新伙伴关系
AUV 自主式潜水器
AWA 西非地区非洲联盟

B

BCC 本格拉洋流委员会
Black Sea SCENE 黑海科学网
BPR 底部压力记录仪
BRIC 巴西、俄罗斯、印度和中国金砖四国
BSRC 黑海区域委员会
BWM Convention 《国际船舶压载水和沉积物控制与管理公约》

C

CAFF 北极动植物保护
CARICOMP 加勒比海沿岸海洋生产力项目
Caspinfo 里海环境和工业数据信息服务
CBD 联合国《生物多样性公约》
CCAMLR 南极海洋生物资源保护委员会
CCLME 加纳利洋流大型海洋生态系统
CCORU 加拿大海洋研究大学联盟
CDI 公共数据索引
CI 保护国际
CIESM 地中海科学委员会
CITES 濒危野生动植物种国际贸易公约
CL 通函
CLIVAR 气候变率及可预测性计划（世界气候研究计划署的四个核心项目之一）
CLME 加勒比海大型海洋生态系统
CMA 加勒比海海洋图集
CMS 《保护野生动物移栖物种公约》
CNRS 法国国家科学研究中心
CoCoNet 海岸至海岸的海洋保护区网络
CONICET 阿根廷国家科学与技术研究理事会
COP 缔约方大会
Copernicus 旨在发展基于地球卫星观测和现场（非空间）数据的欧洲信息服务的欧盟计划（哥白尼）
CPPS 南太平洋常设委员会
CPR 浮游生物连续记录仪
CSIC 西班牙高等科学研究理事会

D

DBCP 数据浮标合作小组
DEFRA 英国环境、食品和农业事务部
DFO 加拿大渔业和海洋部
DOALOS 联合国海洋事务和海洋法司
DOI 数字对象标识符
DSCC 深海保护联盟

E

E/V 勘探船
EC 欧盟委员会
ECV 基本气候变量
EEZ 专属经济区
EIA 环境调查机构

EMB	欧洲海事局
EMBLAS	黑海环境监测
EMBRC	欧洲海洋生物资源中心
EMFF	欧洲海事和渔业基金
EMODNet	欧洲海洋观测和数据网络
EMSO	欧洲多学科海底和水柱观测台
EOV	基本海洋变量
ERDF	欧洲区域发展资金
EU	欧盟
EUDAT	欧洲数据基础设施
Eurofleets	欧洲运营商选定的科学考察船巡航方案可搜索数据库

F

FAO	联合国粮食及农业组织（粮农组织）
FP	欧盟框架计划
FPSO	浮式生产存储和卸载装置
FTE	全职等效

G

G7	七国集团（加拿大、法国、德国、意大利、日本、英国和美国）
G20	二十国集团（阿根廷、澳大利亚、巴西、加拿大、中国、欧盟、法国、德国、印度、印度尼西亚、意大利、日本、韩国、墨西哥、俄罗斯、沙特阿拉伯、南非、土耳其、英国和美国）
GBIF	全球生物多样性信息设施
GBP	英镑
GCLME	几内亚洋流大型海洋生态系统
GCOS	全球气候观测系统
GDAC	全球数据汇编中心
GDP	国内生产总值
GEBCO	海洋总测深图
GEC	全球环境变化
GEF	全球环境基金
GEOHAB	全球有害藻华生态学与海洋学计划
GEOTRACES	微量元素及其同位素的海洋生物地球化学循环的国际研究
GERD	国内研发支出总额
GESAMP	海洋环境保护科学问题联合专家组
GIS	地理信息系统
GISD	全球入侵物种数据库
GLOSS	全球海平面观测系统
GODAR	全球海洋数据考古与救援
GOERP	常规程序专家组
GOOS	全球海洋观测系统
GOOS-Africa	非洲全球海洋观测系统
GO-SHIP	全球海洋船基水文调查计划
GOSR	全球海洋科学报告（联合国教科文组织政府间海洋学委员会）
GOSUD	全球海洋海平面下数据/海底海表盐度数据存档项目
GPO	全球海洋伙伴关系
GTSPP	全球温度和盐度剖面计划

H

HC	人口调查
HELCOM	《保护波罗的海区域海洋环境赫尔辛基公约》
HPC	高性能计算

I

IAMSLIC	国际水产和海洋科学图书馆及信息中心协会
IAEA	国际原子能机构
IAPSO	国际海洋物理科学协会
IBI-ROOS	爱尔兰-比斯开湾-伊比利亚区域海洋学操作系统

ICAM 沿海地区综合管理方案（联合国教科文组织政府间海洋学委员会）
ICCAT 国际大西洋金枪鱼保护委员会
ICES 国际海洋勘探理事会
ICP 海洋和海洋法问题非正式协商进程
ICSU 国际科学理事会
IDS 发展研究所
IEO 西班牙海洋研究所
IF 影响因素
IFREMER 法国海洋开发研究所
IGBP 国际地圈−生物圈计划
IGMETS 国际海洋生态时间序列组
IGO 政府间国际组织
IHDP 全球环境变化国际人文因素计划
IHO 国际水文学组织
ILO 国际劳工组织
IMO 国际海事组织
IOC 政府间海洋学委员会（联合国教科文组织）
IOCAFRICA 政府间海洋学委员会非洲及邻近岛屿国家分委会
IOCARIBE 政府间海洋学委员会加勒比及邻近地区分委会
IOCCP 国际海洋碳协作计划
IOCINDIO 政府间海洋学委员会中印度洋区域委员会
IODE 国际海洋学数据和信息交换计划（联合国教科文组织政府间海洋学委员会）
IQuOD 国际质量控制海洋数据库
IOGOOS 印度洋全球海洋观测系统
IPBES 政府间生物多样性和生态系统服务平台
IPCC 政府间气候变化专门委员会
IQOE 国际静海实验
IQuOD 国际质量控制海洋数据库

J

JAMBIO 日本海洋生物学协会
JCOMM 政府间海洋学委员会世界气象组织（WMO-IOC）的海洋学和海洋气象学联合技术委员会
JCOMMOPS 海委会世界气象组织（WMO-IOC）的海洋学和海洋气象学联合技术委员会原位观测平台支持中心
JERICO 欧洲沿海观察台联合研究基础设施网络
JNCC 自然保护联合委员会
J-OBIS 日本海洋生物地理信息系统中心
JPI 联合规划倡议

L

LDC 《防止倾倒废物及其他物质污染海洋伦敦公约》
LDCs 最不发达国家
LIFEWATCH 欧洲生物多样性与生态系统研究电子科学基础设施
LME 大型海洋生态系统
LTER 长期生态研究

M

MadaBIF 马达加斯加生物多样性信息设施
MARPOL 《国际防止船舶污染公约》
MARS 欧洲海洋研究所和工作站
MCDS 海洋气候数据系统
MedGOOS 地中海全球海洋观测系统
MEDIN 海洋环境数据和信息网
MedOBIS 海洋生物地理信息系统地中海节点
MedPAN 地中海海洋保护区管理人员网络
MEPC 海洋环境保护委员会
MESA 非洲监测环境与安全
MIM 海洋信息管理人员

MMI	海洋微生物学倡议
MOLOA	观测西非海岸的任务
MOMSEI	季风起始监测及其社会和生态系统影响
MREKEP	海洋可再生能源知识交流计划
MSC	海洋管理委员会
MSP	海洋空间规划
MyOcean	泛欧海洋监测和预报能力

N

N/A	不可用/没有答案
N/C	未计算
NAML	美国国家海洋实验室协会
NAMMCO	北大西洋海洋哺乳动物委员会
NEAR	东北亚地区
NERC	美国自然环境研究理事会
NGO	非政府组织
NIS	非本土物种
NOAA	美国国家海洋与大气管理局
NODC	国家海洋学数据中心
NOWPAP	西北太平洋行动计划
NRC	美国国家研究理事会
NS	参考实体N在某一特定领域的出版物
NT	参考实体N在一组参考文献集中的出版物

O

OBIS	海洋生物地理信息系统
OBIS-USA	海洋生物地理信息系统美国节点
OceanExpert	海洋和淡水专业人员名录
OCEANIC	海洋信息中心
OceanSites	全球长期深水基准站系统
ODINAFRICA	非洲海洋数据和信息网
ODINCARSA	加勒比和南美洲地区海洋数据和信息网
ODINWESTPAC	西太平洋区域海洋数据和信息网
ODIP	海洋数据互操作性平台
OECD	经济合作与发展组织
OEEC	欧洲经济合作组织
OSPAR	《保护东北大西洋海洋环境公约》
OTN	海洋跟踪网络

P

PERSEUS	以政策为导向的南欧海洋环境研究
PICES	北太平洋海洋科学组织
PIMS	美国佩里海洋科学研究所
PIRATA	热带大西洋系泊阵列试点研究
POGO	全球海洋观测伙伴关系
POP	持久性有机污染物
PROPAO	非洲物理海洋学区域方案

R

R&D	研究与发展
r2	相关系数
RAC	区域咨询理事会（欧盟）
RC	相对引用
RDA	研究数据联盟
RFB	区域渔业机构
RFMA	区域渔业管理安排
RFMO	区域渔业管理组织
RICYT	伊比利亚–美洲和美洲间科技指标网
RIF	相对影响因素
ROPME	保护海洋环境区域组织
ROV	无人遥控潜水器

S

SAHFOS	阿利斯特·哈代爵士海洋科学基金会
SAMOA	小岛屿发展中国家加速行动模式
SAP	战略行动方案
SCAR	南极研究科学委员会

SCOR 海洋研究科学委员会
SDG 可持续发展目标（联合国）
SeaDataNet 泛欧海洋和海洋数据管理基础设施
SEAOBIS 海洋生物地理信息系统东南亚区域节点
SI 专业索引
SIDS 小岛屿发展中国家
SOFIA 世界渔业和水产养殖状况
SOOS 南大洋观测系统
SPINCAM 支持沿海地区综合管理的东南太平洋数据和信息网络
SST 海面温度
SVP 海面速度方案

T

TAC 总捕获量
TBT 三丁基锡
TMN 塔斯马尼亚海事网络

U

UCS 忧思科学家联盟
UIS 联合国教科文组织统计研究所
UK 英国
UN 联合国
UNDESA 联合国经济和社会事务部
UNCCD 《联合国防治荒漠化公约》
UNCLOS 《联合国海洋法公约》
UNCSD 联合国可持续发展大会
UNCTAD 联合国贸易与发展会议
UNDP 联合国开发计划署
UNEP 联合国环境规划署
UNESCO 联合国教育、科学及文化组织
UNFCCC 《联合国气候变化框架公约》
UNGA 联合国大会
UNIDO 联合国工业发展组织
UN-Oceans 联合国系统内关于海洋和沿海问题的机构间合作机制
UNOLS 大学-国家海洋学实验室系统
UPMC 法国皮埃尔和玛丽·居里大学
USA 美国

W

WAMS 世界海洋观察站协会
WB 世界银行
WCRP 世界气候研究计划
WESTPAC 政府间海洋学委员会西太平洋分委会
WHOI 美国伍兹霍尔海洋研究所
WIOMSA 西印度洋海洋科学协会
WMO 世界气象组织
WOA 世界海洋评估（联合国）
WOCE 世界海洋环流实验
WOD 世界海洋数据库
WoRMS 世界海洋物种登记
WoS 科学网
WWF 世界自然基金会

X

XS 实体 X 在某一研究领域的出版物
XT 实体 X 在一组参考文献中的出版物

附录3
《全球海洋科学报告》调查表

姓名：

组织名称：

国家：

邮政联系人详细信息：

电子邮件联系人详细信息：

C

第一部分：海洋科学格局

1.请列出贵国专门从事海洋科学[1]的政府机构。

2. 如果没有，哪个国家组织“负责”海洋科学？

3.贵国是否有国家科技战略？（标题和/或文档链接）

4.贵国是否有国家海洋科学战略？（标题和/或文档链接）

第二部分：研究投资

海洋科学基金

表1至表3所需数据应与地区、国家和国际各级政府机构为海洋科学提供的实际资金有关。如果无法获取这些数据，请提供使用海洋科学预算拨款或其他方法计算的预估数据，并加注说明。海洋科学基金应以美元计。

1 本报告中的海洋科学包括与海洋研究有关的所有研究学科:物理、生物、化学、地质、水文、健康和社会科学、工程学、人文学以及有关人类与海洋关系的多学科研究。加拿大海洋科学专家组于2013年定义，《加拿大海洋科学:迎接挑战，抓住机遇》，加拿大科学院委员会。

1.1 根据贵国获得的区域、国家和国际资助，政府为海洋科学提供的资助总额

表1

年　份	海洋科学政府资助总额（A+B+C）	海洋科学地区资助额（A）	海洋科学国家资助额（B）	海洋科学国际资助额（C）	货币单位（如百万、千万等）
2013					
2012					
2011					
2010					
2009					

考虑的周期类型：

○ 日历年

○ 财政年度；开始月份

注：

1.2 按绩效部门划分的政府资助海洋科学总额

表2

年　份	总额（A+B+C+D+E）	绩效部门			
		政府（A）	私人非营利机构（B）	高等教蓄（C）	商业企业（D）
2013					
2012					
2011					
2010					
2009					

注：

1.3 按科学领域划分的政府资助海洋科学总额

表3

年 份	总额（A+B+C）	海洋科学领域			
		渔业[1]（A）	观测[2]（B）	其他海洋科学（C）	工商企业（D）
2013					
2012					
2011					
2010					
2009					

注：

第三部分：研究能力和基础设施

3.1 海洋科学人力资源

根据海洋科学基金提供的信息（见第二部分），下表所列的所有人力资源都应在地区、国家或国际层面上与政府资助有关。

3.1.1 按职业划分的海洋科学人员

研究人员是指从事新知识、产品过程、方法和系统的构思或创造以及相关项目管理的专业人员。

技术人员及相关人员是指具有技术知识和经验，并在研究人员的监督下，通过执行通常涉及概念和操作方法应用的科技任务，参与海洋科学研究的人员。

其他辅助人员包括熟练和非熟练工、参与海洋科学项目或与此类项目直接相关的秘书人员，如职员和船员。

i. 按职业划分的海洋科学专业人员——总人数（HC）（主要或部分受雇）

年 份	总人数（A+B+C+D）	职业			
		研究人员（A）	技术人员及同等人员（B）	其他辅助人员（C）	未指定人员（D）
2013					
2012					
2011					
2010					
2009					

1 与渔业相关的问题，包括海水养殖与水产养殖。
2 与观测相关的问题，包括：普通监测，数据存储，测量以跟踪有害藻华与污染，卫星测量，浮标和系泊设备。

ii.按职业划分的海洋科学专业人员——全职等效工时（FTE）

FTE — 1全职等效工时= 每人一年的全职工作（如30%的工作时间=0.3FTE，6个月的工作时间=0.5FTE）

年　份	总人数（A+B+C+D）	职业			
		研究人员（A）	技术人员及同等人员（B）	其他辅助人员（C）	未指定人员（D）
2013					
2012					
2011					
2010					
2009					

注：

3.1.2　按性别划分的海洋科学人员

i. 按性别划分的海洋科学人员——总人数（HC）（请提供2013年或能获取数据的最近年份信息）

年　份	海洋科学人员总数				其中的研究人员			
	总人数（A+B+C）	女性（A）	男性（B）	未按性别区分（C）	总人数（D+E+F）	女性（D）	男性（E）	未按性别区分（F）

ii. 按性别划分的海洋科学人员——全职等效工时（FTE）（请提供2013年或能获取数据的最近年份信息）

年　份	海洋科学人员总数				其中的研究人员			
	总人数（A+B+C）	女性（A）	男性（B）	未按性别区分（C）	总人数（D+E+F）	女性（D）	男性（E）	未按性别区分（F）

注：

3.1.3　海洋科学研究人员的人口分布，不包括本科生或研究生——总人数（HC）（请提供2013年或能获取数据的最近年份信息）

年　份	年龄组 <30岁	年龄组	技术人员及同等人员 （B）	其他辅助人员 （C）	未指定人员 （D）

3.1.4　按海洋科学领域与就业领域划分的研究人员

i. 按科学领域与就业领域划分的研究人员——总人数（HC）
基准年（请提供2013年或能获取数据的最近年份信息）

科学领域	研究人员总数 （A+B+C+D+E）	部门				
		政府 （A）			政府 （B）	
总数（i+ii+iii）			总数（i+ii+iii）			总数（i+ii+iii）
i.渔业			i.渔业			i.渔业
ii.观测			ii. 观测			ii. 观测
iii.其他海洋科学			iii.其他海洋科学			iii.其他海洋科学

ii. 按科学领域与就业领域划分的研究人员——全职等效工时（FTE）
基准年（请提供2013年或能获取数据的最近年份信息）

科学领域	研究人员总数 （A+B+C+D+E）	部门				
		政府 （A）	私人非营利机构 （B）	高等教育 （C）	商业企业 （D）	其他 （E）
总数（i+ii+iii）						
i.渔业						
ii.观测						
iii.其他海洋科学						

注：

3.2 海洋科学研究设备与设施

3.2.1 请说明贵国专门用于海洋科学工作的实验室、野外观察站和其他机构（如专门学院）数量

科学领域	设施数量，如 实验室、野外观察站和其他机构
总数（i+ii+iii）	
i.渔业	
ii.观测	
iii.其他海洋科学	

3.2.2 请提供与海洋科学相关的主要设备（>50万美元）数据，详细说明使用年份，如有可能，提供有关设备的更多信息（科学考察船和船舶除外）

设备（简要说明）	设备数量与投入使用年份	使用期			
		2013—2009年	2008—2004年	2003—1999年	1999年以前
1.					
2.					
3.					
4.					
5.					
6.					
7.					

注：

3.2.3 请提供贵国使用的科学考察、部分用于海洋科学的船舶和“机会船舶”的数量信息。请注明规格

设备（简要说明）	备数量与使用年份	使用期			
		2013—2009年	2008—2004年	2003—1999年	1999年以前
1.					
2.					
3.					
4.					
5.					
6.					
7.					

C

3.2.4 请列出体长大于55米的科学考察船

3.2.5 请详细说明船只进行国际和国内调查的研究时间（2013年或有可用数据的最近年份中的天数）

船只	研究	
	国际合作	国内调查
科学考察船		
部分用于海洋科学的科学考察船		
机会船舶		

注：

3.2.6 请说明研究巡航期间获取的数据是否可用（开放获取），或在禁用一段时间后可免费获取；请提供数据被禁用的年份，或说明国际或国家调查访问是否受限（2013年或有可用数据的最近年份的百分比）

船只	国际合作			其中的研究人员		
	公开获取	禁止（之后可公开获取）	限制获取	公开获取	禁止（之后可公开获取）	限制获取
科学考察船						
部分用于海洋科学的科学考察船						
机会船舶						

注：

3.2.7 请说明不同类型船舶的研究类型（2013年或有可用数据的最近年份的百分比）

船只	每年的研究类型		
	渔业	观测	其他海洋科学
科学考察船			
部分用于海洋科学的科学考察船			
机会船舶			

第四部分：海洋学数据与信息交换

1. 贵国主要的海洋科学数据信息与管理组织/机构有哪些？

2. 请简要介绍贵国的海洋长期观测研究战略。

3. 请列出并解释目前资助的对海洋和/或时间序列站的监督。

第五部分：能力建设与技术转让

1. 请列出贵国为吸引和留住从事海洋相关工作和活动的毕业生所做出的努力和机制（如博士项目、青年科学家资助资源、交换项目、早期职业支持）。

2. 请列出贵国过去5年内开展的除国家外与海洋相关的培训计划，包括正规和非正规计划。对于国际计划，请说明合作国家。

3. 在长期能力发展过程中，贵国是否有任何国别限制？请详细说明。

4. 哪些机制可以促进外国专家参与贵国的国家计划和政策制定？

- 嘉宾职位
- 交换项目
- 董事会成员
- 咨询能力
- 其他
- 无

注：

5. 请列出贵国支持的与海洋相关的技术转让/创新活动。

6. 请估算贵国与海洋相关的技术转让/创新在三大类型中的比例。

渔业	观测	其他海洋科学

第六部分：区域与全球海洋科学支持组织

1. 以下哪些部门主要负责国家海洋政策的制定?
- 科学与技术部
- 环境部
- 渔业部
- 农业部
- 外交部
- 海洋事务部
- 部际协调机构

注：

2. 国家海洋政策决策的信息来源是什么?（如选择多项，请估算百分比）

信息来源	是/否	百分比
国家来源		
地区来源		
国际来源		
其他		

注：

3. 请说明贵国参与的与海洋相关的公约和条约。

	会员	参与	专业知识源自
联合国公约和条约			
区域政府和非政府机构			
国际政府和非政府机构			
区域计划			
国际计划			

注：

4. 贵国是否设有与海洋科学相关的国际项目办事处（如管理科学计划）？如有，请列出名称并说明办事处所在城市。

第七部分：可持续发展

1. 贵国境内是否有海洋保护区（MPA）或生物圈海洋保护区？请详细说明该保护区名称、面积、保护开始日期以及栖息地类型。

海洋保护区/生物圈海洋保护区	区域面积（单位）	保护开始日期	栖息地类型

注：

2. 请预估与海洋相关的旅游对贵国经济的重要性。请尝试确定其占国内生产总值的百分比。

第八部分：非量化部分

1. 请列出贵国海洋科学的三个主要新兴问题。在您看来，在未来20～30年内，哪一项与海洋相关的研究、技术和/或创新最有潜力？（最多200字）

2. 影响贵国进一步参与国际合作的障碍是什么？请解释这些障碍是否与知识产权、法律、行政、财政问题、技术差距、知识/知识转让匮乏有关。请说明您是否有任何建议（解决方案）克服这些阻碍。（最多200字）

3. 针对海洋盆地是否有特定的研究、技术开发和/或创新需求？如有，请解释这些需求是什么并指出相应的海盆。（最多200字）

4. 从贵国角度看，完成当前的海洋科学工作需要做些什么？（最多150字）

5. 请列举三个实例说明您认为应该/可以如何改进海洋政策/国际组织对海洋科学的支持。（最多200字）

附录4
2016年《全球海洋科学报告》数据与信息管理调查

1. 简介

本调查问卷旨在了解贵国当前海洋科学数据和信息管理的相关信息。您的回答将用于编写第一份政府间海洋学委员会(IOC)全球海洋科学报告(GOSR)；见http://www.unesco.org/new/ en / natural-sciences / ioc-oceans / sections-and-programmes / ocean-sciences / global-ocean-science-report /。本问卷是对之前IOC第2560号通函中所包含的全球海洋科学报告调查问卷答复的补充。

带 * 的问题为必答题。

本次调查收集的信息，也将用于下一次国际海洋学数据和信息交换计划(IODE)委员会会议(2017年3月)的信息文件。及时反映了我们数据和信息中心的网络状况。

尽管问题以英语呈现，但若您对法语或西班牙语更为熟悉，也可以使用法语或西班牙语回答（自由文本字段）。

2. 当前数据与信息能力

（1）请提供以下个人及机构信息

姓名

机构名称

城市/县乡

国家

电子邮箱

(2)您在哪类中心工作?

注：如果您不在以下四个类别中的任何一个中心工作，请不要填写此问卷

○ 国际海洋学数据和信息交换计划(IODE)国家海洋学数据中心(NODC)

○ 国际海洋学数据和信息交换计划(IODE)关联数据单元(ADU)

○ 区域 海洋生物地理信息系统(OBIS)节点

○ 海洋图书馆

(3)您以何种身份完成该项调查?(如有多个身份，请以每个身份分别完成调查)

○ 国际海洋学数据和信息交换计划(IODE)国家数据管理协调员

○ 国际海洋学数据和信息交换计划(IODE)国家海洋信息(图书馆)管理协调员

○ 关联数据协调中心

其他(请具体说明)：

(4)贵数据/信息中心当前全职员工的人数(人员配备)是多少?

○ 1人

○ 2~5人

○ 6~10人

○ 大于10人

(5)在贵中心现有(全部)员工中，外部(项目)来源提供的资助占员工薪酬的多大比例?

○ 0%

○ 1%~25%

○ 26%~50%

○ 51%~75%

○ 76%~100%

评论(就可持续性发展遇到的困难)：

(6)贵数据或信息中心(计算机、服务器等数量……)的当前容量(基础设施)是多少?您在基础设施方面面临哪些问题? [另见问题(18)]

（7）贵中心是否参与了以下类型的合作？（可单选或多选）

○ 国家合作（贵中心与其他国家机构）
○ 区域合作（如与欧洲、非洲、东南亚）
○ 国际合作［国际海洋学数据和信息交换计划（IODE）除外］
请提供关于合作的更多信息（项目名称等）：

（8）贵中心是否与其他政府间海洋学委员会（IOC）计划、项目有合作［国际海洋学数据和信息交换计划（IODE）除外］？

○ 海洋科学（有害藻华、海洋二氧化碳等）
○ 海洋观测与服务［全球海洋观测系统（GOOS）］
○ 海洋政策（包括海洋空间规划、大型海洋生态系统、沿海地区综合管理）
○ 不清楚
具体说明您所参与的项目／活动：

（9）贵数据中心定期收集和管理的观测数据类型有哪些？

○ 生物数据（包括浮游生物、海底生物、色素、动物、植物、细菌等）
○ 物理数据（波浪、海流、水文、海平面、温度、盐度、光学、声学）
○ 地质与地球物理（沉积物、海洋探测）
○ 化学物质（营养物、酸碱值、二氧化碳、溶解气体等）
○ 污染物（监控）
○ 渔业数据
其他（请具体说明）：

（10）贵中心向客户提供何种数据／信息产品：

○ 元数据在线获取
○ 数据在线获取
○ 图书馆目录在线获取
○ 电子文件及电子出版物在线获取
○ 已发布的海洋数据（如用于发布的数据集“快照”）
○ 地理信息系统产品（地图、地图册）
○ 门户网站

○ 数值模型数据

○ 只读光碟产品

其他（请具体说明）：

____

（11）贵中心为客户提供何种服务?

○ 数据归档

○ 个人数据存储

○ 云计算空间

○ 虚拟研究实验室

○ 网络服务（参见http://www.webopedia.com/TERM/W/Web_Services.html）

○ 为数据集提供数字对象标识符（DOI）

○ 数据分析工具

○ 数据可视化工具

○ 数据质量控制工具

○ 通信工具（网站托管、邮件列表、小组讨论支持、项目管理工具等）

○ 特殊工具（词汇表、格式说明、地名辞典等）

○ 获取文件化方法、标准和指南

其他（请具体说明）：

____

（12）贵中心处理在线产品及服务的数据/信息中心网站的网址是什么?（最多输入5个）：

○ URL地址1

○ URL地址2

○ URL地址3

○ URL地址4

○ URL地址5

（13）你们有关于数据管理和共享的国家数据（共享）政策吗?

○ 有

○ 没有

请提供该政策的详细信息、可访问的网址和电子邮件以了解更多信息。

（14）贵中心限制数据获取吗?

○ 完全不限制

○ 限制对某些类型数据的获取

○ 限制对某些地理区域收集数据的获取

○ 限制某一时期（禁止）的获取

其他限制：

（15）贵中心是否采用IOC第XXII-6号决议通过的IOC海洋学数据交换政策? (参见http://www.iode.org/policy)

○ 是

○ 否

○ 不清楚

（16）贵中心所提供的资料、产品或服务的客户及最终用户是谁?

○ 仅供本机构用户使用

○ 本国国家研究人员

○ 任何国家研究人员

○ 本部门政策制定者

○ 本国其他部门政策制定者

○ 任何国家政策制定者（如通过联合国承诺）

○ 军队

○ 民权保护

○ 私营部门 (如渔业, 酒店, 工业等)

○ 学生

○ 普通大众

其他（请详细说明）：

（17）贵中心的数据和信息是否有助于国际系统［即贵中心积极向如世界数据中心、全球数据汇编中心（GDAC）或其他此类的国际系统发送数据或提供数据］？

○ 是

○ 否

请详细说明：

（18）贵中心是否有特别的能力（发展）需求？如有，是什么需求？

○ 我们需要基础的数据／信息管理培训

○ 我们需要某些话题的高级培训

○ 我们需要在其他数据／信息中心实习

○ 我们需要设备

○ 我们需要更先进的互联网络

○ 我们需要在会议上分享经验的机会

○ 我们需要与同事建立更好的人际关系（社区建设）

○ 我们需要更多资助

其他（请详细说明）：

（19）贵中心是否参与了IODE，您希望IODE更关注哪些特定方面？（请尽可能具体说明）

（20）列出您想从其他数据中心／系统获取但目前却无法获取的数据或信息，并列出您无法获取这些数据的原因。

非常感谢您的合作！

附录5

国际科学会议

附表5 按会议议题划分的国际会议列表（包括男女与会者比例、与会人数和代表国家数）

年份	主办国	会议名称	男性（%）	女性（%）	与会人数（人）	国家数（个）
环境科学会议						
2012	英国	压力下的星球	59	40	2999	104
海洋科学						
2013	美国	水产科学大会	55	45	1879	44
2014	西班牙	第二届国际海洋研究（IORC）大会	55	45	555	70
2015	西班牙	水产科学大会	52	48	2468	62
海洋观测与海洋数据						
2009	意大利	全球海洋观测大会（OceanObs'09）	79	21	637	36
海洋生态系统功能与过程						
2009	加拿大	第三届全球海洋生态系统动力学开放科学大会（GLOBEC OSM）	72	28	311	34
2010	阿根廷	第三届水母暴发研讨会	52	48	95	27
2011	智利	第五届浮游动物研讨会	49	51	297	36
2013	日本	第四届水母暴发研讨会	69	31	136	29
2014	挪威	国际海洋生物圈整合研究计划（IMBER）——未来海洋大会	61	39	465	45
海洋与气候						
2012	韩国	第二届气候变化（CC）对世界海洋的影响国际研讨会	75	25	362	39
2012	美国	第三届高二氧化碳世界海洋国际研讨会（$OHCO_2W$）	51	49	538	36
2015	巴西	第三届气候变化（CC）对世界海洋的影响国际研讨会	53	47	274	37
人类健康与福祉						
2013	法国	全球有害藻华生态学与海洋学计划（GEOHAB）大会	55	45	51	21
2014	新西兰	第 16 届有害藻华国际大会	53	47	394	35
2014	美国	海洋与人类健康	43	57	87	11
海洋技术与工程						
2011	西班牙	全球海洋观测大会（OceanObs'11）	82	18	403	31
2012	西班牙	海岸工程国际大会	80	20	795	45
地中海						
2010	意大利	地中海科学委员会（CIESM）大会	50	50	1000	N/A
2013	法国	地中海科学委员会（CIESM）大会	49	51	1000	N/A
北大西洋						
2012	挪威	国际海洋勘探理事会（ICES）年度科学会议	67	33	647	31
2013	冰岛	国际海洋勘探理事会（ICES）年度科学会议	65	35	688	36
2014	西班牙	国际海洋勘探理事会（ICES）年度科学会议	58	42	569	34
太平洋						
2012	日本	北太平洋海洋科学组织（PICES）年度会议	80	20	466	22
2013	加拿大	北太平洋海洋科学组织（PICES）年度会议	67	33	365	11
2014	韩国	北太平洋海洋科学组织（PICES）年度会议	72	28	365	18

附录6
各国海洋科学文献计量指标（2010—2014年）

附表6.1　各国海洋科学文献计量指标（2010—2014年）

大洲	国家	文章数量	引用量	相对引文平均值（ARC）	相对影响因素平均值 (ARIF)	增长率 (GR)	专业化指数 (SI)
世界		372 852	2 206 429	1.00	1.00	1.20	1.00
南美洲		22 258	98 007	0.80	0.87	1.24	1.57
	巴西	13 211	51 042	0.75	0.83	1.29	1.39
	阿根廷	3 780	18 740	0.88	0.97	1.20	1.86
	智利	3 577	20 541	0.95	0.94	1.20	2.32
	哥伦比亚	998	4 619	0.72	0.78	1.14	1.17
	委内瑞拉	553	2 459	0.54	0.73	0.80	2.05
	乌拉圭	442	3 613	1.22	1.04	1.15	2.29
	秘鲁	407	3 352	1.52	1.11	1.36	2.10
	厄瓜多尔	280	1 584	0.83	1.12	1.85	2.71
	玻利维亚	116	755	0.94	1.03	1.49	2.31
	尼加拉瓜	37	284	未计	0.94	0.67	2.19
	萨尔瓦多	23	135	未计	未计	2.75	2.16
	圭亚那	18	36	未计	未计	7.00	3.22
	巴拉圭	13	33	未计	未计	1.20	0.77
	苏里南	11	41	未计	未计	0.50	3.30
大洋洲		25 072	205 383	1.35	1.20	1.24	1.76
	澳大利亚	20 937	174 009	1.38	1.21	1.28	1.69
	新西兰	4 818	40 114	1.29	1.18	1.07	2.30
	斐济	155	846	0.96	1.24	1.59	5.62
	巴布亚新几内亚	68	724	1.58	1.12	1.50	2.51
	所罗门群岛	28	236	未计	未计	0.92	7.57
	帕劳	26	130	未计	未计	2.67	15.20
	瓦努阿图	24	162	未计	未计	1.30	5.04
	库克群岛	20	147	未计	未计	3.00	19.66
	密克罗尼西亚联邦	20	65	未计	未计	3.00	9.01
	汤加	5	68	未计	未计	1.50	4.51
	马绍尔群岛	5	35	未计	未计	未计	6.76
	图瓦卢	4	7	未计	未计	未计	17.30
	基里巴斯	4	9	未计	未计	未计	7.87
	萨摩亚	3	4	未计	未计	未计	6.49
	纽埃	2	6	未计	未计	未计	14.42
	瑙鲁	1	4	未计	未计	未计	7.21

续附表6.1

大洲	国家	文章数量	引用量	相对引文平均值（ARC）	相对影响因素平均值(ARIF)	增长率(GR)	专业化指数(SI)
北美洲		116 708	925 691	1.22	1.17	1.13	1.06
	美国	96 088	801 788	1.27	1.20	1.12	1.01
	加拿大	21 073	175 076	1.27	1.19	1.13	1.35
	墨西哥	5 278	21 445	0.73	0.82	1.29	1.78
	古巴	345	1 607	0.62	0.79	0.90	1.62
	巴拿马	341	2 938	1.28	1.11	1.22	4.21
	哥斯达黎加	304	1 675	0.93	0.94	1.16	2.72
	特立尼达和多巴哥	138	661	0.64	0.96	1.06	2.89
	牙买加	81	471	0.86	0.99	1.31	1.70
	巴哈马群岛	67	420	1.04	1.08	1.48	11.32
	巴巴多斯	54	348	未计	1.02	1.93	3.07
	格林纳达	45	178	未计	1.07	1.31	1.56
	伯利兹	27	220	未计	未计	1.86	6.95
	危地马拉	27	188	未计	未计	1.00	0.91
	多米尼加共和国	21	51	未计	未计	7.00	1.54
	洪都拉斯	20	112	未计	未计	1.17	1.63
	圣基茨和尼维斯	18	51	未计	未计	11.00	4.10
	海地	17	110	未计	未计	1.17	1.40
	多米尼克	9	134	未计	未计	0.33	2.67
	圣文森特和格林纳丁斯	5	21	未计	未计	0.67	7.72
	安提瓜和巴布达	3	19	未计	未计	2.00	4.33
欧洲		149 642	1 033 199	1.14	1.09	1.19	1.06
	英国	29 472	271 018	1.45	1.27	1.19	1.13
	德国	24 227	218 285	1.39	1.22	1.26	0.94
	法国	22 078	196 093	1.36	1.22	1.17	1.23
	西班牙	17 826	134 189	1.22	1.14	1.21	1.31
	意大利	15 083	106 016	1.18	1.09	1.26	0.98
	挪威	9 888	75 613	1.32	1.16	1.20	3.45
	俄罗斯	8 816	31 458	0.58	0.58	1.16	1.18
	荷兰	8 780	82 639	1.54	1.28	1.24	0.99
	葡萄牙	6 606	43 963	1.18	1.07	1.34	2.00
	瑞典	6 377	59 111	1.39	1.25	1.25	1.10
	丹麦	5 794	55 114	1.56	1.25	1.32	1.59
	瑞士	5 299	62 385	1.71	1.34	1.34	0.81

续附表6.1

大洲	国家	文章数量	引用量	相对引文平均值（ARC）	相对影响因素平均值 (ARIF)	增长率 (GR)	专业化指数 (SI)
	波兰	5 041	21 650	0.79	0.76	1.35	0.84
	比利时	5 011	42 834	1.33	1.19	1.19	1.00
	希腊	3 531	22 121	1.09	0.99	1.19	1.23
	芬兰	3 114	26 942	1.39	1.19	1.32	1.06
	奥地利	2 779	26 564	1.52	1.16	1.29	0.80
	捷克	2 720	17 410	1.07	0.95	1.26	0.81
	爱尔兰	2 272	18 243	1.31	1.22	1.23	1.18
	克罗地亚	1 654	6 626	0.67	0.79	1.00	1.73
	罗马尼亚	1 652	5 191	0.66	0.67	1.08	0.61
	匈牙利	1 045	6 007	1.01	0.95	1.34	0.65
	爱沙尼亚	904	5 771	1.07	0.93	1.31	2.04
	斯洛文尼亚	858	5 235	1.09	0.97	1.24	0.89
	冰岛	788	6 444	1.43	1.17	1.26	3.44
	乌克兰	715	2 939	0.95	0.67	1.34	0.55
	塞尔维亚	686	2 608	0.71	0.79	1.62	0.55
	保加利亚	677	2 586	0.63	0.67	0.97	1.08
	斯洛伐克	595	2 832	0.91	0.84	1.36	0.58
	立陶宛	551	2 077	0.78	0.82	1.36	0.86
	拉脱维亚	211	555	0.76	0.94	1.66	0.77
	卢森堡	205	1 375	1.06	1.06	2.00	0.95
	摩纳哥	193	2 192	1.65	1.30	0.87	10.16
	马耳他	130	684	1.08	0.99	1.26	2.36
	黑山	130	636	1.88	0.60	1.50	2.72
	阿尔巴尼亚	109	272	0.43	0.46	0.73	2.55
	马其顿	85	265	0.57	0.80	1.40	0.86
	白俄罗斯	83	246	0.54	0.59	1.13	0.30
	波斯尼亚和黑塞哥维那	61	200	0.60	0.72	0.88	0.50
	摩尔多瓦	23	62	未计	未计	1.14	0.34
	列支敦士登	7	19	未计	未计	1.50	0.44
	安道尔	5	43	未计	未计	1.50	3.18
	圣马力诺	2	3	未计	未计	未计	1.08
亚洲		123 769	597 174	0.85	0.87	1.38	0.88
	中国	57 848	283 431	0.90	0.85	1.54	0.85
	日本	20 516	117 333	0.86	0.99	1.11	0.98
	印度	12 631	54 753	0.75	0.80	1.36	0.92

续附表6.1

大洲	国家	文章数量	引用量	相对引文平均值（ARC）	相对影响因素平均值(ARIF)	增长率(GR)	专业化指数(SI)
	韩国	10 688	53 480	0.88	0.90	1.46	0.86
	土耳其	6 153	24 358	0.71	0.75	0.97	0.96
	伊朗	4 437	16 148	0.72	0.75	1.39	0.73
	马来西亚	3 315	13 640	0.82	0.83	1.84	1.09
	以色列	2 397	17 881	1.09	1.22	1.16	0.74
	泰国	2 323	11 904	0.85	0.89	1.06	1.32
	新加坡	2 307	16 935	1.35	1.14	1.44	0.80
	沙特阿拉伯	1 831	11 084	1.08	0.93	2.25	0.96
	印度尼西亚	1 116	5 725	1.02	0.99	1.96	2.27
	巴基斯坦	1 113	3 956	0.62	0.63	1.39	0.72
	越南	946	3 715	0.74	0.95	1.55	1.93
	菲律宾	730	4 240	0.99	0.99	1.25	2.79
	孟加拉国	632	2 749	0.85	0.87	1.43	1.65
	阿拉伯联合酋长国	453	2 499	0.93	1.05	1.36	1.15
	阿曼	323	1 648	0.91	0.92	1.15	2.39
	斯里兰卡	276	1 685	1.06	0.85	1.04	1.88
	塞浦路斯	243	2 079	1.36	0.98	1.30	0.90
	科威特	227	733	0.45	0.75	0.81	1.33
	约旦	221	821	0.71	0.86	1.76	0.72
	伊拉克	199	642	0.59	0.70	2.53	1.29
	黎巴嫩	164	837	0.86	0.96	2.24	0.64
	卡塔尔	163	726	0.97	0.99	3.06	0.80
	尼泊尔	106	871	1.55	1.05	2.03	1.00
	阿塞拜疆	86	213	0.45	0.56	1.16	0.70
	格鲁吉亚	86	296	0.51	0.77	0.89	0.63
	蒙古	81	548	1.13	1.12	1.82	1.73
	也门	79	508	1.29	0.96	1.50	1.88
	叙利亚	78	361	0.82	0.84	0.94	1.02
	老挝	73	285	0.69	1.04	1.45	2.28
	哈萨克斯坦	72	252	未计	0.77	2.25	0.50
	亚美尼亚	70	305	0.52	0.78	0.93	0.38
	文莱	66	365	0.98	0.96	1.32	3.02
	乌兹别克斯坦	60	248	0.76	1.04	0.89	0.72
	柬埔寨	59	348	未计	1.03	1.67	1.34
	巴林	43	207	未计	0.71	0.83	1.01

F

续附表6.1

大洲	国家	文章数量	引用量	相对引文平均值（ARC）	相对影响因素平均值(ARIF)	增长率(GR)	专业化指数(SI)
	缅甸	31	142	未计	0.99	0.92	2.00
	马尔代夫	27	139	未计	未计	3.20	12.98
	吉尔吉斯斯坦	26	210	未计	未计	1.33	1.31
	塔吉克斯坦	18	39	未计	未计	1.50	1.19
	土库曼斯坦	7	30	未计	未计	1.50	1.66
	朝鲜	7	49	未计	未计	0.67	1.05
	阿富汗	5	22	未计	未计	4.00	0.45
	不丹	4	34	未计	未计	1.00	0.50
非洲		11 472	60 648	0.92	0.92	1.32	1.35
	南非	3 979	26 526	1.17	1.00	1.34	1.56
	埃及	2 063	8 234	0.73	0.81	1.56	1.11
	突尼斯	1 355	6 207	0.73	0.84	1.19	1.62
	尼日利亚	604	1 670	0.42	0.62	0.86	1.07
	摩洛哥	545	3 151	1.05	1.00	1.25	1.29
	肯尼亚	542	3 920	1.16	1.12	1.29	1.66
	阿尔及利亚	493	1 775	0.67	0.78	1.53	0.81
	坦桑尼亚	300	1 878	1.07	1.02	1.24	1.76
	加纳	218	1 031	0.75	0.89	0.89	1.49
	埃塞俄比亚	203	1 199	1.03	1.20	1.32	1.08
	塞内加尔	185	1 129	0.98	0.99	0.94	2.13
	喀麦隆	167	723	0.74	1.01	1.29	1.06
	乌干达	154	915	1.05	1.00	1.43	0.82
	马达加斯加	138	1 044	1.12	1.05	1.44	2.91
	毛里求斯	100	655	1.03	0.96	1.73	3.58
	津巴布韦	94	388	0.49	0.73	1.68	1.31
	塞舌尔	88	609	1.26	1.10	1.88	11.75
	贝宁	87	265	0.64	未计	2.65	1.47
	科特迪瓦	86	270	0.60	0.77	1.24	1.60
	莫桑比克	82	751	1.42	0.98	1.03	2.20
	利比亚	82	303	0.61	0.77	1.58	1.63
	纳米比亚	80	590	1.06	1.09	1.96	2.74
	博茨瓦纳	61	174	未计	0.78	2.27	1.14
	苏丹	53	274	未计	0.97	1.00	0.66
	马拉维	51	220	0.61	0.91	0.74	0.65
	赞比亚	51	272	未计	1.07	1.11	0.88
	布基纳法索	50	328	未计	0.93	1.85	0.74

续附表6.1

大洲	国家	文章数量	引用量	相对引文平均值（ARC）	相对影响因素平均值 (ARIF)	增长率 (GR)	专业化指数 (SI)
	佛得角	41	386	未计	1.16	2.36	10.56
	加蓬	37	292	未计	1.03	1.38	1.36
	安哥拉	33	133	未计	0.95	1.14	3.50
	刚果	32	210	未计	1.03	1.70	1.32
	毛里塔尼亚	31	177	未计	1.14	2.11	5.54
	尼日尔	30	240	未计	未计	1.10	1.33
	刚果民主共和国	29	260	未计	未计	1.25	0.97
	马里	27	273	未计	未计	0.55	0.74
	几内亚	19	163	未计	未计	1.00	2.28
	布隆迪	17	35	未计	未计	1.00	3.20
	厄立特里亚	16	161	未计	未计	1.29	4.49
	卢旺达	16	67	未计	未计	0.50	0.55
	多哥	15	48	未计	未计	1.00	1.04
	斯威士兰	13	79	未计	未计	0.25	1.26
	塞拉利昂	10	95	未计	未计	2.00	1.20
	乍得	9	49	未计	未计	1.33	2.19
	科摩罗	9	56	未计	未计	0.20	12.98
	冈比亚	7	72	未计	未计	2.00	0.28
	几内亚比绍	7	49	未计	未计	3.00	0.99
	中非	5	31	未计	未计	未计	0.76
	吉布提	4	45	未计	未计	1.00	1.97
	利比里亚	3	8	未计	未计	未计	0.93
	莱索托	3	13	未计	未计	1.00	0.50
	圣多美和普林西比	1	1	未计	未计	未计	1.97

注：对于ARC得分低于30分或ARIF低于30分的国家，ARC和ARIF（N/C）不予计算（见“方法”选项卡）。该标准同样适用于HCP 1%和HCP 10%（至少需要30个相对影响因素）。当其中一个阶段（2010—2011年或2013—2014年）发表文章为0时，增长率（GR）不予计算。彩色编码表示性能高于（绿色）或低于（红色）世界平均水平。

来源：由Science-Metrix根据科学网（WOS）数据计算（汤姆森路透）

附表6.2　各国海洋生态系统功能和变化过程文献计量指标（2010—2014年）

大洲	国家	文章数量	引用量	相对引文平均值（ARC）	相对影响因素平均值(ARIF)	增长率(GR)	专业化指数(SI)
世界		60 625	423 145	1.00	1.00	1.21	1.00
南美洲		4 715	22 376	0.77	0.82	1.30	2.05
	巴西	2 478	10 246	0.76	0.78	1.41	1.61
	阿根廷	927	4 920	0.81	0.89	1.19	2.80
	智利	913	5 297	0.82	0.90	1.27	3.64
	哥伦比亚	203	1 327	0.73	0.71	1.01	1.46
	乌拉圭	126	1 074	1.00	0.90	0.96	4.01
	委内瑞拉	124	803	0.49	0.68	0.87	2.82
	秘鲁	119	1 110	2.13	0.98	1.45	3.78
	厄瓜多尔	80	697	0.78	1.19	1.68	4.76
	玻利维亚	24	253	未计	未计	1.86	2.94
	尼加拉瓜	12	64	未计	未计	0.50	4.36
	圭亚那	4	8	未计	未计	未计	4.40
	苏里南	4	11	未计	未计	未计	7.39
	萨尔瓦多	2	17	未计	未计	未计	1.16
	巴拉圭	1	0	未计	未计	未计	0.36
大洋洲		5 901	56 258	1.31	1.14	1.27	2.55
	澳大利亚	4 920	48 504	1.37	1.16	1.31	2.44
	新西兰	1 191	10 988	1.30	1.08	1.14	3.49
	斐济	33	201	未计	0.95	1.42	7.35
	巴布亚新几内亚	16	222	未计	未计	1.33	3.64
	帕劳	13	60	未计	未计	3.00	46.74
	所罗门群岛	8	60	未计	未计	0.50	13.30
	密克罗尼西亚联邦	6	15	未计	未计	3.00	16.63
	瓦努阿图	5	32	未计	未计	4.00	6.46
	库克群岛	4	5	未计	未计	未计	24.19
	图瓦卢	1	0	未计	未计	未计	26.61
	马绍尔群岛	1	6	未计	未计	未计	8.31
	萨摩亚	1	1	未计	未计	未计	13.30
北美洲		22 948	202 160	1.20	1.12	1.21	1.28
	美国	18 613	172 432	1.26	1.16	1.21	1.20
	加拿大	4 738	46 575	1.31	1.14	1.17	1.87
	墨西哥	1 161	6 116	0.82	0.73	1.31	2.41
	巴拿马	117	1 181	1.35	1.07	1.41	8.89

续附表6.2

大洲	国家	文章数量	引用量	相对引文平均值（ARC）	相对影响因素平均值 (ARIF)	增长率 (GR)	专业化指数 (SI)
	哥斯达黎加	97	581	0.84	0.79	1.29	5.34
	古巴	71	383	0.60	0.66	1.30	2.05
	特立尼达和多巴哥	33	222	未计	0.94	1.64	4.25
	巴哈马	29	186	未计	未计	1.75	30.14
	巴巴多斯	11	41	未计	未计	1.67	3.85
	伯利兹	8	89	未计	未计	1.50	12.67
	牙买加	7	109	未计	未计	1.50	0.90
	危地马拉	4	87	未计	未计	未计	0.83
	格林纳达	4	18	未计	未计	未计	0.85
	多米尼加共和国	3	8	未计	未计	未计	1.35
	洪都拉斯	2	12	未计	未计	未计	1.00
	海地	2	45	未计	未计	未计	1.02
	多米尼克	2	2	未计	未计	未计	3.64
欧洲		26 496	215 345	1.15	1.07	1.21	1.15
	英国	5 562	60 695	1.45	1.23	1.24	1.31
	德国	4 680	48 116	1.42	1.18	1.30	1.12
	法国	4 633	46 509	1.35	1.16	1.24	1.58
	西班牙	3 646	31 285	1.26	1.10	1.31	1.65
	意大利	2 432	19 939	1.24	1.03	1.28	0.97
	挪威	1 837	17 898	1.42	1.15	1.21	3.94
	荷兰	1 745	18 675	1.45	1.24	1.10	1.20
	葡萄牙	1 425	10 929	1.13	1.03	1.24	2.66
	瑞典	1 375	14 961	1.39	1.20	1.19	1.45
	丹麦	1 295	14 522	1.60	1.21	1.24	2.18
	俄罗斯	1 145	5 256	0.79	0.62	1.25	0.94
	比利时	1 005	10 063	1.45	1.12	1.19	1.23
	瑞士	919	10 965	1.60	1.29	1.65	0.87
	波兰	902	4 960	0.98	0.78	1.25	0.93
	芬兰	653	5 710	1.38	1.08	1.24	1.37
	希腊	573	5 008	1.25	0.95	1.03	1.22
	奥地利	509	5 345	1.52	1.14	1.16	0.90
	爱尔兰	456	4 500	1.35	1.15	1.19	1.45
	捷克	438	3 460	1.06	0.94	1.29	0.80
	克罗地亚	285	1 229	0.60	0.77	0.83	1.84
	爱沙尼亚	202	1 484	1.04	未计	1.63	2.81

续附表6.2

大洲	国家	文章数量	引用量	相对引文平均值（ARC）	相对影响因素平均值 (ARIF)	增长率 (GR)	专业化指数 (SI)
	冰岛	169	1 959	2.30	1.15	1.46	4.54
	罗马尼亚	168	842	0.64	0.70	1.09	0.38
	匈牙利	153	1 155	1.70	0.92	1.20	0.58
	斯洛文尼亚	131	937	1.10	0.95	1.49	0.84
	乌克兰	104	805	2.17	0.67	1.33	0.49
	立陶宛	87	449	0.99	0.82	1.27	0.84
	保加利亚	83	388	0.63	0.67	1.03	0.81
	斯洛伐克	78	464	0.93	0.83	1.27	0.46
	摩纳哥	60	778	1.62	1.15	1.50	19.42
	塞尔维亚	56	339	未计	0.72	2.19	0.27
	拉脱维亚	38	233	未计	0.87	1.58	0.85
	马耳他	33	239	未计	1.01	0.86	3.69
	黑山	27	345	未计	未计	1.63	3.47
	阿尔巴尼亚	21	38	未计	未计	0.12	3.02
	卢森堡	18	95	未计	未计	2.00	0.51
	马其顿	14	34	未计	未计	1.00	0.87
	白俄罗斯	12	40	未计	未计	1.00	0.27
	波斯尼亚和黑塞哥维那	3	0	未计	未计	2.00	0.15
	摩尔多瓦	1	4	未计	未计	未计	0.09
	列支敦士登	1	1	未计	未计	未计	0.39
亚洲		13 558	75 470	0.81	0.86	1.36	0.60
	中国	5 474	32 191	0.92	0.86	1.60	0.50
	日本	2 988	18 764	0.80	0.98	1.03	0.88
	印度	1 633	7 000	0.64	0.71	1.41	0.74
	韩国	991	5 804	0.86	0.88	1.56	0.49
	土耳其	599	2 810	0.69	0.67	0.90	0.57
	以色列	432	4 175	1.12	1.18	1.42	0.82
	伊朗	396	1 555	0.62	0.63	1.20	0.40
	马来西亚	355	1 695	0.69	0.79	1.37	0.72
	沙特阿拉伯	245	1 512	0.82	0.89	2.59	0.79
	泰国	239	1 068	0.68	0.82	1.06	0.84
	新加坡	220	1 503	1.00	1.05	2.22	0.47
	印度尼西亚	167	1 398	1.14	1.10	2.10	2.09
	菲律宾	154	1 390	0.98	0.91	1.52	3.62
	越南	144	692	0.71	0.93	1.46	1.81

续附表6.2

大洲	国家	文章数量	引用量	相对引文平均值（ARC）	相对影响因素平均值(ARIF)	增长率(GR)	专业化指数(SI)
	巴基斯坦	113	287	0.41	0.49	1.12	0.45
	孟加拉国	82	395	0.84	0.72	1.79	1.32
	阿拉伯联合酋长国	56	585	1.06	1.00	0.92	0.87
	阿曼	54	349	0.88	0.85	0.86	2.45
	斯里兰卡	46	426	未计	未计	0.64	1.93
	塞浦路斯	29	132	未计	未计	2.43	0.66
	科威特	28	152	未计	未计	0.71	1.01
	约旦	27	204	未计	未计	1.33	0.54
	叙利亚	19	151	未计	未计	0.44	1.53
	卡塔尔	18	171	未计	未计	2.75	0.54
	黎巴嫩	16	138	未计	未计	未计	0.39
	老挝	15	46	未计	未计	1.17	2.88
	文莱	14	69	未计	未计	1.00	3.95
	柬埔寨	14	106	未计	未计	1.00	1.95
	乌兹别克斯坦	12	37	未计	未计	1.75	0.89
	蒙古	11	72	未计	未计	1.50	1.44
	阿塞拜疆	11	6	未计	未计	3.50	0.55
	格鲁吉亚	11	57	未计	未计	1.67	0.50
	哈萨克斯坦	10	25	未计	未计	1.67	0.43
	也门	9	40	未计	未计	1.33	1.31
	尼泊尔	9	65	未计	未计	1.33	0.52
	伊拉克	8	21	未计	未计	1.00	0.32
	巴林	6	97	未计	未计	1.00	0.86
	缅甸	5	15	未计	未计	1.50	1.98
	亚美尼亚	3	87	未计	未计	2.00	0.10
	马尔代夫	3	5	未计	未计	未计	8.87
	吉尔吉斯斯坦	2	1	未计	未计	1.00	0.62
	塔吉克斯坦	1	0	未计	未计	未计	0.41
非洲		2 274	14 577	0.95	0.90	1.28	1.65
	南非	1 065	8 114	1.14	0.97	1.27	2.57
	突尼斯	263	1 352	0.62	0.69	1.43	1.93
	埃及	202	1 014	0.79	0.73	1.26	0.67
	肯尼亚	124	768	0.81	1.01	1.18	2.33
	摩洛哥	105	709	未计	1.01	1.78	1.52
	阿尔及利亚	81	356	0.71	0.62	0.74	0.81

续附表6.2

大洲	国家	文章数量	引用量	相对引文平均值（ARC）	相对影响因素平均值(ARIF)	增长率(GR)	专业化指数(SI)
	坦桑尼亚	69	401	1.02	1.01	1.04	2.50
	尼日利亚	65	117	0.20	0.56	1.00	0.71
	塞内加尔	39	196	未计	未计	1.46	2.76
	纳米比亚	33	422	未计	1.25	1.50	6.95
	埃塞俄比亚	32	184	未计	0.99	2.00	1.05
	马达加斯加	30	243	未计	未计	1.88	3.90
	塞舌尔	28	299	未计	未计	2.67	22.99
	乌干达	28	177	未计	未计	0.79	0.92
	贝宁	25	66	未计	未计	2.83	2.59
	加纳	25	135	未计	未计	1.11	1.05
	科特迪瓦	22	57	未计	未计	1.11	2.51
	津巴布韦	22	141	未计	未计	3.25	1.88
	毛里求斯	22	197	未计	未计	0.55	4.85
	喀麦隆	22	129	未计	未计	2.00	0.86
	莫桑比克	18	295	未计	未计	0.70	2.97
	毛里塔尼亚	14	26	未计	未计	11.00	15.39
	布基纳法索	12	97	未计	未计	0.75	1.10
	利比亚	12	61	未计	未计	1.75	1.47
	安哥拉	11	39	未计	未计	1.75	7.17
	博茨瓦纳	11	56	未计	未计	0.75	1.27
	赞比亚	10	95	未计	未计	1.00	1.06
	佛得角	10	140	未计	未计	1.50	15.84
	刚果	9	116	未计	未计	0.60	2.28
	苏丹	8	51	未计	未计	3.00	0.61
	加蓬	7	54	未计	未计	2.50	1.58
	马拉维	7	22	未计	未计	未计	0.55
	刚果民主共和国	6	26	未计	未计	1.00	1.24
	布隆迪	6	19	未计	未计	0.25	6.94
	厄立特里亚	4	15	未计	未计	3.00	6.91
	几内亚比绍	3	41	未计	未计	1.00	2.61
	马里	2	39	未计	未计	未计	0.34
	塞拉利昂	2	6	未计	未计	未计	1.47
	吉布提	1	1	未计	未计	未计	3.02
	卢旺达	1	0	未计	未计	未计	0.21
	利比里亚	1	2	未计	未计	未计	1.90

续附表6.2

大洲	国家	文章数量	引用量	相对引文平均值（ARC）	相对影响因素平均值(ARIF)	增长率(GR)	专业化指数(SI)
	斯威士兰	1	2	未计	未计	未计	0.59
	尼日尔	1	0	未计	未计	未计	0.27
	多哥	1	5	未计	未计	未计	0.43
	几内亚	1	8	未计	未计	未计	0.74
	中非	1	7	未计	未计	未计	0.94

注：对于ARC得分低于30分或ARIF低于30分的国家，ARC和ARIF（N/C）不予计算（见“方法”选项卡）。该标准同样适用于HCP 1%和HCP 10%（至少需要30个相对影响因素）。当其中一个阶段（2010—2011年或2013—2014年）发表文章为0时，增长率（GR）不予计算。彩色编码表示性能高于（绿色）或低于（红色）世界平均水平。

来源：由Science-Metrix根据科学网（WOS）数据计算（汤姆森路透）

附表6.3 各国海洋与气候文献计量指标（2010—2014年）

大洲	国家	文章数量	引用量	相对引文平均值（ARC）	相对影响因素平均值(ARIF)	增长率(GR)	专业化指数(SI)
世界		45 311	370 321	1.00	1.00	1.32	1.00
南美洲		1 543	9 807	0.85	0.95	1.53	0.90
	巴西	769	3 450	0.64	0.83	1.64	0.67
	阿根廷	316	2 077	0.96	1.00	1.55	1.28
	智利	308	3 318	1.26	1.16	1.33	1.64
	哥伦比亚	85	585	0.67	1.03	1.30	0.82
	秘鲁	73	653	1.07	1.14	1.82	3.10
	委内瑞拉	37	417	未计	1.13	0.88	1.13
	乌拉圭	35	195	未计	1.02	1.55	1.49
	厄瓜多尔	23	198	未计	未计	2.14	1.83
	玻利维亚	16	122	未计	未计	2.25	2.62
	巴拉圭	5	8	未计	未计	3.00	2.42
	圭亚那	2	4	未计	未计	未计	2.94
	苏里南	2	13	未计	未计	未计	4.94
	尼加拉瓜	1	1	未计	未计	未计	0.49
大洋洲		3 569	38 062	1.30	1.19	1.54	2.06
	澳大利亚	3 090	33 220	1.33	1.19	1.63	2.05
	新西兰	588	6 592	1.20	1.21	1.20	2.31
	斐济	17	108	未计	未计	2.50	5.07
	所罗门群岛	6	53	未计	未计	2.00	13.35
	巴布亚新几内亚	5	22	未计	未计	未计	1.52
	帕劳	5	28	未计	未计	未计	24.05
	瓦努阿图	5	30	未计	未计	1.50	8.64
	库克群岛	4	54	未计	未计	未计	32.36
	密克罗尼西亚联邦	4	16	未计	未计	未计	14.83
	马绍尔群岛	4	29	未计	未计	未计	44.50
	图瓦卢	2	6	未计	未计	未计	71.19
	汤加	2	6	未计	未计	未计	14.83
	纽埃	2	6	未计	未计	未计	118.66
	基里巴斯	2	6	未计	未计	未计	32.36
	瑙鲁	1	4	未计	未计	未计	59.33

续附表6.3

大洲	国家	文章数量	引用量	相对引文平均值（ARC）	相对影响因素平均值(ARIF)	增长率(GR)	专业化指数(SI)
北美洲		19 070	201 996	1.20	1.11	1.31	1.42
	美国	16 831	186 469	1.25	1.12	1.30	1.46
	加拿大	2 899	31 315	1.17	1.10	1.28	1.53
	墨西哥	359	2 032	0.76	0.89	1.61	1.00
	哥斯达黎加	23	128	未计	未计	1.83	1.69
	特立尼达和多巴哥	20	122	未计	未计	2.60	3.45
	古巴	18	126	未计	未计	1.33	0.70
	巴拿马	18	189	未计	未计	2.67	1.83
	巴巴多斯	14	165	未计	未计	2.67	6.56
	牙买加	12	46	未计	未计	5.00	2.07
	洪都拉斯	4	9	未计	未计	2.00	2.68
	巴哈马	4	18	未计	未计	未计	5.56
	格林纳达	3	8	未计	未计	0.50	0.85
	多米尼克	2	83	未计	未计	1.00	4.88
	多米尼加共和国	2	10	未计	未计	未计	1.21
	伯利兹	1	4	未计	未计	未计	2.12
	安提瓜和巴布达	1	4	未计	未计	未计	11.87
	危地马拉	1	1	未计	未计	未计	0.28
	圣基茨和尼维斯	1	4	未计	未计	未计	1.87
	圣文森特和格林纳丁斯	1	4	未计	未计	未计	12.71
欧洲		19 969	190 159	1.15	1.09	1.28	1.16
	英国	5 376	69 381	1.46	1.26	1.37	1.69
	德国	4 556	52 530	1.35	1.17	1.36	1.46
	法国	3 783	43 937	1.33	1.17	1.26	1.73
	西班牙	1 989	19 161	1.22	1.16	1.44	1.21
	意大利	1 931	20 182	1.29	1.05	1.26	1.03
	荷兰	1 557	21 458	1.64	1.28	1.37	1.44
	挪威	1 349	16 334	1.38	1.17	1.48	3.87
	俄罗斯	1 114	5 950	0.61	0.60	1.11	1.23
	瑞士	1 061	15 810	1.67	1.29	1.35	1.34
	瑞典	1 059	13 283	1.42	1.15	1.47	1.50
	丹麦	840	10 732	1.54	1.20	1.39	1.89

续附表6.3

大洲	国家	文章数量	引用量	相对引文平均值（ARC）	相对影响因素平均值 (ARIF)	增长率(GR)	专业化指数(SI)
	比利时	667	8 269	1.34	1.19	1.38	1.09
	芬兰	556	7 213	1.43	1.07	1.41	1.56
	葡萄牙	544	6 089	1.51	1.00	1.34	1.36
	希腊	481	3 960	1.01	0.89	1.19	1.37
	奥地利	321	5 073	1.96	1.23	1.80	0.76
	波兰	317	2 086	0.83	0.86	1.01	0.44
	爱尔兰	269	2 871	1.27	1.05	1.14	1.15
	爱沙尼亚	152	1 062	0.79	0.79	1.25	2.83
	捷克	148	1 001	0.82	0.93	1.33	0.36
	克罗地亚	141	811	0.59	0.84	0.81	1.22
	罗马尼亚	135	735	0.69	0.80	1.33	0.41
	冰岛	102	1 007	1.20	1.19	1.52	3.66
	乌克兰	95	456	0.56	0.44	1.12	0.60
	匈牙利	93	763	1.09	0.84	1.06	0.48
	立陶宛	73	335	0.74	0.75	1.90	0.94
	保加利亚	60	294	0.54	0.76	1.35	0.79
	斯洛文尼亚	47	374	0.93	1.01	0.85	0.40
	塞尔维亚	47	424	未计	0.99	1.18	0.31
	摩纳哥	40	721	未计	0.93	1.29	17.32
	斯洛伐克	35	169	未计	0.79	1.90	0.28
	卢森堡	19	96	未计	未计	15.00	0.72
	拉脱维亚	19	92	未计	未计	2.00	0.57
	马耳他	13	120	未计	未计	0.83	1.94
	阿尔巴尼亚	10	32	未计	未计	0.13	1.92
	白俄罗斯	10	76	未计	未计	1.00	0.30
	马其顿	6	24	未计	未计	1.50	0.50
	波斯尼亚和黑塞哥维那	4	25	未计	未计	2.00	0.27
	黑山	4	5	未计	未计	2.00	0.69
	安道尔	4	43	未计	未计	1.00	20.94
亚洲		13 254	80 258	0.77	0.87	1.52	0.78
	中国	6 400	38 956	0.78	0.84	1.65	0.78
	日本	2 728	20 984	0.87	0.99	1.22	1.07
	印度	1 578	8 268	0.64	0.84	1.51	0.95
	韩国	1 245	6 839	0.66	0.89	1.62	0.82

续附表6.3

大洲	国家	文章数量	引用量	相对引文平均值（ARC）	相对影响因素平均值(ARIF)	增长率(GR)	专业化指数(SI)
	土耳其	333	1 618	0.69	0.84	1.71	0.43
	以色列	324	3 021	1.03	1.17	1.06	0.83
	伊朗	242	860	0.65	0.78	2.41	0.33
	马来西亚	208	1 081	0.80	0.76	2.35	0.56
	沙特阿拉伯	178	1 178	1.10	0.89	4.96	0.77
	新加坡	152	1 137	0.83	1.05	1.88	0.43
	印度尼西亚	129	862	0.86	0.96	1.89	2.16
	泰国	123	843	0.89	0.88	1.10	0.58
	越南	95	617	1.04	1.02	1.66	1.60
	巴基斯坦	79	338	0.58	0.76	2.25	0.42
	孟加拉国	78	348	0.78	0.85	1.91	1.67
	阿拉伯联合酋长国	62	406	0.68	0.90	1.22	1.29
	菲律宾	60	413	0.97	1.02	1.23	1.89
	塞浦路斯	49	599	未计	0.78	1.10	1.49
	阿曼	33	188	未计	0.80	0.87	2.01
	约旦	31	127	未计	0.81	3.00	0.84
	斯里兰卡	29	215	未计	未计	1.00	1.63
	尼泊尔	19	237	未计	未计	2.60	1.48
	科威特	16	86	未计	未计	1.20	0.77
	黎巴嫩	16	117	未计	未计	1.60	0.52
	伊拉克	11	19	未计	未计	9.00	0.59
	叙利亚	10	17	未计	未计	0.80	1.08
	蒙古	10	78	未计	未计	2.00	1.75
	也门	10	89	未计	未计	1.00	1.95
	卡塔尔	10	81	未计	未计	2.50	0.40
	格鲁吉亚	10	9	未计	未计	0.67	0.60
	柬埔寨	8	63	未计	未计	1.50	1.49
	文莱	7	40	未计	未计	1.00	2.64
	哈萨克斯坦	7	28	未计	未计	5.00	0.40
	乌兹别克斯坦	6	12	未计	未计	5.00	0.59
	马尔代夫	6	58	未计	未计	1.50	23.73
	巴林	5	18	未计	未计	1.50	0.96
	亚美尼亚	5	49	未计	未计	1.00	0.22
	吉尔吉斯斯坦	4	56	未计	未计	3.00	1.66

续附表6.3

大洲	国家	文章数量	引用量	相对引文平均值（ARC）	相对影响因素平均值 (ARIF)	增长率 (GR)	专业化指数 (SI)
	老挝	444	47	未计	未计	未计	1.03
	塔吉克斯坦	4	31	未计	未计	0.50	2.18
	土库曼斯坦	3	13	未计	未计	2.00	5.87
	阿塞拜疆	3	10	未计	未计	2.00	0.20
	缅甸	2	29	未计	未计	未计	1.06
	不丹	1	7	未计	未计	未计	1.02
非洲		1 127	8 204	0.94	0.93	1.64	1.09
	南非	442	4 597	1.15	0.99	1.62	1.43
	埃及	148	715	0.82	0.79	1.76	0.65
	突尼斯	85	367	0.56	0.85	2.50	0.83
	摩洛哥	78	478	未计	0.99	2.83	1.51
	肯尼亚	61	381	未计	1.04	2.64	1.54
	尼日利亚	57	159	未计	0.76	1.89	0.83
	阿尔及利亚	41	220	未计	0.63	1.91	0.55
	坦桑尼亚	37	227	未计	1.06	1.90	1.79
	埃塞俄比亚	33	231	未计	1.09	0.92	1.45
	塞内加尔	27	264	未计	未计	0.77	2.56
	喀麦隆	26	102	未计	未计	1.86	1.36
	加纳	21	71	未计	未计	0.80	1.18
	津巴布韦	18	78	未计	未计	1.17	2.06
	乌干达	18	134	未计	未计	1.33	0.79
	贝宁	18	86	未计	未计	2.00	2.50
	纳米比亚	14	138	未计	未计	2.50	3.94
	佛得角	12	137	未计	未计	1.50	25.43
	苏丹	11	112	未计	未计	0.80	1.13
	毛里求斯	10	87	未计	未计	0.80	2.95
	尼日尔	10	149	未计	未计	1.00	3.64
	科特迪瓦	9	42	未计	未计	0.20	1.38
	马达加斯加	9	114	未计	未计	1.67	1.56
	马拉维	8	30	未计	未计	0.75	0.84
	莫桑比克	8	40	未计	未计	0.50	1.77
	博茨瓦纳	6	18	未计	未计	0.67	0.93
	布基纳法索	6	38	未计	未计	4.00	0.73

续附表6.3

大洲	国家	文章数量	引用量	相对引文平均值（ARC）	相对影响因素平均值(ARIF)	增长率(GR)	专业化指数(SI)
	安哥拉	5	40	未计	未计	3.00	4.36
	刚果	5	26	未计	未计	3.00	1.70
	利比亚	4	20	未计	未计	1.00	0.66
	毛里塔尼亚	4	21	未计	未计	未计	5.88
	塞舌尔	4	36	未计	未计	0.50	4.39
	多哥	3	31	未计	未计	未计	1.71
	马里	3	48	未计	未计	1.00	0.68
	赞比亚	3	13	未计	未计	2.00	0.43
	刚果民主共和国	2	30	未计	未计	未计	0.55
	卢旺达	2	7	未计	未计	未计	0.57
	加蓬	2	14	未计	未计	1.00	0.61
	厄立特里亚	1	0	未计	未计	未计	2.31
	几内亚	1	0	未计	未计	未计	0.99
	吉布提	1	9	未计	未计	未计	4.05
	科摩罗	1	27	未计	未计	未计	11.87
	乍得	1	5	未计	未计	未计	2.00
	冈比亚	1	13	未计	未计	未计	0.33
	莱索托	1	7	未计	未计	未计	1.36

注：对于ARC得分低于30分或ARIF低于30分的国家，ARC和ARIF（N/C）不予计算（见“方法”选项卡）。该标准同样适用于HCP 1%和HCP 10%（至少需要30个相关影响因子）。当其中一个阶段（2010—2011年或2013—2014年）发表文章为0时，增长率（GR）不予计算。彩色编码表示性能高于（绿色）或低于（红色）世界平均水平。

来源：由Science-Metrix根据科学网（WOS）数据计算（汤姆森路透）

附表6.4 各国海洋健康文献计量指标（2010—2014年）

大洲	国家	文章数量	引用量	相对引文平均值（ARC）	相对关影响因素平均值 (ARIF)	增长率 (GR)	专业化指数 (SI)
世界		79 973	549 353	1.00	1.00	1.24	1.00
南美洲		5 013	25 519	0.77	0.88	1.34	1.65
	巴西	3 192	15 024	0.74	0.85	1.36	1.57
	阿根廷	770	4 398	0.92	1.00	1.53	1.77
	智利	671	4 138	0.82	0.96	1.26	2.03
	哥伦比亚	210	1 202	0.66	0.73	1.18	1.15
	委内瑞拉	123	662	0.36	0.61	0.87	2.12
	乌拉圭	108	1 274	1.37	1.05	1.77	2.61
	厄瓜多尔	79	647	1.10	1.16	1.68	3.57
	秘鲁	78	668	0.98	1.11	1.06	1.88
	玻利维亚	30	288	未计	未计	1.20	2.78
	尼加拉瓜	13	149	未计	未计	0.40	3.58
	圭亚那	5	17	未计	未计	未计	4.17
	萨尔瓦多	4	36	未计	未计	1.00	1.75
	苏里南	2	6	未计	未计	未计	2.80
	巴拉圭	1	4	未计	未计	未计	0.27
大洋洲		5 566	50 805	1.36	1.22	1.29	1.82
	澳大利亚	4 616	42 608	1.39	1.24	1.35	1.73
	新西兰	1 079	9 635	1.24	1.17	1.07	2.40
	斐济	44	305	未计	1.16	1.77	7.43
	巴布亚新几内亚	12	260	未计	未计	3.00	2.07
	帕劳	10	49	未计	未计	3.50	27.26
	所罗门群岛	9	70	未计	未计	1.00	11.34
	瓦努阿图	9	34	未计	未计	1.67	8.81
	密克罗尼西亚联邦	6	26	未计	未计	2.00	12.61
	库克群岛	3	6	未计	未计	未计	13.75
	马绍尔群岛	2	23	未计	未计	未计	12.61
	基里巴斯	2	3	未计	未计	未计	18.34
北美洲		24 798	219 823	1.20	1.16	1.19	1.05
	美国	19 781	185 027	1.25	1.18	1.20	0.97
	加拿大	5 189	49 403	1.28	1.20	1.16	1.55
	墨西哥	1 245	6 401	0.73	0.81	1.29	1.96
	古巴	86	466	0.65	0.77	0.86	1.89

续附表6.4

大洲	国家	文章数量	引用量	相对引文平均值（ARC）	相对关影响因素平均值 (ARIF)	增长率 (GR)	专业化指数 (SI)
	哥斯达黎加	69	455	0.92	0.96	1.42	2.88
	巴拿马	66	628	1.27	1.28	1.17	3.80
	特立尼达和多巴哥	34	131	未计	1.02	1.55	3.32
	牙买加	23	201	未计	未计	2.60	2.25
	巴哈马	16	89	未计	未计	2.50	12.61
	巴巴多斯	14	32	未计	未计	2.67	3.72
	危地马拉	12	128	未计	未计	0.67	1.89
	伯利兹	12	120	未计	未计	3.00	14.41
	格林纳达	6	19	未计	未计	未计	0.97
	海地	4	8	未计	未计	未计	1.54
	多米尼加共和国	2	0	未计	未计	未计	0.68
	多米尼克	1	3	未计	未计	未计	1.38
欧洲		31 353	247 846	1.12	1.08	1.21	1.04
	英国	5 530	59 517	1.45	1.26	1.29	0.99
	西班牙	4 537	39 920	1.21	1.16	1.20	1.56
	法国	4 350	40 271	1.27	1.18	1.27	1.13
	德国	4 077	41 867	1.38	1.20	1.27	0.74
	意大利	3 550	29 686	1.20	1.06	1.27	1.07
	葡萄牙	1 933	15 807	1.21	1.08	1.39	2.73
	荷兰	1 733	18 215	1.47	1.26	1.37	0.91
	挪威	1 678	16 291	1.32	1.19	1.18	2.73
	瑞典	1 485	17 031	1.46	1.23	1.21	1.19
	波兰	1 312	6 058	0.71	0.73	1.38	1.02
	比利时	1 160	10 935	1.29	1.16	1.31	1.08
	丹麦	1 149	12 253	1.55	1.24	1.30	1.47
	瑞士	1 123	15 379	1.67	1.33	1.43	0.80
	希腊	1 026	8 384	1.19	0.95	1.27	1.66
	俄罗斯	1 018	4 002	0.53	0.58	1.02	0.64
	芬兰	733	6 529	1.15	1.13	1.27	1.17
	捷克	664	4 861	1.04	0.95	1.27	0.92
	爱尔兰	584	5 290	1.33	1.15	1.30	1.41
	罗马尼亚	520	1 871	0.60	0.52	1.13	0.90
	奥地利	480	5 521	1.47	1.21	1.33	0.64
	克罗地亚	450	2 246	0.70	0.84	1.02	2.20

续附表6.4

大洲	国家	文章数量	引用量	相对引文平均值（ARC）	相对关影响因素平均值 (ARIF)	增长率 (GR)	专业化指数 (SI)
	斯洛文尼亚	269	2 202	1.17	0.99	1.36	1.30
	匈牙利	237	1 437	0.89	0.92	1.44	0.69
	塞尔维亚	215	957	0.70	0.74	2.09	0.80
	爱沙尼亚	204	1 911	1.21	0.98	1.44	2.15
	立陶宛	199	1 207	1.04	0.92	1.35	1.46
	保加利亚	186	748	0.64	0.66	1.23	1.38
	斯洛伐克	176	1 003	0.97	0.80	1.13	0.79
	乌克兰	157	918	0.99	0.71	1.18	0.56
	冰岛	121	1 027	1.34	1.31	1.55	2.46
	摩纳哥	74	676	1.00	1.16	0.64	18.16
	拉脱维亚	56	267	未计	未计	1.88	0.95
	卢森堡	56	323	未计	1.11	2.00	1.21
	阿尔巴尼亚	51	110	未计	0.33	0.56	5.55
	马耳他	40	411	未计	1.00	0.82	3.39
	黑山	34	137	未计	0.54	1.70	3.31
	马其顿	21	57	未计	未计	1.00	0.99
	白俄罗斯	19	71	未计	未计	0.50	0.32
	波斯尼亚和黑塞哥维那	14	111	未计	未计	0.57	0.54
	摩尔多瓦	8	24	未计	未计	3.00	0.54
	列支敦士登	1	1	未计	未计	未计	0.29
亚洲		25 361	145 282	0.86	0.86	1.43	0.85
	中国	12 152	73 260	0.95	0.89	1.57	0.83
	印度	3 070	16 059	0.75	0.78	1.36	1.05
	日本	2 745	18 015	0.87	0.98	1.19	0.61
	韩国	1 904	12 139	0.94	0.95	1.48	0.71
	土耳其	1 595	7 655	0.71	0.71	0.92	1.16
	伊朗	1 049	4 805	0.72	0.70	1.48	0.81
	马来西亚	939	5 014	0.85	未计	1.78	1.44
	沙特阿拉伯	492	3 377	1.08	0.91	2.11	1.20
	以色列	416	3 487	1.07	1.18	1.15	0.60
	泰国	415	1 737	0.66	0.84	1.32	1.10
	巴基斯坦	385	1 684	0.68	0.59	1.35	1.17
	新加坡	381	4 246	1.56	1.18	1.61	0.61

续附表6.4

大洲	国家	文章数量	引用量	相对引文平均值（ARC）	相对关影响因素平均值(ARIF)	增长率(GR)	专业化指数(SI)
	印度尼西亚	238	1 507	1.00	0.95	2.16	2.26
	菲律宾	217	1 889	1.05	1.02	1.36	3.87
	越南	203	933	0.66	0.88	1.55	1.93
	孟加拉国	186	1 166	0.92	0.81	1.07	2.26
	阿拉伯联合酋长国	114	723	0.92	1.06	1.94	1.35
	塞浦路斯	97	1 270	1.70	0.98	1.24	1.68
	科威特	86	320	0.50	0.73	0.97	2.34
	阿曼	73	296	0.71	0.76	1.38	2.51
	斯里兰卡	68	509	0.93	0.74	0.96	2.16
	约旦	66	195	0.50	0.77	1.83	1.01
	黎巴嫩	57	389	未计	0.92	3.50	1.04
	伊拉克	45	245	未计	0.67	2.15	1.36
	卡塔尔	37	329	未计	0.91	3.67	0.85
	叙利亚	25	161	未计	未计	1.22	1.53
	尼泊尔	24	224	未计	未计	0.67	1.06
	格鲁吉亚	22	35	未计	未计	0.54	0.75
	巴林	22	139	未计	未计	0.80	2.40
	哈萨克斯坦	21	63	未计	未计	1.83	0.68
	阿塞拜疆	18	37	未计	未计	1.00	0.68
	柬埔寨	16	76	未计	未计	0.88	1.69
	亚美尼亚	14	96	未计	未计	0.50	0.35
	蒙古	11	37	未计	未计	2.50	1.09
	也门	11	25	未计	未计	2.33	1.22
	老挝	9	43	未计	未计	1.00	1.31
	文莱	8	29	未计	未计	4.00	1.71
	乌兹别克斯坦	8	50	未计	未计	0.75	0.45
	马尔代夫	7	34	未计	未计	2.00	15.69
	吉尔吉斯斯坦	5	7	未计	未计	1.00	1.18
	朝鲜	4	19	未计	未计	2.00	2.80
	缅甸	3	7	未计	未计	1.00	0.90
	塔吉克斯坦	2	3	未计	未计	未计	0.62
	不丹	1	2	未计	未计	未计	0.58
非洲		3 329	18 602	0.80	0.86	1.28	1.83

续附表6.4

大洲	国家	文章数量	引用量	相对引文平均值（ARC）	相对关影响因素平均值 (ARIF)	增长率 (GR)	专业化指数 (SI)
	南非	1 031	7 152	0.89	0.94	1.30	1.89
	埃及	558	2 513	0.73	0.76	1.47	1.40
	突尼斯	469	2 717	0.77	0.85	1.25	2.61
	尼日利亚	268	712	0.31	0.56	0.89	2.22
	肯尼亚	166	1 208	1.07	1.04	1.08	2.37
	阿尔及利亚	159	695	0.82	0.73	1.25	1.21
	摩洛哥	148	1 104	1.10	0.93	1.16	1.63
	加纳	89	366	0.58	0.81	0.74	2.84
	坦桑尼亚	89	585	0.93	0.90	0.81	2.44
	乌干达	50	432	未计	1.12	1.35	1.25
	塞内加尔	44	187	未计	0.89	1.40	2.36
	埃塞俄比亚	44	211	未计	1.05	1.53	1.10
	喀麦隆	43	152	未计	0.83	1.47	1.27
	马达加斯加	36	429	未计	1.04	1.27	3.55
	津巴布韦	36	204	未计	0.67	2.09	2.33
	塞舌尔	35	352	未计	1.18	2.22	21.79
	毛里求斯	35	362	未计	0.99	0.59	5.84
	莫桑比克	27	412	未计	未计	0.77	3.38
	贝宁	25	69	未计	未计	9.00	1.97
	科特迪瓦	24	54	未计	未计	6.00	2.08
	博茨瓦纳	17	62	未计	未计	1.50	1.49
	纳米比亚	17	192	未计	未计	1.00	2.71
	赞比亚	17	68	未计	未计	2.00	1.37
	利比亚	15	56	未计	未计	1.60	1.39
	马拉维	15	42	未计	未计	0.86	0.89
	布基纳法索	14	70	未计	未计	1.75	0.97
	佛得角	12	141	未计	未计	2.67	14.41
	刚果	11	93	未计	未计	1.00	2.11
	加蓬	10	75	未计	未计	2.50	1.72
	苏丹	9	27	未计	未计	0.75	0.52
	多哥	8	33	未计	未计	0.60	2.58
	刚果民主共和国	8	49	未计	未计	3.00	1.25
	马里	7	56	未计	未计	1.00	0.90

续附表6.4

大洲	国家	文章数量	引用量	相对引文平均值（ARC）	相对关影响因素平均值 (ARIF)	增长率 (GR)	专业化指数 (SI)
	安哥拉	7	22	未计	未计	0.75	3.46
	布隆迪	7	12	未计	未计	2.50	6.14
	毛里塔尼亚	7	10	未计	未计	6.00	5.83
	卢旺达	7	37	未计	未计	0.33	1.12
	斯威士兰	5	14	未计	未计	0.33	2.25
	塞拉利昂	5	55	未计	未计	4.00	2.79
	尼日尔	4	11	未计	未计	3.00	0.82
	几内亚	4	26	未计	未计	2.00	2.24
	利比里亚	3	8	未计	未计	未计	4.32
	几内亚比绍	3	38	未计	未计	1.00	1.98
	厄立特里亚	2	7	未计	未计	1.00	2.62
	乍得	2	3	未计	未计	未计	2.27
	科摩罗	2	7	未计	未计	未计	13.45
	吉布提	1	1	未计	未计	未计	2.29
	中非	1	0	未计	未计	未计	0.71
	莱索托	1	0	未计	未计	未计	0.77

注：对于ARC得分低于30分或ARIF低于30分的国家，ARC和ARIF（N/C）不予计算（见“方法”选项卡）。该标准同样适用于HCP 1%和HCP 10%（至少需要30个相关影响因子）。当其中一个阶段（2010—2011年或2013—2014年）发表文章为0时，增长率（GR）不予计算。彩色编码表示性能高于（绿色）或低于（红色）世界平均水平。

来源：由Science-Metrix根据科学网（WOS）数据计算（汤姆森路透）

F

附表6.5 各国人类健康与福祉文献计量指标（2010—2014年）

大洲	国家	文章数量	引用量	相对引文平均值（ARC）	相对影响因素平均值 (ARIF)	增长率 (GR)	专业化指数 (SI)
世界		22 259	154 236	1.00	1.00	1.28	1.00
南美洲		1 288	6 767	0.78	0.87	1.47	1.53
	巴西	759	3 223	0.64	0.80	1.51	1.34
	智利	224	1 526	1.03	0.99	1.31	2.43
	阿根廷	164	1 007	1.18	1.02	1.88	1.35
	哥伦比亚	72	376	0.75	0.83	1.44	1.41
	委内瑞拉	39	222	未计	0.54	0.88	2.42
	秘鲁	38	318	未计	0.99	1.07	3.29
	厄瓜多尔	35	293	未计	1.15	2.50	5.68
	乌拉圭	22	558	未计	未计	1.86	1.91
	玻利维亚	8	31	未计	未计	1.50	2.67
	尼加拉瓜	7	99	未计	未计	0.67	6.93
	萨尔瓦多	2	28	未计	未计	1.00	3.15
	圭亚那	1	0	未计	未计	未计	2.99
	苏里南	1	5	未计	未计	未计	5.03
大洋洲		1 649	15 622	1.34	1.21	1.25	1.94
	澳大利亚	1 364	13 267	1.39	1.23	1.28	1.84
	新西兰	323	2 660	1.11	1.08	1.08	2.58
	斐济	19	104	未计	未计	1.50	11.53
	所罗门群岛	11	85	未计	未计	0.83	49.82
	巴布亚新几内亚	8	104	未计	未计	0.40	4.95
	库克群岛	3	10	未计	未计	未计	49.41
	瓦努阿图	2	32	未计	未计	未计	7.04
	汤加	1	11	未计	未计	未计	15.10
	密克罗尼西亚联邦	1	13	未计	未计	未计	7.55
	基里巴斯	1	3	未计	未计	未计	32.94
北美洲		7 110	64 222	1.22	1.19	1.24	1.08
	美国	5 877	55 840	1.26	1.21	1.25	1.03
	加拿大	1 259	12 724	1.34	1.27	1.15	1.35
	墨西哥	338	2 126	0.84	0.87	1.45	1.91
	哥斯达黎加	25	63	未计	未计	1.25	3.75
	古巴	20	151	未计	未计	0.89	1.58
	巴拿马	16	137	未计	未计	11.00	3.31

续附表6.5

大洲	国家	文章数量	引用量	相对引文平均值（ARC）	相对影响因素平均值 (ARIF)	增长率 (GR)	专业化指数 (SI)
	特立尼达和多巴哥	9	30	未计	未计	0.80	3.16
	巴巴多斯	7	14	未计	未计	5.00	6.67
	牙买加	7	27	未计	未计	2.50	2.46
	格林纳达	6	19	未计	未计	1.50	3.48
	伯利兹	4	32	未计	未计	0.50	17.25
	海地	3	5	未计	未计	2.00	4.15
	危地马拉	3	16	未计	未计	1.00	1.70
	圣基茨和尼维斯	2	0	未计	未计	未计	7.63
	多米尼加共和国	2	6	未计	未计	未计	2.46
	洪都拉斯	2	4	未计	未计	未计	2.72
欧洲		8 536	70 483	1.17	1.08	1.25	1.01
	英国	1 822	19 552	1.47	1.27	1.32	1.17
	西班牙	1 223	10 587	1.21	1.11	1.25	1.51
	法国	1 190	11 294	1.28	1.16	1.33	1.11
	德国	1 077	10 737	1.34	1.14	1.28	0.70
	意大利	943	8 194	1.27	1.07	1.39	1.03
	荷兰	611	6 863	1.46	1.23	1.43	1.15
	挪威	541	5 810	1.49	1.19	1.20	3.16
	葡萄牙	452	5 071	1.62	1.08	1.41	2.30
	瑞典	431	5 466	1.44	1.22	1.24	1.24
	丹麦	349	3 930	1.51	1.18	1.18	1.60
	瑞士	292	4 329	1.55	1.29	1.31	0.75
	比利时	288	2 228	1.17	1.18	1.83	0.96
	波兰	270	1 546	0.82	0.72	1.71	0.76
	希腊	249	1 973	1.12	0.93	1.09	1.45
	爱尔兰	218	2 261	1.44	1.31	0.91	1.89
	芬兰	183	2 114	1.27	1.20	1.33	1.05
	俄罗斯	139	992	0.98	0.70	1.11	0.31
	奥地利	123	1 554	1.51	1.23	1.36	0.59
	捷克	108	1 217	1.46	1.04	1.60	0.54
	克罗地亚	105	528	0.71	0.80	0.93	1.84
	罗马尼亚	93	219	未计	0.45	1.16	0.58
	斯洛文尼亚	64	650	1.40	0.99	1.32	1.12

续附表6.5

大洲	国家	文章数量	引用量	相对引文平均值（ARC）	相对影响因素平均值(ARIF)	增长率(GR)	专业化指数(SI)
	塞尔维亚	49	154	未计	0.69	2.55	0.65
	冰岛	47	188	未计	1.08	2.67	3.44
	匈牙利	43	189	未计	1.16	3.83	0.45
	保加利亚	38	127	未计	0.84	2.09	1.02
	爱沙尼亚	37	260	未计	0.88	1.14	1.40
	立陶宛	31	404	未计	未计	1.09	0.81
	卢森堡	26	142	未计	未计	4.50	2.02
	乌克兰	24	59	未计	未计	1.11	0.31
	斯洛伐克	22	99	未计	未计	0.67	0.36
	拉脱维亚	14	145	未计	未计	0.63	0.86
	摩纳哥	14	138	未计	未计	2.00	12.34
	马耳他	12	187	未计	未计	1.25	3.65
	波斯尼亚和黑塞哥维那	9	49	未计	未计	0.33	1.24
	黑山	7	14	未计	未计	1.50	2.45
	阿尔巴尼亚	6	12	未计	未计	未计	2.35
	马其顿	5	39	未计	未计	1.00	0.84
	白俄罗斯	2	45	未计	未计	未计	0.12
	摩尔多瓦	1	1	未计	未计	未计	0.24
亚洲		7 229	39 758	0.83	0.85	1.42	0.87
	中国	3 039	16 855	0.88	0.88	1.62	0.75
	日本	934	5 561	0.77	0.95	1.21	0.75
	印度	764	3 709	0.73	0.74	1.29	0.94
	韩国	711	4 249	0.88	0.85	1.38	0.96
	土耳其	361	1 594	0.59	0.62	0.79	0.94
	马来西亚	294	2 047	1.16	0.92	1.80	1.61
	伊朗	275	1 206	0.67	0.66	1.25	0.76
	泰国	214	1 245	0.89	0.88	1.29	2.04
	以色列	159	1 295	0.99	0.99	1.44	0.83
	沙特阿拉伯	157	920	0.97	0.78	2.71	1.38
	新加坡	134	1 371	1.26	1.18	1.55	0.78
	越南	109	516	0.73	0.99	1.93	3.73
	菲律宾	92	595	0.87	1.10	1.14	5.90
	孟加拉国	87	568	0.88	0.93	1.30	3.80

续附表6.5

大洲	国家	文章数量	引用量	相对引文平均值（ARC）	相对影响因素平均值 (ARIF)	增长率 (GR)	专业化指数 (SI)
	印度尼西亚	76	762	1.51	0.97	1.86	2.59
	巴基斯坦	71	272	0.68	0.62	1.95	0.77
	阿拉伯联合酋长国	46	236	未计	0.86	2.55	1.95
	斯里兰卡	36	382	未计	1.04	0.79	4.12
	科威特	33	85	未计	0.60	0.64	3.23
	阿曼	29	126	未计	未计	1.00	3.59
	塞浦路斯	24	111	未计	未计	1.00	1.49
	约旦	23	54	未计	未计	2.83	1.26
	卡塔尔	21	117	未计	未计	7.00	1.73
	黎巴嫩	17	49	未计	未计	10.00	1.12
	柬埔寨	16	144	未计	未计	2.25	6.08
	尼泊尔	13	76	未计	未计	1.50	2.06
	格鲁吉亚	12	20	未计	未计	9.00	1.47
	老挝	12	95	未计	未计	1.00	6.26
	文莱	10	63	未计	未计	0.40	7.68
	伊拉克	10	58	未计	未计	2.00	1.09
	也门	8	77	未计	未计	0.25	3.18
	巴林	8	26	未计	未计	2.50	3.13
	乌兹别克斯坦	6	22	未计	未计	2.00	1.21
	叙利亚	6	114	未计	未计	0.25	1.32
	吉尔吉斯斯坦	3	19	未计	未计	0.50	2.53
	阿富汗	3	16	未计	未计	未计	4.51
	阿塞拜疆	3	10	未计	未计	1.00	0.41
	亚美尼亚	3	1	未计	未计	1.00	0.27
	蒙古	2	4	未计	未计	未计	0.71
	马尔代夫	2	2	未计	未计	1.00	16.10
	缅甸	1	2	未计	未计	未计	1.08
	哈萨克斯坦	1	2	未计	未计	未计	0.12
非洲		1 250	8 207	0.92	0.95	1.58	2.46
	南非	322	3 448	1.33	1.08	1.58	2.12
	埃及	196	813	0.70	0.75	1.79	1.76
	肯尼亚	141	1 415	1.52	1.28	1.59	7.23
	突尼斯	136	480	0.46	0.78	1.83	2.72

续附表6.5

大洲	国家	文章数量	引用量	相对引文平均值（ARC）	相对影响因素平均值 (ARIF)	增长率 (GR)	专业化指数 (SI)
	尼日利亚	63	179	0.29	0.65	0.66	1.87
	坦桑尼亚	62	438	1.12	1.10	1.65	6.11
	阿尔及利亚	55	224	未计	0.53	1.82	1.51
	加纳	42	277	未计	0.96	0.72	4.81
	埃塞俄比亚	35	121	未计	0.95	1.46	3.13
	摩洛哥	32	138	未计	未计	1.80	1.26
	乌干达	31	151	未计	0.98	1.50	2.78
	喀麦隆	30	153	未计	未计	2.29	3.19
	塞内加尔	25	102	未计	未计	1.71	4.82
	马达加斯加	19	139	未计	未计	1.83	6.72
	布基纳法索	16	142	未计	未计	3.00	3.99
	贝宁	14	80	未计	未计	5.00	3.96
	赞比亚	11	70	未计	未计	1.25	3.19
	科特迪瓦	11	87	未计	未计	1.25	3.42
	马拉维	11	30	未计	未计	1.25	2.35
	塞舌尔	10	59	未计	未计	2.50	22.37
	毛里求斯	10	59	未计	未计	3.00	6.00
	莫桑比克	10	176	未计	未计	0.75	4.50
	马里	8	60	未计	未计	2.00	3.70
	津巴布韦	7	32	未计	未计	0.40	1.63
	利比亚	7	15	未计	未计	1.33	2.34
	纳米比亚	6	5	未计	未计	1.50	3.44
	加蓬	5	77	未计	未计	0.33	3.08
	多哥	4	27	未计	未计	0.33	4.63
	冈比亚	4	24	未计	未计	1.00	2.71
	毛里塔尼亚	4	31	未计	未计	3.00	11.98
	斯威士兰	3	19	未计	未计	未计	4.85
	刚果民主共和国	3	12	未计	未计	未计	1.69
	博茨瓦纳	3	15	未计	未计	2.00	0.94
	几内亚	3	12	未计	未计	未计	6.04
	苏丹	3	5	未计	未计	2.00	0.63
	刚果	3	12	未计	未计	未计	2.07
	卢旺达	3	14	未计	未计	1.00	1.73

续附表6.5

大洲	国家	文章数量	引用量	相对引文平均值（ARC）	相对影响因素平均值(ARIF)	增长率(GR)	专业化指数(SI)
	安哥拉	2	10	未计	未计	1.00	3.55
	布隆迪	2	1	未计	未计	未计	6.30
	科摩罗	2	8	未计	未计	未计	48.31
	几内亚比绍	2	3	未计	未计	未计	4.74
	尼日尔	1	8	未计	未计	未计	0.74
	厄立特里亚	1	4	未计	未计	未计	4.71
	中非	1	0	未计	未计	未计	2.55
	乍得	1	1	未计	未计	未计	4.07

注：对于ARC得分低于30分或ARIF低于30分的国家，ARC和ARIF（N/C）不予计算（见“方法”选项卡）。该标准同样适用于HCP 1%和HCP 10%（至少需要30个相关影响因子）。当其中一个阶段（2010—2011年或2013—2014年）发表文章为0时，增长率（GR）不予计算。彩色编码表示性能高于（绿色）或低于（红色）世界平均水平。

来源：由Science-Metrix根据科学网（WOS）数据计算（汤姆森路透）

附表6.6　各国蓝色增长文献计量指标（2010—2014年）

大洲	国家	文章数量	引用量	相对引文平均值（ARC）	相对影响因素平均值(ARIF)	增长率(GR)	专业化指数(SI)
世界		79 256	457 338	1.00	1.00	1.31	1.00
南美洲		4 980	21 961	0.80	0.88	1.34	1.66
	巴西	3 010	11 061	0.70	0.83	1.43	1.49
	智利	912	5 139	1.02	0.96	1.21	2.78
	阿根廷	615	3 565	0.94	1.02	1.23	1.42
	哥伦比亚	245	1 102	0.81	0.81	1.60	1.35
	秘鲁	122	943	1.07	1.07	1.17	2.97
	委内瑞拉	108	590	未计	0.65	0.80	1.88
	乌拉圭	91	1 030	1.44	1.04	1.73	2.22
	厄瓜多尔	76	645	1.04	1.23	1.50	3.46
	玻利维亚	25	199	未计	未计	1.50	2.34
	尼加拉瓜	14	64	未计	未计	0.33	3.89
	萨尔瓦多	9	27	未计	未计	4.00	3.98
	圭亚那	5	8	未计	未计	未计	4.20
	苏里南	4	11	未计	未计	未计	5.65
	巴拉圭	3	4	未计	未计	2.00	0.83
大洋洲		5 916	48 835	1.33	1.20	1.30	1.96
	澳大利亚	4 979	40 828	1.35	1.22	1.35	1.89
	新西兰	1 040	9 612	1.31	1.17	1.06	2.33
	斐济	94	540	0.91	1.26	1.74	16.02
	巴布亚新几内亚	21	349	未计	未计	1.43	3.65
	所罗门群岛	18	160	未计	未计	1.14	22.90
	帕劳	11	44	未计	未计	9.00	30.25
	瓦努阿图	8	30	未计	未计	2.50	7.90
	密克罗尼西亚联邦	7	32	未计	未计	2.00	14.84
	库克群岛	5	12	未计	未计	未计	23.13
	基里巴斯	2	3	未计	未计	未计	18.50
	图瓦卢	1	0	未计	未计	未计	20.35
	汤加	1	11	未计	未计	未计	4.24
	马绍尔群岛	1	6	未计	未计	未计	6.36
北美洲		23 369	175 476	1.20	1.15	1.20	1.00
	美国	18 655	146 975	1.24	1.17	1.21	0.92
	加拿大	4 566	37 923	1.32	1.23	1.18	1.38

续附表6.6

大洲	国家	文章数量	引用量	相对引文平均值（ARC）	相对影响因素平均值(ARIF)	增长率(GR)	专业化指数(SI)
	墨西哥	1 359	6 102	0.73	0.84	1.22	2.16
	哥斯达黎加	87	528	0.94	1.04	1.03	3.66
	古巴	86	561	0.78	0.84	0.70	1.90
	巴拿马	60	476	1.19	1.25	1.81	3.49
	特立尼达和多巴哥	39	114	未计	0.89	1.33	3.84
	牙买加	25	216	未计	未计	3.75	2.47
	巴哈马群岛	24	150	未计	未计	2.00	19.08
	巴巴多斯	22	77	未计	未计	2.40	5.89
	伯利兹	19	162	未计	未计	1.60	23.02
	格林纳达	17	69	未计	未计	1.00	2.77
	危地马拉	13	141	未计	未计	1.20	2.07
	多米尼加共和国	8	22	未计	未计	4.00	2.76
	洪都拉斯	7	10	未计	未计	4.00	2.68
	圣基茨和尼维斯	4	12	未计	未计	未计	4.28
	圣文森特和格林纳丁斯	2	14	未计	未计	1.00	14.54
	多米尼克	2	3	未计	未计	未计	2.79
	海地	1	3	未计	未计	未计	0.39
欧洲		30 912	210 441	1.18	1.10	1.31	1.03
	英国	6 458	57 524	1.44	1.24	1.28	1.16
	西班牙	4 496	35 149	1.28	1.15	1.30	1.56
	德国	3 782	33 131	1.39	1.18	1.38	0.69
	法国	3 733	32 901	1.39	1.19	1.38	0.98
	挪威	3 112	21 826	1.33	1.13	1.30	5.11
	意大利	3 085	22 054	1.18	1.08	1.45	0.94
	荷兰	1 799	15 848	1.51	1.25	1.43	0.95
	葡萄牙	1 689	12 587	1.32	1.11	1.53	2.41
	丹麦	1 445	12 403	1.55	1.19	1.52	1.86
	瑞典	1 281	11 494	1.41	1.29	1.40	1.04
	希腊	1059	7 297	1.16	0.98	1.29	1.73
	比利时	944	6 525	1.11	1.18	1.36	0.88
	俄罗斯	833	3 989	0.76	0.72	1.30	0.53
	爱尔兰	748	5 849	1.39	1.22	1.27	1.82
	瑞士	737	10 094	1.86	1.37	1.52	0.53

续附表6.6

大洲	国家	文章数量	引用量	相对引文平均值（ARC）	相对影响因素平均值(ARIF)	增长率(GR)	专业化指数(SI)
	波兰	717	3 981	1.08	0.87	1.63	0.56
	芬兰	619	4 821	1.25	1.23	1.34	0.99
	罗马尼亚	412	1 067	0.44	0.53	0.98	0.72
	奥地利	398	3 284	1.27	1.16	1.33	0.54
	克罗地亚	396	1 524	0.66	0.80	1.01	1.95
	捷克	380	3 218	1.25	1.05	1.06	0.53
	冰岛	240	1 484	0.99	1.18	1.17	4.93
	匈牙利	182	919	0.93	1.00	1.82	0.53
	斯洛文尼亚	163	1 282	1.29	1.04	1.54	0.80
	塞尔维亚	146	535	0.58	0.91	1.83	0.55
	保加利亚	137	473	0.54	0.69	0.93	1.03
	爱沙尼亚	132	928	1.03	1.06	1.97	1.40
	立陶宛	131	804	1.17	1.00	1.79	0.97
	乌克兰	93	325	0.74	0.74	1.29	0.34
	拉脱维亚	68	284	未计	0.96	1.29	1.17
	斯洛伐克	59	276	未计	0.83	1.25	0.27
	马耳他	46	328	未计	1.02	1.47	3.93
	卢森堡	45	321	未计	1.24	2.08	0.98
	黑山	26	63	未计	未计	2.13	2.56
	阿尔巴尼亚	24	49	未计	未计	0.67	2.64
	摩纳哥	24	175	未计	未计	1.22	5.94
	波斯尼亚和黑塞哥维那	18	26	未计	未计	0.78	0.70
	马其顿	18	39	未计	未计	1.14	0.85
	白俄罗斯	8	40	未计	未计	1.50	0.14
	摩尔多瓦	6	12	未计	未计	1.50	0.41
	列支敦士登	4	7	未计	未计	1.00	1.18
	安道尔	1	0	未计	未计	未计	2.99
亚洲		26 051	125 347	0.85	0.86	1.48	0.88
	中国	10 952	53 194	0.88	0.86	1.66	0.76
	日本	3 477	17 080	0.77	0.94	1.16	0.78
	印度	3 261	14 876	0.79	0.74	1.42	1.12
	韩国	2 310	12 094	0.91	0.91	1.75	0.87
	土耳其	1 300	5 867	0.77	0.78	0.97	0.95

续附表6.6

大洲	国家	文章数量	引用量	相对引文平均值（ARC）	相对影响因素平均值(ARIF)	增长率(GR)	专业化指数(SI)
	伊朗	1 089	3 413	0.57	0.66	1.45	0.84
	马来西亚	1 051	5 293	0.97	0.95	1.92	1.62
	泰国	616	2 895	0.82	0.90	1.09	1.65
	沙特阿拉伯	483	3 675	1.35	1.04	2.67	1.19
	新加坡	483	4 599	1.73	1.24	1.58	0.79
	以色列	452	3 822	1.17	1.10	1.20	0.66
	越南	362	1 468	0.73	0.98	1.53	3.48
	印度尼西亚	324	1 875	1.03	1.07	2.38	3.11
	菲律宾	298	1 962	0.93	1.05	1.10	5.36
	巴基斯坦	271	1 008	0.66	0.67	1.48	0.83
	孟加拉国	251	964	0.82	0.88	1.59	3.08
	阿拉伯联合酋长国	137	808	1.07	1.05	1.46	1.63
	阿曼	117	634	0.95	0.93	1.11	4.06
	斯里兰卡	92	858	1.71	0.91	1.24	2.95
	塞浦路斯	77	604	1.50	1.00	1.44	1.34
	科威特	70	203	0.50	0.59	0.63	1.93
	卡塔尔	66	339	未计	0.97	3.00	1.52
	约旦	57	217	未计	0.85	1.76	0.88
	黎巴嫩	50	343	未计	1.03	1.73	0.92
	伊拉克	46	172	未计	0.76	2.45	1.41
	老挝	29	106	未计	未计	1.33	4.25
	柬埔寨	27	150	未计	未计	1.56	2.88
	尼泊尔	25	106	未计	未计	1.44	1.11
	也门	22	137	未计	未计	1.43	2.46
	格鲁吉亚	21	41	未计	未计	7.00	0.72
	文莱	21	128	未计	未计	0.50	4.53
	巴林	18	131	未计	未计	1.17	1.98
	叙利亚	17	159	未计	未计	0.86	1.05
	哈萨克斯坦	16	53	未计	未计	5.00	0.53
	乌兹别克斯坦	15	53	未计	未计	1.00	0.85
	蒙古	14	55	未计	未计	10.00	1.40
	阿塞拜疆	13	17	未计	未计	0.57	0.49
	马尔代夫	9	27	未计	未计	3.00	20.35

续附表6.6

大洲	国家	文章数量	引用量	相对引文平均值（ARC）	相对影响因素平均值(ARIF)	增长率(GR)	专业化指数(SI)
	亚美尼亚	8	99	未计	未计	1.33	0.20
	吉尔吉斯斯坦	4	6	未计	未计	1.00	0.95
	土库曼斯坦	4	5	未计	未计	0.50	4.47
	缅甸	3	17	未计	未计	未计	0.91
	塔吉克斯坦	2	0	未计	未计	未计	0.62
	阿富汗	2	2	未计	未计	未计	0.84
	不丹	1	2	未计	未计	未计	0.58
非洲		3 091	16 516	0.89	0.93	1.41	1.71
	南非	965	6 618	1.10	1.02	1.45	1.78
	埃及	577	2 455	0.70	0.86	1.52	1.46
	突尼斯	331	1 577	0.66	0.82	1.40	1.86
	肯尼亚	194	1 210	1.05	1.14	1.32	2.79
	尼日利亚	173	455	0.47	0.64	0.80	1.45
	阿尔及利亚	130	530	0.85	0.78	1.86	1.00
	坦桑尼亚	117	759	1.17	1.00	1.23	3.24
	摩洛哥	115	803	1.13	0.92	1.17	1.28
	乌干达	68	356	1.10	0.95	2.11	1.71
	加纳	67	159	0.39	0.87	1.50	2.16
	埃塞俄比亚	57	206	0.64	未计	1.05	1.43
	塞内加尔	56	308	1.15	0.99	1.25	3.03
	塞舌尔	43	306	未计	1.24	2.78	27.01
	毛里求斯	40	338	未计	0.96	1.62	6.74
	喀麦隆	40	140	未计	0.96	0.64	1.20
	莫桑比克	38	364	未计	1.07	1.00	4.80
	马达加斯加	38	311	未计	1.01	2.00	3.78
	贝宁	31	29	未计	未计	3.50	2.46
	科特迪瓦	29	102	未计	未计	1.30	2.53
	利比亚	26	119	未计	未计	1.22	2.44
	马拉维	24	87	未计	未计	1.25	1.44
	纳米比亚	24	207	未计	未计	1.83	3.86
	津巴布韦	16	142	未计	未计	1.14	1.05
	毛里塔尼亚	15	123	未计	未计	2.00	12.61
	安哥拉	14	43	未计	未计	1.33	6.98

续附表6.6

大洲	国家	文章数量	引用量	相对引文平均值（ARC）	相对影响因素平均值(ARIF)	增长率(GR)	专业化指数(SI)
	赞比亚	14	106	未计	未计	3.50	1.14
	博茨瓦纳	14	33	未计	未计	0.33	1.24
	刚果	12	46	未计	未计	1.50	2.33
	加蓬	11	78	未计	未计	2.33	1.90
	布基纳法索	10	133	未计	未计	0.33	0.70
	苏丹	9	31	未计	未计	1.00	0.53
	佛得角	9	189	未计	未计	0.80	10.90
	几内亚	8	127	未计	未计	0.20	4.52
	布隆迪	8	8	未计	未计	1.67	7.08
	马里	6	37	未计	未计	1.00	0.78
	卢旺达	5	13	未计	未计	1.00	0.81
	尼日尔	5	3	未计	未计	3.00	1.04
	几内亚比绍	4	44	未计	未计	1.00	2.66
	厄立特里亚	3	14	未计	未计	0.50	3.96
	刚果民主共和国	3	105	未计	未计	未计	0.47
	塞拉利昂	3	51	未计	未计	2.00	1.69
	斯威士兰	3	33	未计	未计	0.50	1.36
	科摩罗	2	7	未计	未计	未计	13.57
	乍得	2	5	未计	未计	未计	2.29
	多哥	2	2	未计	未计	未计	0.65
	冈比亚	1	6	未计	未计	未计	0.19
	莱索托	1	6	未计	未计	未计	0.78
	利比里亚	1	3	未计	未计	未计	1.45

注：对于ARC得分低于30分或ARIF低于30分的国家，ARC和ARIF（N/C）不予计算（见“方法”选项卡）。该标准同样适用于HCP 1%和HCP 10%（至少需要30个相关影响因子）。当其中一个阶段（2010—2011年或2013—2014年）发表文章为0时，增长率（GR）不予计算。彩色编码表示性能高于（绿色）或低于（红色）世界平均水平。

来源：由Science-Metrix根据科学网（WOS）数据计算（汤姆森路透）

F

附表6.7 各国海洋地壳和海洋地质灾害文献计量指标（2010—2014年）

大洲	国家	文章数量	引用量	相对引文平均值（ARC）	相对影响因素平均值（ARIF）	增长率（GR）	专业化指数（SI）
世界		54 493	348 599	1.00	1.00	1.23	1.00
南美洲		2 492	12 166	0.82	0.92	1.34	1.21
	巴西	1 236	5 312	0.76	0.87	1.40	0.89
	阿根廷	530	2 662	0.84	0.91	1.31	1.78
	智利	507	3 098	0.95	1.03	1.24	2.25
	哥伦比亚	134	751	0.92	0.85	1.26	1.07
	委内瑞拉	66	207	0.43	0.97	1.13	1.67
	秘鲁	63	457	1.06	1.20	1.45	2.23
	乌拉圭	58	294	0.82	1.05	1.29	2.06
	厄瓜多尔	43	213	未计	1.25	2.17	2.85
	玻利维亚	18	155	未计	未计	1.00	2.45
	萨尔瓦多	6	24	未计	未计	4.00	3.86
	巴拉圭	3	12	未计	未计	1.00	1.21
	尼加拉瓜	3	14	未计	未计	未计	1.21
	圭亚那	1	0	未计	未计	未计	1.22
	苏里南	1	0	未计	未计	未计	2.06
大洋洲		4 455	39 681	1.34	1.19	1.16	2.14
	澳大利亚	3 593	33 323	1.40	1.20	1.22	1.98
	新西兰	1 039	7 952	1.12	1.18	0.97	3.39
	斐济	19	73	未计	未计	1.11	4.71
	巴布亚新几内亚	14	113	未计	未计	2.67	3.54
	瓦努阿图	11	80	未计	未计	1.20	15.81
	所罗门群岛	4	22	未计	未计	1.00	7.40
	库克群岛	4	65	未计	未计	2.00	26.91
	密克罗尼西亚联邦	4	11	未计	未计	未计	12.33
	帕劳	4	11	未计	未计	未计	16.00
	马绍尔群岛	2	10	未计	未计	未计	18.50
	汤加	2	52	未计	未计	1.00	12.33
	基里巴斯	2	4	未计	未计	未计	26.91
	图瓦卢	1	4	未计	未计	未计	29.60
	纽埃	1	4	未计	未计	未计	49.33
	瑙鲁	1	4	未计	未计	未计	49.33
北美洲		17 694	150 830	1.23	1.19	1.17	1.10

续附表6.7

大洲	国家	文章数量	引用量	相对引文平均值（ARC）	相对影响因素平均值(ARIF)	增长率(GR)	专业化指数(SI)
	美国	14 929	135 142	1.30	1.23	1.17	1.07
	加拿大	2 956	23 532	1.13	1.16	1.19	1.30
	墨西哥	754	3 375	0.69	0.81	1.34	1.74
	巴拿马	55	574	1.54	1.18	1.11	4.65
	哥斯达黎加	45	318	未计	1.14	1.47	2.75
	古巴	42	119	未计	0.75	1.06	1.35
	特立尼达和多巴哥	37	107	未计	0.99	1.15	5.30
	牙买加	22	124	未计	未计	2.50	3.16
	巴巴多斯	14	135	未计	未计	1.60	5.45
	海地	8	91	未计	未计	0.75	4.52
	格林纳达	6	16	未计	未计	0.20	1.42
	巴哈马群岛	5	14	未计	未计	2.00	5.78
	伯利兹	3	28	未计	未计	未计	5.29
	洪都拉斯	3	9	未计	未计	0.50	1.67
	危地马拉	3	16	未计	未计	未计	0.69
	多米尼克	2	6	未计	未计	未计	4.05
	圣基茨和尼维斯	2	8	未计	未计	未计	3.12
	安提瓜和巴布达	1	3	未计	未计	未计	9.87
	圣文森特和格林纳丁斯	1	3	未计	未计	未计	10.57
欧洲		24 523	176 615	1.10	1.08	1.17	1.19
	英国	5 659	53 270	1.39	1.27	1.20	1.48
	德国	4 754	42 309	1.30	1.22	1.23	1.27
	法国	4 477	39 410	1.30	1.21	1.16	1.70
	意大利	2 968	21 703	1.12	1.08	1.16	1.32
	西班牙	2 457	17 079	1.12	1.13	1.32	1.24
	俄罗斯	1 941	8 377	0.61	0.58	1.07	1.78
	挪威	1 585	12 494	1.19	1.14	1.09	3.79
	荷兰	1 541	14 954	1.49	1.27	1.15	1.18
	瑞士	1 070	11 998	1.72	1.37	1.39	1.12
	葡萄牙	960	6 334	1.07	1.02	1.22	1.99
	丹麦	845	7 525	1.29	1.25	1.16	1.58
	瑞典	761	6 111	1.27	1.19	1.45	0.90
	波兰	699	3 311	0.81	0.74	1.38	0.80

F

续附表6.7

大洲	国家	文章数量	引用量	相对引文平均值（ARC）	相对影响因素平均值 (ARIF)	增长率 (GR)	专业化指数 (SI)
	比利时	653	5 507	1.20	1.10	0.97	0.89
	希腊	615	3 471	0.97	0.92	1.33	1.46
	奥地利	448	4 054	1.39	1.11	1.46	0.88
	爱尔兰	312	2 403	1.10	1.14	0.97	1.11
	捷克	252	1 385	0.82	0.91	1.34	0.51
	罗马尼亚	239	1 115	0.87	0.90	1.28	0.60
	芬兰	223	1 885	1.49	1.13	1.29	0.52
	克罗地亚	174	719	0.64	0.77	1.09	1.25
	爱沙尼亚	134	937	0.89	0.73	1.34	2.07
	冰岛	121	1 163	1.50	1.29	1.21	3.61
	匈牙利	121	710	0.81	1.04	1.17	0.51
	保加利亚	115	570	0.72	0.77	0.93	1.26
	斯洛伐克	89	358	0.70	0.78	1.39	0.59
	乌克兰	79	414	0.95	0.62	1.25	0.41
	斯洛文尼亚	76	327	0.85	0.92	1.38	0.54
	塞尔维亚	64	417	1.00	未计	1.47	0.35
	立陶宛	59	128	未计	0.70	1.32	0.63
	马耳他	27	107	未计	未计	2.00	3.36
	卢森堡	24	129	未计	未计	3.75	0.76
	摩纳哥	20	242	未计	未计	0.67	7.20
	拉脱维亚	19	15	未计	未计	2.75	0.47
	阿尔巴尼亚	19	72	未计	未计	0.67	3.04
	马其顿	9	43	未计	未计	2.50	0.62
	黑山	7	2	未计	未计	未计	1.00
	白罗斯	4	5	未计	未计	1.00	0.10
	波斯尼亚和黑塞哥维那	3	4	未计	未计	未计	0.17
	圣马利诺	2	3	未计	未计	未计	7.40
	安道尔	2	35	未计	未计	1.00	8.71
	摩尔多瓦	1	4	未计	未计	未计	0.10
亚洲		19 050	106 260	0.92	0.87	1.47	0.93
	中国	8 884	56 334	1.06	0.84	1.55	0.90
	日本	3 827	25 770	1.04	1.04	1.41	1.25
	印度	2 596	10 923	0.62	0.79	1.37	1.30

续附表6.7

大洲	国家	文章数量	引用量	相对引文平均值（ARC）	相对影响因素平均值(ARIF)	增长率(GR)	专业化指数(SI)
	韩国	1 134	5 185	0.76	0.90	1.56	0.62
	土耳其	825	4 267	0.85	0.85	1.20	0.88
	伊朗	537	2 284	0.73	0.78	1.45	0.60
	马来西亚	375	1 145	0.67	0.76	2.38	0.84
	以色列	349	2 165	0.95	1.20	1.18	0.74
	印度尼西亚	271	1 396	0.86	0.97	1.39	3.78
	新加坡	256	1 376	1.20	1.02	1.83	0.61
	沙特阿拉伯	237	1 194	0.95	0.88	2.94	0.85
	泰国	205	1 104	0.82	0.98	1.00	0.80
	越南	154	652	0.79	0.98	1.98	2.15
	巴基斯坦	106	469	0.70	0.80	1.31	0.47
	菲律宾	100	451	0.79	1.06	1.24	2.62
	孟加拉国	94	379	0.79	0.90	2.26	1.68
	阿拉伯联合酋长国	76	469	0.85	0.90	0.78	1.32
	阿曼	69	484	1.01	0.98	0.97	3.49
	斯里兰卡	65	230	0.56	0.80	1.00	3.04
	约旦	57	270	未计	0.80	1.65	1.28
	伊拉克	48	146	未计	0.73	2.07	2.13
	也门	41	331	未计	0.88	1.67	6.66
	蒙古	36	347	未计	1.14	2.11	5.25
	塞浦路斯	36	319	未计	0.77	2.56	0.91
	科威特	24	159	未计	未计	0.60	0.96
	阿塞拜疆	24	109	未计	未计	1.29	1.33
	卡塔尔	21	178	未计	未计	1.25	0.70
	亚美尼亚	20	105	未计	未计	1.29	0.74
	叙利亚	19	139	未计	未计	0.63	1.70
	黎巴嫩	17	54	未计	未计	1.33	0.46
	格鲁吉亚	16	71	未计	未计	0.44	0.80
	巴林	14	131	未计	未计	0.60	2.24
	尼泊尔	13	216	未计	未计	2.67	0.84
	吉尔吉斯斯坦	12	119	未计	未计	3.00	4.14
	哈萨克斯坦	12	35	未计	未计	1.40	0.57
	缅甸	11	61	未计	未计	1.33	4.85

F

续附表6.7

大洲	国家	文章数量	引用量	相对引文平均值（ARC）	相对影响因素平均值 (ARIF)	增长率 (GR)	专业化指数 (SI)
	文莱	11	28	未计	未计	8.00	3.45
	乌兹别克斯坦	8	87	未计	未计	1.67	0.66
	老挝	7	51	未计	未计	0.50	1.49
	柬埔寨	5	17	未计	未计	3.00	0.78
	塔吉克斯坦	5	16	未计	未计	1.00	2.27
	马尔代夫	5	33	未计	未计	0.33	16.44
	土库曼斯坦	3	13	未计	未计	2.00	4.88
	不丹	2	32	未计	未计	1.00	1.70
	朝鲜	1	2	未计	未计	未计	1.03
	阿富汗	1	5	未计	未计	未计	0.61
非洲		1 756	10 005	0.93	0.95	1.42	1.41
	南非	575	4 369	1.15	1.09	1.31	1.54
	埃及	399	1 332	0.64	0.76	1.74	1.47
	摩洛哥	160	1 030	0.97	1.04	1.26	2.58
	突尼斯	144	627	0.65	0.78	1.51	1.18
	尼日利亚	69	123	未计	0.74	1.86	0.84
	阿尔及利亚	63	268	未计	0.95	1.52	0.70
	埃塞俄比亚	48	508	未计	1.58	1.24	1.75
	肯尼亚	45	291	未计	1.14	1.17	0.94
	加纳	43	233	未计	0.88	1.43	2.01
	喀麦隆	39	136	未计	1.00	2.44	1.70
	塞内加尔	30	274	未计	1.04	0.69	2.36
	坦桑尼亚	29	263	未计	未计	1.17	1.17
	利比亚	21	79	未计	未计	2.40	2.86
	毛里求斯	21	180	未计	未计	2.00	5.15
	马达加斯加	20	213	未计	未计	1.13	2.89
	博茨瓦纳	17	43	未计	未计	1.80	2.18
	纳米比亚	14	68	未计	未计	3.33	3.28
	乌干达	13	101	未计	未计	1.20	0.48
	贝宁	12	49	未计	未计	2.33	1.39
	莫桑比克	11	36	未计	未计	4.00	2.02
	苏丹	10	108	未计	未计	0.67	0.85
	厄立特里亚	10	141	未计	未计	1.00	19.22

续附表6.7

大洲	国家	文章数量	引用量	相对引文平均值（ARC）	相对影响因素平均值(ARIF)	增长率(GR)	专业化指数(SI)
	尼日尔	10	144	未计	未计	0.75	3.03
	安哥拉	9	52	未计	未计	1.33	6.53
	科特迪瓦	8	79	未计	未计	0.67	1.02
	塞舌尔	6	100	未计	未计	3.00	5.48
	加蓬	6	33	未计	未计	2.00	1.51
	佛得角	5	86	未计	未计	1.50	8.81
	布基纳法索	5	38	未计	未计	2.00	0.51
	津巴布韦	5	31	未计	未计	0.33	0.48
	刚果	4	12	未计	未计	3.00	1.13
	毛里塔尼亚	4	8	未计	未计	1.00	4.89
	马里	4	52	未计	未计	未计	0.76
	刚果民主共和国	3	37	未计	未计	0.50	0.69
	多哥	3	10	未计	未计	0.50	1.42
	几内亚比绍	2	8	未计	未计	未计	1.93
	科摩罗	2	8	未计	未计	1.00	19.73
	赞比亚	2	20	未计	未计	1.00	0.24
	马拉维	2	3	未计	未计	未计	0.17
	吉布提	1	20	未计	未计	未计	3.36
	冈比亚	1	13	未计	未计	未计	0.28
	乍得	1	0	未计	未计	未计	1.66

注：对于ARF得分低于30分或ARIF低于30分的国家，ARC和ARIF（N/C）不予计算（见“方法”选项卡）。该标准同样适用于HCP 1%和HCP 10%（至少需要30个相关影响因子）。当其中一个阶段（2010—2011年或2013—2014年）发表文章为0时，增长率（GR）不予计算。彩色编码表示性能高于（绿色）或低于（红色）世界平均水平。

来源：由Science-Metrix根据科学网（WOS）数据计算（汤姆森路透）

附表6.8 各国海洋技术与工程文献计量指标（2010—2014年）

大洲	国家	文章数量	引用量	相对引文平均值（ARC）	相对影响因素平均值(ARIF)	增长率(GR)	专业化指数(SI)
世界		36 091	145 924	1.00	1.00	1.37	1.00
南美洲		943	3 659	0.93	1.06	1.39	0.69
	巴西	621	1 900	0.75	1.02	1.47	0.68
	阿根廷	115	578	1.20	1.14	1.37	0.58
	智利	113	821	1.59	1.20	1.18	0.76
	哥伦比亚	74	272	1.06	0.93	1.42	0.90
	委内瑞拉	14	40	未计	未计	0.83	0.54
	乌拉圭	10	46	未计	未计	2.00	0.53
	秘鲁	10	50	未计	未计	6.00	0.53
	厄瓜多尔	7	22	未计	未计	1.33	0.70
	萨尔瓦多	2	8	未计	未计	未计	1.94
	尼加拉瓜	1	30	未计	未计	未计	0.61
	圭亚那	1	0	未计	未计	未计	1.85
	巴拉圭	1	0	未计	未计	未计	0.61
	玻利维亚	1	1	未计	未计	未计	0.21
大洋洲		1 561	10 099	1.62	1.30	1.67	1.13
	澳大利亚	1 362	8 749	1.61	1.30	1.78	1.13
	新西兰	202	1 438	1.72	1.28	1.04	0.99
	斐济	24	94	未计	未计	3.00	8.98
	密克罗尼西亚联邦	1	8	未计	未计	未计	4.66
北美洲		9 331	54 107	1.30	1.21	1.16	0.88
	美国	8 070	48 437	1.34	1.21	1.17	0.88
	加拿大	1 268	7 191	1.20	1.24	1.05	0.84
	墨西哥	237	564	0.59	1.03	1.75	0.83
	古巴	17	111	未计	未计	2.00	0.83
	特立尼达和多巴哥	7	3	未计	未计	5.00	1.51
	巴拿马	6	69	未计	未计	0.25	0.77
	巴巴多斯	3	2	未计	未计	未计	1.76
	牙买加	2	0	未计	未计	未计	0.43
	哥斯达黎加	1	0	未计	未计	未计	0.09
	洪都拉斯	1	3	未计	未计	未计	0.84
	危地马拉	1	1	未计	未计	未计	0.35

续附表6.8

大洲	国家	文章数量	引用量	相对引文平均值（ARC）	相对影响因素平均值(ARIF)	增长率(GR)	专业化指数(SI)
欧洲		12 610	63 267	1.22	1.12	1.35	0.92
	英国	2 549	14 223	1.35	1.29	1.39	1.01
	法国	1 713	10 791	1.51	1.32	1.29	0.98
	德国	1 562	9 696	1.52	1.12	1.41	0.63
	意大利	1 478	7 916	1.41	1.21	1.49	0.99
	西班牙	1 090	7 310	1.60	1.30	1.51	0.83
	挪威	928	4 149	1.19	1.13	1.51	3.35
	荷兰	773	5 836	1.73	1.30	1.45	0.90
	俄罗斯	642	1 955	0.66	0.75	0.99	0.89
	葡萄牙	500	3 625	1.78	1.25	1.57	1.57
	波兰	489	796	0.45	0.55	1.20	0.84
	希腊	418	2 024	1.19	1.08	1.23	1.50
	丹麦	414	2 410	1.62	1.23	2.20	1.17
	瑞典	334	1 463	0.98	1.22	1.44	0.59
	比利时	315	2 057	1.23	1.27	1.32	0.65
	瑞士	312	2 865	1.75	1.37	1.10	0.49
	罗马尼亚	217	637	0.73	0.53	1.21	0.83
	克罗地亚	190	417	0.55	0.71	1.01	2.06
	芬兰	190	1 268	1.62	1.29	1.43	0.67
	爱尔兰	185	964	1.23	1.53	1.62	0.99
	奥地利	169	1 072	1.46	1.16	1.71	0.50
	捷克	78	470	1.56	1.01	1.44	0.24
	塞尔维亚	73	126	0.40	1.10	1.71	0.60
	爱沙尼亚	57	258	未计	0.93	1.42	1.33
	斯洛文尼亚	55	135	未计	0.94	2.00	0.59
	乌克兰	51	106	未计	0.80	1.22	0.40
	斯洛伐克	43	258	未计	0.96	1.57	0.43
	保加利亚	40	117	未计	0.70	0.94	0.66
	匈牙利	38	153	未计	1.06	1.23	0.24
	立陶宛	32	46	未计	未计	2.71	0.52
	冰岛	18	170	未计	未计	0.56	0.81
	拉脱维亚	14	18	未计	未计	3.50	0.53
	卢森堡	13	125	未计	未计	1.75	0.62

续附表6.8

大洲	国家	文章数量	引用量	相对引文平均值（ARC）	相对影响因素平均值(ARIF)	增长率(GR)	专业化指数(SI)
	马耳他	10	15	未计	未计	2.50	1.88
	白俄罗斯	7	9	未计	未计	5.00	0.26
	马其顿	7	29	未计	未计	2.00	0.73
	黑山	6	3	未计	未计	未计	1.30
	摩纳哥	3	16	未计	未计	1.00	1.63
	圣马利诺	2	3	未计	未计	未计	11.17
	波斯尼亚和黑塞哥维那	2	2	未计	未计	未计	0.17
	阿尔巴尼亚	1	1	未计	未计	未计	0.24
	安道尔	1	1	未计	未计	未计	6.57
	摩尔多瓦	1	0	未计	未计	未计	0.15
亚洲		16 410	49 133	0.78	0.87	1.57	1.21
	中国	9 519	23 299	0.69	0.75	1.72	1.45
	韩国	1 724	5 090	0.81	0.97	1.44	1.43
	日本	1 477	5 400	0.86	1.01	1.25	0.73
	印度	1 314	5 166	0.91	1.07	1.30	0.99
	伊朗	689	2 184	1.02	1.07	1.74	1.17
	土耳其	534	2 498	1.11	1.18	1.23	0.86
	新加坡	415	2 687	1.71	1.28	1.41	1.48
	马来西亚	408	1 703	1.07	1.04	2.48	1.38
	以色列	160	706	0.91	1.26	1.08	0.51
	沙特阿拉伯	160	997	1.24	1.33	2.29	0.87
	泰国	105	538	1.17	1.04	0.93	0.62
	印度尼西亚	103	403	0.78	0.92	1.33	2.17
	巴基斯坦	68	266	0.75	1.05	1.70	0.46
	越南	67	149	0.62	1.04	2.75	1.41
	阿拉伯联合酋长国	66	388	1.09	1.29	1.40	1.73
	塞浦路斯	45	117	未计	0.78	1.79	1.72
	孟加拉国	43	170	未计	1.22	1.13	1.16
	科威特	34	56	未计	0.82	0.88	2.05
	卡塔尔	29	65	未计	未计	4.00	1.47
	阿曼	26	160	未计	未计	0.54	1.98
	黎巴嫩	22	101	未计	未计	3.00	0.89
	菲律宾	18	65	未计	未计	1.60	0.71

续附表6.8

大洲	国家	文章数量	引用量	相对引文平均值（ARC）	相对影响因素平均值 (ARIF)	增长率 (GR)	专业化指数 (SI)
	斯里兰卡	15	36	未计	未计	1.00	1.06
	约旦	15	65	未计	未计	2.00	0.51
	伊拉克	11	31	未计	未计	2.00	0.74
	老挝	9	18	未计	未计	未计	2.90
	尼泊尔	9	30	未计	未计	3.50	0.88
	亚美尼亚	7	18	未计	未计	1.00	0.39
	叙利亚	6	7	未计	未计	未计	0.81
	哈萨克斯坦	6	12	未计	未计	4.00	0.43
	巴林	6	21	未计	未计	1.50	1.45
	也门	5	48	未计	未计	1.00	1.23
	阿塞拜疆	4	3	未计	未计	3.00	0.33
	文莱	4	44	未计	未计	0.50	1.89
	缅甸	3	8	未计	未计	未计	2.00
	乌兹别克斯坦	3	20	未计	未计	未计	0.37
	柬埔寨	3	7	未计	未计	1.00	0.70
	格鲁吉亚	2	3	未计	未计	未计	0.15
	朝鲜	2	0	未计	未计	未计	3.10
	吉尔吉斯斯坦	2	9	未计	未计	未计	1.04
	蒙古	1	0	未计	未计	未计	0.22
非洲		626	2 588	1.04	1.14	1.75	0.76
	埃及	172	607	0.90	1.16	1.74	0.95
	南非	162	821	1.32	1.11	1.73	0.66
	突尼斯	71	267	1.09	1.00	2.16	0.88
	阿尔及利亚	63	202	未计	1.00	2.40	1.06
	摩洛哥	49	225	未计	1.11	1.50	1.19
	尼日利亚	27	100	未计	未计	1.30	0.50
	肯尼亚	17	101	未计	未计	1.80	0.54
	埃塞俄比亚	17	93	未计	未计	1.60	0.94
	加纳	11	41	未计	未计	0.43	0.78
	坦桑尼亚	8	40	未计	未计	未计	0.49
	塞内加尔	7	12	未计	未计	4.00	0.83
	贝宁	5	2	未计	未计	未计	0.87
	乌干达	5	42	未计	未计	0.33	0.28

续附表6.8

大洲	国家	文章数量	引用量	相对引文平均值（ARC）	相对影响因素平均值 (ARIF)	增长率 (GR)	专业化指数 (SI)
	利比亚	5	5	未计	未计	3.00	1.03
	纳米比亚	4	1	未计	未计	2.00	1.41
	尼日尔	4	26	未计	未计	未计	1.83
	苏丹	4	20	未计	未计	未计	0.52
	卢旺达	3	13	未计	未计	未计	1.06
	布基纳法索	3	2	未计	未计	未计	0.46
	莫桑比克	3	5	未计	未计	未计	0.83
	毛里求斯	3	5	未计	未计	未计	1.11
	马达加斯加	3	32	未计	未计	1.00	0.65
	博茨瓦纳	2	7	未计	未计	1.00	0.39
	科特迪瓦	2	7	未计	未计	未计	0.38
	赞比亚	2	14	未计	未计	1.00	0.36
	喀麦隆	2	2	未计	未计	未计	0.13
	布隆迪	2	7	未计	未计	1.00	3.89
	莱索托	1	6	未计	未计	未计	1.71
	刚果民主共和国	1	1	未计	未计	未计	0.35
	毛里塔尼亚	1	0	未计	未计	未计	1.85
	津巴布韦	1	10	未计	未计	未计	0.14
	佛得角	1	3	未计	未计	未计	2.66
	几内亚	1	0	未计	未计	未计	1.24
	乍得	1	5	未计	未计	未计	2.51
	马拉维	1	7	未计	未计	未计	0.13
	塞舌尔	1	2	未计	未计	未计	1.38

注：对于ARC得分低于30分或ARIF低于30分的国家，ARC和ARIF（N/C）不予计算（见“方法”选项卡）。该标准同样适用于HCP 1%和HCP 10%（至少需要30个相关影响因子）。当其中一个阶段（2010—2011年或2013—2014年）发表文章为0时，增长率（GR）不予计算。彩色编码表示性能高于（绿色）或低于（红色）世界平均水平。

来源：由Science-Metrix根据科学网（WOS）数据计算（汤姆森路透）

附表6.9 各国海洋观测和海洋数据文献计量指标（2010—2014年）

大洲	国家	文章数量	引用量	相对引文平均值（ARC）	相对影响因素平均值 (ARIF)	增长率 (GR)	专业化指数 (SI)
世界		40 415	256 440	1.00	1.00	1.22	1.00
南美洲		1 906	9 481	0.81	0.90	1.25	1.24
	巴西	1 060	4 408	0.69	0.85	1.26	1.03
	阿根廷	334	1 821	0.93	1.03	1.48	1.52
	智利	308	2 006	1.08	0.94	1.08	1.84
	哥伦比亚	100	666	0.72	0.71	0.70	1.08
	委内瑞拉	62	522	0.63	0.92	0.85	2.12
	秘鲁	51	469	未计	1.18	1.15	2.43
	乌拉圭	46	493	未计	1.04	2.00	2.20
	厄瓜多尔	40	134	未计	1.08	4.00	3.57
	玻利维亚	18	54	未计	未计	5.50	3.30
	萨尔瓦多	5	25	未计	未计	1.00	4.34
	尼加拉瓜	5	17	未计	未计	未计	2.73
	巴拉圭	2	1	未计	未计	未计	1.09
	圭亚那	1	0	未计	未计	未计	1.65
大洋洲		2 884	26 142	1.37	1.18	1.28	1.87
	澳大利亚	2 457	22 601	1.41	1.20	1.35	1.82
	新西兰	500	5 135	1.22	1.13	1.02	2.20
	巴布亚新几内亚	12	106	未计	未计	1.50	4.09
	斐济	8	27	未计	未计	3.00	2.67
	瓦努阿图	8	64	未计	未计	1.00	15.50
	帕劳	7	40	未计	未计	1.00	37.75
	库克群岛	6	89	未计	未计	0.67	54.42
	所罗门群岛	3	48	未计	未计	未计	7.48
	汤加	1	48	未计	未计	未计	8.31
	密克罗尼西亚联邦	1	4	未计	未计	未计	4.16
	马绍尔群岛	1	17	未计	未计	未计	12.47
北美洲		15 585	131 771	1.21	1.12	1.17	1.31
	美国	13 335	118 464	1.26	1.13	1.16	1.29
	加拿大	2 597	23 130	1.28	1.16	1.25	1.54
	墨西哥	493	2 565	0.70	0.84	1.28	1.54
	哥斯达黎加	37	359	未计	1.14	1.33	3.05
	古巴	33	238	未计	0.85	1.00	1.43

F

续附表6.9

大洲	国家	文章数量	引用量	相对引文平均值（ARC）	相对影响因素平均值 (ARIF)	增长率 (GR)	专业化指数 (SI)
	巴拿马	28	244	未计	未计	2.38	3.19
	特立尼达和多巴哥	18	168	未计	未计	1.00	3.48
	巴哈马	17	160	未计	未计	1.50	26.50
	牙买加	8	54	未计	未计	1.50	1.55
	巴巴多斯	7	105	未计	未计	4.00	3.68
	多米尼加共和国	6	22	未计	未计	未计	4.06
	伯利兹	4	51	未计	未计	1.00	9.50
	洪都拉斯	4	67	未计	未计	0.50	3.00
	圣基茨和尼维斯	3	5	未计	未计	未计	6.30
	多米尼克	2	82	未计	未计	未计	5.47
	危地马拉	2	21	未计	未计	未计	0.62
	格林纳达	2	11	未计	未计	未计	0.64
	海地	1	6	未计	未计	未计	0.76
欧洲		16 803	126 315	1.14	1.09	1.22	1.10
	英国	3 801	41 692	1.54	1.25	1.28	1.34
	法国	3 126	31 593	1.43	1.20	1.25	1.60
	德国	2 740	27 080	1.33	1.18	1.32	0.98
	意大利	2 093	16 144	1.18	1.05	1.26	1.25
	西班牙	1 912	15 970	1.17	1.11	1.20	1.30
	挪威	1 188	11 046	1.31	1.17	1.33	3.83
	荷兰	1 069	11 871	1.58	1.22	1.24	1.11
	俄罗斯	787	4 259	0.77	0.69	1.13	0.97
	葡萄牙	747	5 170	1.10	1.03	1.19	2.09
	丹麦	722	7 939	1.71	1.20	1.34	1.82
	瑞典	659	6 794	1.38	1.22	1.44	1.05
	比利时	554	5 699	1.36	1.22	1.13	1.02
	瑞士	544	7 762	1.75	1.26	1.36	0.77
	希腊	506	3 441	1.07	0.94	1.21	1.62
	芬兰	367	3 427	1.32	1.18	1.54	1.15
	波兰	345	1 846	0.94	0.84	1.75	0.53
	爱尔兰	312	2 522	1.26	1.10	1.18	1.49
	奥地利	232	2 695	1.56	1.16	1.63	0.62
	捷克	190	1 014	0.94	0.98	1.20	0.52

续附表6.9

大洲	国家	文章数量	引用量	相对引文平均值（ARC）	相对影响因素平均值(ARIF)	增长率(GR)	专业化指数(SI)
	克罗地亚	169	735	0.63	0.83	1.13	1.63
	罗马尼亚	157	402	0.58	0.74	1.11	0.54
	爱沙尼亚	150	815	0.83	0.93	1.69	3.13
	匈牙利	89	461	0.79	0.96	1.38	0.51
	冰岛	86	764	1.31	1.10	1.67	3.46
	保加利亚	83	330	0.56	0.71	1.11	1.22
	立陶宛	74	360	1.02	0.99	1.80	1.07
	斯洛文尼亚	69	434	1.15	1.02	1.21	0.66
	乌克兰	68	243	0.68	0.68	1.48	0.48
	卢森堡	39	333	未计	0.99	1.50	1.67
	斯洛伐克	38	258	未计	0.90	1.23	0.34
	塞尔维亚	36	157	未计	0.82	1.58	0.26
	拉脱维亚	27	126	未计	未计	3.40	0.91
	摩纳哥	23	159	未计	未计	1.63	11.17
	马耳他	22	112	未计	未计	3.50	3.69
	阿尔巴尼亚	17	28	未计	未计	0.44	3.66
	黑山	11	30	未计	未计	3.50	2.12
	马其顿	6	25	未计	未计	0.50	0.56
	白俄罗斯	6	13	未计	未计	1.00	0.20
	波斯尼亚和黑塞哥维那	5	8	未计	未计	0.67	0.38
	摩尔多瓦	2	2	未计	未计	未计	0.27
亚洲		11 357	53 332	0.76	0.84	1.40	0.75
	中国	5 247	24 608	0.78	0.82	1.48	0.71
	日本	2 101	13 020	0.90	1.00	1.18	0.93
	印度	1 315	5 325	0.61	0.75	1.55	0.89
	韩国	972	3 863	0.63	0.86	1.49	0.72
	土耳其	519	2 319	0.71	未计	0.99	0.74
	伊朗	300	1 139	0.66	0.77	1.49	0.46
	马来西亚	300	1 047	0.64	0.73	2.16	0.91
	以色列	207	1 408	0.90	1.16	1.12	0.59
	泰国	162	764	0.82	0.84	1.54	0.85
	新加坡	158	1 089	1.07	1.05	1.53	0.50
	沙特阿拉伯	152	868	0.99	0.90	3.30	0.74

F

续附表6.9

大洲	国家	文章数量	引用量	相对引文平均值（ARC）	相对影响因素平均值（ARIF）	增长率（GR）	专业化指数（SI）
	印度尼西亚	141	810	1.10	1.01	2.03	2.65
	越南	98	417	0.81	0.94	1.93	1.84
	菲律宾	72	744	1.30	未计	0.93	2.54
	巴基斯坦	62	283	0.59	0.71	1.09	0.37
	孟加拉国	54	277	未计	0.88	1.35	1.30
	阿拉伯联合酋长国	49	195	未计	0.88	2.50	1.15
	塞浦路斯	42	254	未计	0.87	1.58	1.44
	阿曼	38	194	未计	0.97	1.58	2.59
	斯里兰卡	29	412	未计	未计	1.50	1.83
	科威特	26	116	未计	未计	1.25	1.40
	约旦	23	121	未计	未计	0.91	0.70
	黎巴嫩	15	44	未计	未计	3.33	0.54
	卡塔尔	14	82	未计	未计	2.00	0.63
	叙利亚	11	97	未计	未计	0.33	1.33
	巴林	9	24	未计	未计	1.50	1.94
	尼泊尔	8	69	未计	未计	5.00	0.70
	亚美尼亚	8	15	未计	未计	未计	0.40
	伊拉克	7	22	未计	未计	0.75	0.42
	吉尔吉斯斯坦	7	88	未计	未计	1.50	3.26
	阿塞拜疆	6	13	未计	未计	1.00	0.45
	蒙古	6	43	未计	未计	1.00	1.18
	格鲁吉亚	6	11	未计	未计	2.00	0.41
	柬埔寨	5	17	未计	未计	2.00	1.05
	也门	5	69	未计	未计	1.50	1.10
	哈萨克斯坦	5	17	未计	未计	0.50	0.32
	老挝	5	37	未计	未计	0.50	1.44
	乌兹别克斯坦	3	1	未计	未计	未计	0.33
	朝鲜	2	30	未计	未计	未计	2.77
	文莱	2	8	未计	未计	1.00	0.85
	阿富汗	1	15	未计	未计	未计	0.83
	缅甸	1	0	未计	未计	未计	0.59
	土库曼斯坦	1	2	未计	未计	未计	2.19
	马尔代夫	1	1	未计	未计	未计	4.43

续附表6.9

大洲	国家	文章数量	引用量	相对引文平均值（ARC）	相对影响因素平均值(ARIF)	增长率(GR)	专业化指数(SI)
非洲		1 187	7 709	1.05	0.93	1.68	1.29
	南非	458	4 141	1.40	1.01	1.85	1.66
	埃及	172	578	0.53	0.71	1.53	0.85
	突尼斯	119	605	0.82	0.85	1.91	1.31
	肯尼亚	70	638	1.42	1.17	1.55	1.98
	摩洛哥	60	403	未计	1.06	1.55	1.31
	尼日利亚	59	159	未计	0.69	1.33	0.97
	阿尔及利亚	38	197	未计	0.93	1.75	0.57
	塞内加尔	32	252	未计	0.87	0.86	3.40
	坦桑尼亚	32	206	未计	1.05	1.45	1.74
	加纳	26	165	未计	未计	0.43	1.64
	埃塞俄比亚	25	216	未计	未计	2.17	1.23
	塞舌尔	24	235	未计	未计	2.33	29.56
	莫桑比克	17	238	未计	未计	1.60	4.21
	喀麦隆	15	81	未计	未计	2.33	0.88
	乌干达	15	82	未计	未计	1.80	0.74
	纳米比亚	14	176	未计	未计	2.67	4.42
	津巴布韦	12	59	未计	未计	1.25	1.54
	贝宁	12	49	未计	未计	未计	1.87
	马达加斯加	12	96	未计	未计	0.80	2.34
	科特迪瓦	10	10	未计	未计	2.00	1.71
	加蓬	9	124	未计	未计	2.00	3.05
	佛得角	9	89	未计	未计	7.00	21.38
	赞比亚	9	38	未计	未计	1.33	1.44
	毛里求斯	8	37	未计	未计	0.75	2.64
	刚果	7	108	未计	未计	2.00	2.66
	马拉维	7	29	未计	未计	0.33	0.82
	安哥拉	7	14	未计	未计	6.00	6.85
	利比亚	6	56	未计	未计	0.20	1.10
	博茨瓦纳	6	22	未计	未计	1.00	1.04
	马里	6	96	未计	未计	0.67	1.53
	尼日尔	6	92	未计	未计	未计	2.45
	苏丹	5	55	未计	未计	0.25	0.58

续附表6.9

大洲	国家	文章数量	引用量	相对引文平均值（ARC）	相对影响因素平均值(ARIF)	增长率(GR)	专业化指数(SI)
	厄立特里亚	5	77	未计	未计	1.50	12.96
	布基纳法索	4	32	未计	未计	2.00	0.55
	斯威士兰	3	27	未计	未计	未计	2.67
	毛里塔尼亚	3	14	未计	未计	未计	4.95
	刚果民主共和国	3	20	未计	未计	2.00	0.93
	布隆迪	2	2	未计	未计	未计	3.47
	多哥	2	8	未计	未计	1.00	1.28
	科摩罗	1	6	未计	未计	未计	13.30
	几内亚	1	3	未计	未计	未计	1.11
	几内亚比绍	1	37	未计	未计	未计	1.30
	吉布提	1	15	未计	未计	未计	4.54
	莱索托	1	0	未计	未计	未计	1.52

注：对于ARC得分低于30分或ARIF低于30分的国家，ARC和ARIF（N/C）不予计算（见“方法”选项卡）。该标准同样适用于HCP 1%和HCP 10%（至少需要30个相关影响因子）。当其中一个阶段（2010—2011年或2013—2014年）发表文章为0时，增长率（GR）不予计算。彩色编码表示性能高于（绿色）或低于（红色）世界平均水平。

来源：由Science-Metrix根据科学网（WOS）数据计算（汤姆森路透）

附录7

国际海洋数据与信息交换委员会区域组织

区域组织以地理位置为基础。一个国家只能属于一个区域组织。本列表仅列出有国家海洋数据中心或关联数据单元的国家，这是第6章分析的一部分。

拉丁美洲
阿根廷
巴巴多斯
智利
哥伦比亚
厄瓜多尔
特立尼达和多巴哥
委内瑞拉

欧洲（包括俄罗斯）
比利时
保加利亚
克罗地亚
塞浦路斯
丹麦
爱沙尼亚
芬兰
法国
格鲁吉亚
德国
希腊
冰岛
爱尔兰
以色列
意大利
荷兰
西班牙
瑞典
俄罗斯
乌克兰
英国

非洲
贝宁
喀麦隆
科摩罗
刚果
科特迪瓦
马达加斯加
毛里塔尼亚
莫桑比克
尼日利亚
塞内加尔
塞舌尔
多哥
坦桑尼亚

亚洲/太平洋
澳大利亚
中国
印度
伊朗
日本
马来西亚
新西兰
美国
越南